黄土高原多种生境中微生物多样性和生物活性研究

王东胜 著

中国原子能出版社

图书在版编目（CIP）数据

黄土高原多种生境中微生物多样性及生物活性研究 /
王东胜著. --北京：中国原子能出版社，2023.6

ISBN 978-7-5221-2779-8

Ⅰ. ①黄…　Ⅱ. ①王…　Ⅲ. ①黄土高原－微生物－生
物多样性－研究②黄土高原－微生物－生物活性－研究

Ⅳ. ①Q939

中国国家版本馆 CIP 数据核字（2023）第 114295 号

黄土高原多种生境中微生物多样性和生物活性研究

出版发行	中国原子能出版社（北京市海淀区阜成路 43 号　100048）
责任编辑	张　磊
责任印制	赵　明
印　　刷	北京金港印刷有限公司
经　　销	全国新华书店
开　　本	787 mm×1092 mm　1/16
印　　张	14.125
字　　数	218 千字
版　　次	2023 年 6 月第 1 版　2023 年 6 月第 1 次印刷
书　　号	ISBN 978-7-5221-2779-8　　　定　价　75.00 元

网址：http://www.aep.com.cn　　　　E-mail：atomep123@126.com
发行电话：010-68452845　　　　　　版权所有　侵权必究

王东胜，男，汉族，1988 年 2 月出生，农学博士，籍贯为山西洪洞；毕业于西北农林科技大学资源环境学院资源环境生物学专业（硕博连读），博士研究生学历；现就职于山西师范大学，副教授，硕士生导师；目前主要从事微生物资源与生态、植物-微生物互作及植物细胞信号转导方面的研究工作；主持山西省科技厅项目 2 项、山西省教育厅项目 2 项、山西师范大学校级项目 2 项，指导国家级大学生创新项目 1 项，参与国家级及省级项目多项；在国内外学术刊物上发表论文 20 余篇，其中第一作者和通讯作者 10 篇。

前言

黄土高原是世界上黄土覆盖面积最大的高原，其黄土颗粒细，土质松软，蕴含着丰富的矿物质养分与微生物资源。微生物是地球上已知最早的生命形式之一，它们在有机物分解、营养循环、土壤团聚甚至病原体控制等生态过程中发挥着关键作用。土壤微生物通过在地下的复杂相互作用可有助于抑制致病的土壤生物，并可能抑制病原体的生长或存留，它们的多样性有助于黄土高原维持一个稳定和健康的生态系统。研究黄土高原多种生境中微生物的多样性和生物活性，可以为黄土高原的生态治理和安全保障工作提供科学参考。

基于此，本书以"黄土高原多种生境中微生物多样性和生物活性研究"为选题，共设三大部分。第一部分通过分析微波处理对山地土壤放线菌分离效果的影响、$CaCl_2$ 对低钙土壤中放线菌分离效果的影响、瘠薄培养对土壤放线菌分离效果的影响，研究放线菌的分离方法；第二部分对太白山北坡的五种生境进行详尽研究，内容包括 9 种活树树皮中放线菌区系及拮抗性研究、岩表地衣中放线菌区系及拮抗性研究、苔藓土壤中放线菌区系及拮抗性研究、6 种高山草甸植物根区土壤放线菌区系及拮抗性研究、8 种乔木根域放线菌区系及拮抗性研究、5 种生境中的细菌研究、5 种生境中的真菌研究、1 株细菌新种的多相分类；第三部分通过分析中条槭根际放线菌多样性和生物活性、矮牡丹根际微生物多样性和生物活性，探讨中条山两种濒危植物的根际环境。

本书选题新颖独到，结构科学合理，内容丰富详实，对于微生物资源与生态等领域具有一定的参考价值，可作为相关专业的科研学者和工作人员的参考用书。

笔者在本书的撰写过程中，参考并引用了一些国内外学者的相关研究成果，也得到了许多专家和同行的帮助和支持，在此表示诚挚的感谢。由于笔者的专业领域和研究环境所限，加之笔者的研究水平有限，本书难以做到全面系统，谬误之处在所难免，敬请同行和读者提出宝贵意见。

目录

第三部分　中条山两种濒危植物的根际环境

第1章

引　言

　　微生物广泛存在于各种环境中，是生态系统的重要组成部分，在维持各种生态系统中物质与能量的平衡方面起着十分巨大的作用。微生物是食物网中的初级消费者，对于食物网的正常运转具有至关重要的作用，90%～95%的养分循环都要经过微生物才能流向更高级的消费者（Lynch，1983）。例如，微生物通过固氮、硝化及反硝化作用等控制着地球的氮素循环，而且参与硫、铁、锰等离子的循环（Atlas and Bartha，1993），因此微生物的功能在很大程度上影响着生态系统的功能。国内外学者研究发现地球上的多种生态系统中均分布着大量的微生物资源，包括土壤（Schloss and Handelsman，2006；Fierer et al.，2007；Roesch et al.，2007）、大气（Brodie et al.，2007）、海洋（Alonso-Saez and Gasol，2007；Stevens and Ulloa，2008）、动植物体内外（Fang et al.，2005；Michalke et al.，2008）以及各种极端环境（Barns et al.，2007；Huber et al.，2007）等。

　　黄土高原是中国四大高原之一，拥有丰富的矿产资源和生物资源。秦岭位于黄土高原南部边界，同时也是我国自然地理和气候的南北分界线，秦岭以南受东南湿润气团影响，形成北亚热带湿润气候，以北受西北干冷气流影响，形成暖温带半湿润气候。秦岭在一定程度上对中国的气候有重要影响。由于地理位置特殊，秦岭中蕴含着丰富的生物资源。据报道，秦岭地区的野生维管植物共有 188 科，占我国所有科的 53.3%（傅志军等，1996），动物资源也很丰富，仅太白山自然保护区就有 5 种国家一级保护动物及 28种国家二级保护动物（李先敏等，2005）。微生物是生态系统中必不可少的一部分，影响着生态系统的物质转化及能量流动等生化过程，探索微生物在自然生态系统中的分布可以认识和理解微生物间的相互作用及其在生态系统中的功能。因此，研究秦岭地区不同生态系统中微生物的生态分布对秦岭的生态平衡以及微生物资源的可持续开发利用具有重要意义。

　　根际是植物根系与土壤微生物之间相互作用形成的独特圈带，也是研究植物、土壤和微生物之间相互关系的重要生态领域。活跃的根际微生物被喻为植物的第二套基因组，在植物的生长发育过程中发挥着关键作用。植物根系周围的土壤受根系生理活动和生化代谢影响强烈，根系分泌物可能抑制或促进某些微生物的生长繁殖。不同植物的根系分泌物的种类及浓度不同，导致其周围微生物种群的结构不同；微生物的数量及种类又直接影响着植物根系吸收水分、养分及抵抗恶劣环境的能力，与植物的生长状况息息相关。已有大量研究证明，根际微生物能直接影响植物的健康状况及种子萌发率，通过人工接种调节植物根部微生物群落结构，可以促进植物生长，改善植物健康状况。另外，相对于植物来说，根际微生物群落结构的动态变化能够更迅速地反映环境条件的变化，具有指示生态系统破坏与恢复程度的功能。因此，植物根际微生物群落结构可以作为监测土壤质量变化和植物健康状况的敏感指标。对濒危植物亦是如此，根际微生物的种类能直接影响濒危植物的种子萌发率和植株生长情况，进而影响其种群数量和种间竞争力。濒危植物根际环境中的微生物资源也可能会随着植物的灭绝而消亡，需要及时开发利用。

放线菌是抗生素的主要产生菌，据报道，目前已经投入医学临床和农业上使用的抗生素大约有 150 多种，其中有三分之二以上是由放线菌代谢产生的（Bérdy，2005）。从自然界寻找新的抗生素产生放线菌已经成为国内外的研究热点，但是受分离技术及手段的限制，未知菌的分离难度愈来愈大。目前国内外学者主要从改进放线菌的分离方法以及寻找新的分离源方面寻找突破口。随着抗生素工业的发展及抗生素的大量应用，感染性病害得到了有效控制，人类的健康水平大幅度提高，但病原菌的抗药性快速增强，人类健康对新特药的需求增加，使得新抗生素的研发迫在眉睫。化学农药的大量使用严重威胁着食品安全及环境，使农用抗生素的需求增加，而新抗生素产生放线菌的筛选是新医药和新农药开发的基础及关键环节。但是抗生素产生放线菌的筛选具有随机性与偶然性，而且随着常规生态系统中放线菌研究的深入，获得新抗生素产生菌的难度愈来愈大，这极大地影响了新抗生素的开发效率。因此，探索不同生境中拮抗性放线菌的生态分布规律，寻找新的分离源，对新抗生素产生放线菌的筛选和发现以及新型药物开发具有十分重要的理论与实践意义。目前对黄土高原地区微生物资源的研究主要集中在大型真菌方面（田呈明等，1995；姚拓等，1996），对各种鲜为研究者关注的特殊生境中的放线菌资源的系统研究较少，尚无对其中拮抗性放线菌的分布规律及拮抗菌的资源潜势的评价研究。

本书系统介绍了秦岭主峰太白山北坡的针阔叶树树皮、岩表地衣、苔藓土壤、高山草甸植物根区土壤、乔木根域 5 种生态系统，以及中条山两种濒危植物中条槭和矮牡丹根际的微生物多样性，并检测了所分离微生物尤其是放线菌的生物活性，旨在探索拮抗性放线菌资源的生态分布规律，定量评价不同生境中拮抗放线菌的资源潜势，为该地区微生物资源的开发利用提供科学依据。

第一部分
放线菌的分离方法

第2章

微波处理对山地土壤放线菌分离效果的影响

据统计，在 20 世纪 60~80 年代，被人类发现的生物活性物质的 75%~80% 是由放线菌代谢合成的，近几十年该比例有所下降，但仍然占到 45% 左右（Berdy，2005）。土壤是放线菌生长的良好场所，许多产活性物质的放线菌都来源于土壤。但是受分离条件、技术以及分离方法的限制，土壤中 90% 以上的未知放线菌不可培养（Hughes et al.，2001；Zengler et al.，2002；Shayne et al.，2003；Pachter，2007）。因此，必须尝试新的分离方法才能分离培养出更多的放线菌。目前主要从土样预处理、选择抑制剂和改变培养基成分 3 个方面进行探索（Tabacchioni et al.，2000；Otoguro et al.，2001；Khaled et al.，2006；Sophie et al.，2010；Sri et al.，2011）。在土样预处理方面，Okami 等（1991）研究发现酵母膏可以活化土壤放线菌的休眠孢子；Hayakawa et al.（1998）往土样中加入 0.05% SDS、6% 酵母膏于 40 ℃ 振荡 20 min 后明显改善了土壤放线菌的分离效果；Otoguro 等（2001）发现利用碳酸钙对土样进行预处理可以富集分离动孢放线菌属放线菌；姜怡等（2006）发现土样在不同高温条件下处理一定时间有利于选择性地分离稀有放线菌；姜怡等（2010）对土样进行超声波处理，发现不同处理时间可以分离到不同种类的放线菌。

微波是一种振荡频率为每秒 24.5 亿次的高频电磁波。关于微波杀菌已有大量研究及应用，但在微生物分离方面的报道很少。Ferriss（1984）发现微波处理可以减少土壤中真菌和原核生物的总数，减少的幅度与处理时间、样品量及样品含水量有关。Bulina 等（1997）发现用 80 W 微波对土壤悬液处理 30 s 能有效提高小单孢菌属、小多孢菌属、诺卡氏菌属及马杜拉菌属等稀有放线菌的比率；杨斌等（2008）研究了 120 W 微波的不同处理时间对沙质土壤中放线菌数量、种类以及拮抗放线菌的影响，发现处理时间为 3 min 时可培养放线菌数量、拮抗性放线菌数量及新出现菌株较多；薛清等（2010）发现用微波对钙质土壤进行预处理可以增加土壤中可培养放线菌总数、链霉菌数量及小单孢菌数量。已有研究均证明微波处理能显著增加土壤中放线菌数量及新的种类，但未对新出现的种类进行深入研究。

本章以海拔高度及含钙量不同的山地土壤为对象，重点研究微波预处理对山地土壤中放线菌数量、种类、拮抗菌百分比的影响以及对新出现的种类进行鉴定，旨在探索微波预处理对不同土壤放线菌分离效果的影响。

2.1 材料与方法

2.1.1 材料

2.1.1.1 土壤样品

采自秦岭太白山北坡（33°57′～34°58′N，107°45′～107°53′E，海拔为 800～3 670 m），土壤类型分属于山地淋溶褐土、山地棕壤和亚高山草甸土。土样自然风干 20 d，研磨过 1 mm 土壤筛，装入广口瓶。供试土壤基本性质见表 2-1。

表 2-1 供试土壤基本性质

土样	海拔/m	土壤类型	有机质/（g/kg）	pH	CaCO₃/（g/kg）
1	800	山地淋溶褐土	24.41	7.24	8.23
2	1 200	山地淋溶褐土	27.66	6.73	5.96
3	1 845	山地棕壤	57.94	6.58	1.84
4	2 273	山地棕壤	40.64	5.76	0.47
5	3 488	亚高山草甸土	32.48	5.70	0.55
6	3 530	亚高山草甸土	71.97	5.57	0.52
7	3 600	亚高山草甸土	40.76	5.86	0.98
8	3 640	亚高山草甸土	50.52	6.29	0.72
9	3 655	亚高山草甸土	32.03	6.34	1.03
10	3 670	亚高山草甸土	42.64	6.61	0.82

2.1.1.2 培养基

高氏 1 号培养基（G），PDA 培养基（程丽娟等，2000）；高氏 1 号加钙培养基（GCa，高氏 1 号培养基中加入 5 g/L CaCl₂）；高氏 1 号瘠薄培养基（GP，高氏 1 号培养基的营养成分均为原来的 1/10）。

2.1.1.3 供试靶标菌

供试靶标菌共有 15 株，其中细菌 2 株：金黄色葡萄球菌（*Staphylococcus aureus*，代号为 S）、大肠杆菌（*Escherichia coli*，代号为 E）；病原真菌 11 株：木贼镰刀菌（*Fusarium equiseti*，代号为 Fe）、西瓜枯萎菌（*Fusarium oxysporum f. sp. niveum*，代号为 Fon）、草莓疫霉（*P. fragaride Hickm*，代号为 P）、大丽轮枝菌（*Verticillium dahliae*，代号为 V）、黄瓜枯萎菌（*Fusarium oxysporum f.sp.cucumerinum*，代号为 Foc）、镰刀菌（*Fusarium sp.*，代号为 F）、茄镰刀菌（*Fusarium solani*（Mart.）*Sacc*，代号为 Fs）、甜瓜蔓枯菌（*Didymella bryoniae*，代号为 D）、人参腐烂病（*Cylindrocarpon sp.*，代号为 C）、西洋参锈腐病菌 2 株（*Cylindrocarpon destruction Scholten*，代号为 CS1、CS2）；代表性真菌 2 株：青霉（*Penicillium*，代号为 Pe）、热带假丝酵母菌（*Candida tropicalis*，代号为 Ct）。以上菌株均由西北农林科技大学资源环境学院微生物资源研究室提供。

2.1.2　方法

2.1.2.1　土样微波处理

称 5 g 土样置于 10 mL 离心管中，加入 2 mL 无菌水，静置至土样全部被润湿以便吸收微波；将离心管放入加有 1 300 mL 自来水的水浴钵中以消除微波的热效应；将装有待处理土壤的水浴钵置于微波炉中，120 W、2 450 MHz 处理 3 min。

2.1.2.2　分离测数

采用稀释平皿涂抹法（程丽娟等，2000）。将培养皿中形态明显不同的菌落视为不同种类，对其数量及种类进行统计；将不同菌株接入高氏 1 号斜面，28 ℃培养 7 d 保存。

未鉴定菌（Unidentified Actinomycetes，UA），指除形态观察可以鉴定的链霉菌以外的其他放线菌。

原有放线菌（Actinomycetes from Traditional treatment，AT），指未经微波处理，从对照中分离出来的放线菌。

微波处理放线菌（Actinomycetes from Microwave treatment，AM），指从微波处理后的土样中分离出来的所有放线菌。

新出放线菌（New species of Actinomycetes，NA），指微波处理后新出现的、对照中没有的放线菌。

消失放线菌（Disappeared species of Actinomycetes，DA），指对照中有但是微波处理以后消失的放线菌。

2.1.2.3　放线菌拮抗性测定

采用琼脂块法（程丽娟等，2000）。

2.1.2.4 放线菌鉴定

通过形态观察与 16S rRNA 序列测定相结合的方法鉴定菌种。酶解法提取放线菌总 DNA，采用细菌 16S rRNA 通用引物 27F：5′-AGAGTTTGA TCCTGGCTCAG-3′和 1541R：5′-AAGGAGGTGATCCAGCCGCA-3′进行 PCR 扩增，扩增条件为：94 ℃预变性 4 min，94 ℃变性 1 min，57 ℃退火 55 s，72 ℃延长 2 min，变性到延长 30 个循环，72 ℃延长 10 min，4 ℃保存。扩增产物送上海生工生物工程有限公司测序。所得序列在 GenBank 数据库中进行比对。

2.1.2.5 微波效应相关参数

微波效应（Effect of Microwave）包括数量效应（Numerical Effect of Microwave，ΔM）和种类效应（Species Effect of Microwave），种类效应分为新出效应（New Species Effect of Microwave，NSM）和消失效应（Disappeared Species Effect of Microwave，DSM）。其计算式为：

$$\Delta M(\%) = \frac{AM - AT}{AT} \times 100\% \tag{2-1}$$

$$DSM(\%) = \frac{DA}{AT} \times 100\% \tag{2-2}$$

$$NSM(\%) = \frac{NA}{AT} \times 100\% \tag{2-3}$$

2.1.2.6 拮抗放线菌

拮抗放线菌（Antagonistic Actinomycetes，AA），指对任意一株或几株靶标菌的生长有抑制作用的放线菌。其百分比计算式为：

$$AA(\%) = \frac{AA}{AT(AM、NA)} \times 100\% \tag{2-4}$$

2.1.2.7 数据处理

采用 SAS 9.0 软件对数据进行统计分析。

2.2　结果与分析

2.2.1　微波处理对放线菌数量的影响

从表 2-2 可以看出，在高氏 1 号培养基上，微波处理后的 10 个土样中分离到的放线菌总数和链霉菌数量均较对照有不同程度的增加。放线菌总数增加 17.3%～248%，其中 3、6、7、9、10 号土样的增幅达到显著水平（$P<0.05$）；链霉菌增加 7.2%～239%，其中 5、6、7 和 10 号土样的增幅达到显著水平（$P<0.05$）。6 个较高海拔土样（5～10 号）中有 5 个土样的放线菌总数或链霉菌数量的增幅达到显著水平（$P<0.05$），其余 4 个低海拔土样中仅 1 个土壤放线菌总数或链霉菌数量的增幅达到显著水平（$P<0.05$）。以上结果表明，微波处理可以增加供试土壤中在高氏 1 号培养基上可培养的放线菌总数和链霉菌数量，在高海拔土样中，微波处理效应尤为明显。

表 2-2　高氏 1 号培养基上的放线菌数量（10^4 cfu/g 土）

土样	种类	CK	微波处理	ΔM/%	土样	种类	CK	微波处理	ΔM/%
1	总数	98.8±27.4	147.0±29.4	48.8	6	总数	3.4±0.4	11.9±1.5	248.0*
	链霉菌	48.1±2.2	56.0±21.6	16.3		链霉菌	1.4±0.3	4.6±0.6	221.0*
	未鉴定	50.7±29.5	91.0±29.5	79.6		未鉴定	2.0±0.4	7.4±1.1	267.0*
2	总数	214.0±38.1	259.0±12.8	21.0	7	总数	5.4±0.3	11.9±1.5	121.0*
	链霉菌	92.5±24.7	105.0±21.8	13.6		链霉菌	2.4±0.2	5.1±0.7	110.0*
	其他	121.6±53.2	154.0±32.6	26.6		未鉴定	3.0±0.4	6.9±1.1	136.0*
3	总数	277.4±24.9	366.8±35.7	32.2*	8	总数	16.1±1.3	19.4±1.8	17.3
	链霉菌	73.5±11.6	100.8±25.5	37.2		链霉菌	8.3±1.0	8.9±1.1	7.2
	未鉴定	203.9±36.5	266.0±10.6	30.4*		未鉴定	7.8±0.3	10.5±1.3	26.0
4	总数	45.6±23.1	134.4±80.1	195.0	9	总数	1.3±0.4	3.4±0.4	165.0*
	链霉菌	19.0±65.8	64.4±35.7	239.0		链霉菌	0.3±0.1	0.6±0.1	81.3
	未鉴定	26.6±21.2	70.0±46.5	179.0		未鉴定	1.0±0.4	2.8±0.4	210.0*
5	总数	1.6±0.4	2.1±0.7	32.3	10	总数	82.3±24.7	243.6±70.7	196.0*
	链霉菌	0.1±0.02	0.3±0.06	204.0*		链霉菌	27.9±9.6	81.2±25.7	191.0*
	未鉴定	1.5±0.5	1.8±0.6	20.7		未鉴定	54.5±22.3	162.4±45.3	198.0*

注：*表示处理与对照差异显著（$P<0.05$），本章中其余表格相同。

从表 2-3 可以看出，在高氏 1 号加钙培养基上，微波处理后除 8 号土样略有减少外，其余 9 个土样中分离到的放线菌总数和链霉菌数量均有不同程度的增加。放线菌总数增加 40.6%～353.2%，其中 1、2、3、4、6、9、10 号土样的增幅达到显著水平（$P<0.05$）；链霉菌的数量增加 15.3%～421.8%，其中 1、2、6、7、9、10 号土样的增幅达到显著水平（$P<0.05$）。以上结果表明，微波处理可以增加供试土壤中在高氏 1 号加钙培养基上可培养的放线菌总数和链霉菌数量。

表 2-3　高氏 1 号加钙培养基上的放线菌数量（10^4 cfu/g 土）

土样	种类	CK	微波处理	ΔM/%	土样	种类	CK	微波处理	ΔM/%
1	总数	54.5±14.4	141.4±17.0	159.6*	6	总数	5.0±1.4	10.0±1.8	103.0*
	链霉菌	10.1±7.9	28.0±4.8	176.0*		链霉菌	1.7±0.3	3.7±0.5	120.2*
	未鉴定	44.3±1.3	113.4±15.1	155.9*		未鉴定	3.3±1.1	6.3±1.3	94.0*
2	总数	121.6±30.4	254.8±46.8	109.5*	7	总数	4.9±1.1	8.0±1.8	62.8
	链霉菌	40.5±2.2	64.4±2.4	58.9*		链霉菌	0.5±0.0	2.8±0.4	421.8*
	未鉴定	81.1±32.3	190.4±45.3	134.9*		未鉴定	4.4±1.0	5.2±1.6	18.2
3	总数	168.5±11.0	263.2±43.7	56.2*	8	总数	11.9±0.7	11.6±0.8	−2.7
	链霉菌	29.1±8.8	33.6±8.4	15.3		链霉菌	6.6±1.1	5.0±0.9	−24.2
	未鉴定	139.3±2.2	229.6±38.1	64.8		未鉴定	5.3±0.6	6.6±0.7	24
4	总数	20.3±2.2	84.0±7.3	314.5*	9	总数	3.5±0.4	5.0±0.7	40.6*
	链霉菌	7.6±3.8	22.4±10.6	194.7		链霉菌	0.8±0.2	1.3±0.1	61.5*
	未鉴定	12.7±4.4	61.6±4.8	386.3*		未鉴定	2.7±0.3	3.6±0.6	34.3
5	总数	0.5±0.3	1.6±0.8	225.8	10	总数	38.0±13.7	172.2±58.3	353.2*
	链霉菌	0.1±0.1	0.3±0.1	200		链霉菌	6.3±2.2	23.8±6.4	275.8*
	未鉴定	0.4±0.4	1.3±0.7	238.7		未鉴定	31.7±13.3	148.4±63.0	368.6*

从表 2-4 可以看出，在高氏 1 号瘠薄培养基上，微波处理后的 10 个土样中分离到

表 2-4　高氏 1 号瘠薄培养基上的放线菌数量（10^4 cfu/g 土）

土样	种类	CK	微波处理	ΔM/%	土样	种类	CK	微波处理	ΔM/%
1	总数	81.1±17.6	114.8±28.0	41.6	6	总数	2.4±1.1	4.8±0.5	95.7*
	链霉菌	39.3±8.8	54.6±12.6	39.0		链霉菌	0.7±0.4	1.9±0.2	182.5*
	未鉴定	41.8±15.2	60.2±15.9	44.0		未鉴定	1.7±0.6	2.8±0.3	61.8*
2	总数	163.4±1.0	204.4±72.1	25.1	7	总数	2.2±0.7	4.9±1.3	120.4*
	链霉菌	79.8±10.1	117.6±33.3	47.4		链霉菌	0.5±0.0	1.1±0.3	148.7*
	未鉴定	83.6±3.8	86.8±44.9	3.8		未鉴定	1.8±0.7	3.8±1.2	113.2
3	总数	159.6±17.4	275.8±47.2	72.8*	8	总数	5.0±0.5	11.7±0.8	57.4*
	链霉菌	54.5±15.8	98.0±14.7	79.9*		链霉菌	2.6±0.5	4.4±0.3	39.5*
	未鉴定	105.1±32.3	177.8±32.6	69.1		未鉴定	2.3±0.0	7.3±0.9	68.1*
4	总数	19.0±3.8	70.0±21.1	268.4*	9	总数	1.3±0.6	2.8±0.4	121.1*
	链霉菌	7.6±6.6	32.2±6.4	323.7*		链霉菌	0.5±0.2	1.4±0.3	176.3*
	未鉴定	11.4±3.8	37.8±15.1	231.6*		未鉴定	0.7±0.4	1.4±0.2	83.6
5	总数	0.5±0.1	1.2±0.0	143.7*	10	总数	48.1±8.8	77.0±24.6	60.0
	链霉菌	0.06±0.01	0.3±0.2	342.1		链霉菌	25.3±9.6	33.6±0.0	32.6
	未鉴定	0.4±0.0	0.9±0.1	114.6*		未鉴定	22.8±3.8	43.4±24.6	90.3

的放线菌总数和链霉菌数量均有不同程度的增加。放线菌总数增加25.1%~268.4%，其中3、4、5、6、7、8、9号土样的增幅达到显著水平（$P<0.05$）；链霉菌的数量增加32.6%~342.1%，其中3、4、6、7、8、9号土样的增幅达到显著水平（$P<0.05$）。6个较高海拔土样中有5个土样的放线菌总数或链霉菌数量的增幅达到显著水平（$P<0.05$），而4个低海拔土样中仅2个土壤放线菌总数或链霉菌数量的增幅达到显著水平（$P<0.05$）。以上结果表明，微波处理可增加土壤中在高氏1号瘠薄培养基上可培养的放线菌总数和链霉菌数量，高海拔土样中的微波处理效应尤为明显。

2.2.2　微波处理对放线菌种类的影响

从表2-5可以看出，微波处理后，10个土样在3种培养基上分离得到的放线菌种类数与对照相等或高于对照，而且均有新的放线菌种类出现，且不同培养基上新出现的放线菌种类数不同。

表 2-5　土样微波处理前后 3 种培养基上的放线菌种类数

土样	高氏 1 号						高氏 1 号加钙						高氏 1 号瘠薄					
	AT	AM	NA	NSM/%	DA	DSM/%	AT	AM	NA	NSM/%	DA	DSM/%	AT	AM	NA	NSM/%	DA	DSM/%
1	19	21	16	84.2	14	73.7	10	11	6	60.0	5	50.0	11	16	12	109.1	7	63.6
2	25	28	19	76.0	16	64.0	16	17	11	68.8	10	62.5	17	15	10	58.8	12	70.6
3	19	21	12	63.2	10	52.6	18	17	7	38.9	8	44.4	13	13	13	100.0	13	100.0
4	7	14	12	171.4	5	71.4	9	14	12	133.3	7	77.8	4	10	8	200.0	2	50.0
5	10	11	3	30.0	2	20.0	10	12	6	60.0	4	40.0	7	7	4	57.1	4	57.1
6	5	7	4	80.0	2	40.0	11	14	6	54.5	3	27.3	9	11	6	66.7	4	44.4
7	8	12	4	50.0	4	50.0	10	11	7	70.0	7	70.0	7	9	5	71.4	3	42.9
8	14	15	8	57.1	7	50.0	10	11	5	50.0	4	40.0	11	16	7	63.6	2	18.2
9	11	14	8	72.7	5	45.5	12	12	2	16.7	2	16.7	11	11	1	9.1	1	9.1
10	15	14	6	40.0	7	46.7	10	11	5	50.0	5	50.0	10	11	8	80.0	7	70.0

从表2-5还可以看出，在高氏1号培养基上，从供试土壤中分离到3~19种新的放线菌种类，占原有放线菌种类数的30%~171.4%；在高氏1号加钙培养基上，分离到2~12种新出现放线菌，占原有放线菌种类数的16.7%~133.3%；在高氏1号瘠薄培养基上，分离到1~13种新的放线菌种类，占原有放线菌种类数的9.1%~200%。另外，在3种培养基上，4个较低海拔土样中分离到的新放线菌种类数均明显高于其余6个高海拔土样。以上结果表明，微波处理可以促进一些常规条件下无法激活的休眠孢子的萌发，增

加可培养的放线菌种类，低海拔土样中更为明显。

从表 2-5 可知，微波处理后各土样中均有部分原有放线菌消失。在高氏 1 号培养基上，除 7 号土样外，其余 9 个土样有 2～16 种原有放线菌消失，占 20.0%～73.7%；在高氏 1 号加钙培养基上，10 个土样中有 2～10 种原有放线菌消失，占 16.7%～77.8%；在高氏 1 号瘠薄培养基上，有 1～13 种原有放线菌消失，占 9.1%～100%。另外，在 G 和 GP 培养基上，3 个低海拔土样中消失的种类数均明显高于其他 7 个较高海拔土样。

2.2.3　微波处理对拮抗放线菌分离效果的影响

从表 2-6 可以看出，微波处理后的拮抗放线菌株数与对照相等或有所增加。在低海拔土样中，微波处理后的拮抗放线菌株数明显增加，在高氏 1 号及高氏 1 号瘠薄培养基上，1、2、4 号土样中微波处理后的拮抗放线菌株数分别较对照增加 57.1%、68.8%、100% 及 50%、83.3%、700%；在高海拔土样中，微波处理后的拮抗放线菌株数未增加或增加较少。

表 2-6　供试土样微波处理前后 3 种培养基上的拮抗放线菌的株数及百分比

土样	高氏 1 号						高氏 1 号加钙						高氏 1 号瘠薄					
	AT		AM		NA		AT		AM		NA		AT		AM		NA	
	AA	AA/%	AA	AA/%	AA	AA/%	AA	AA/%	AA	AA/%	AA	AA/%	AA	AA/%	AA	AA/%	AA	AA/%
1	7	36.8	11	52.4	7	43.8	6	60.0	7	63.6	4	66.7	8	72.7	12	75.0	8	66.7
2	16	64.0	27	96.4	17	89.5	6	37.5	10	58.8	10	90.9	6	35.3	11	73.3	9	90.0
3	12	63.2	15	71.4	10	83.3	13	72.2	14	82.4	6	85.7	10	76.9	15	71.4	11	84.6
4	4	57.1	8	57.1	7	58.3	3	33.3	6	42.9	5	41.7	1	25.0	8	80.0	7	87.5
5	5	50.0	6	54.5	3	100.0	6	60.0	6	50.0	3	50.0	0	0	0	0	0	0
6	2	40.0	3	42.9	2	50.0	3	27.3	3	21.4	2	33.3	6	66.7	6	54.5	3	50.0
7	2	25.0	2	16.7	0	0	1	10.0	1	10.0	1	14.3	1	14.3	3	33.3	3	60.0
8	7	50.0	7	46.7	2	25.0	3	30.0	3	27.3	2	20.0	1	9.1	2	12.5	2	28.6
9	6	54.5	9	64.3	6	75.0	7	58.3	6	50.0	3	50.0	8	72.7	8	72.7	1	100.0
10	8	53.3	10	71.4	6	100.0	2	25.0	6	75.0	5	83.3	6	60.0	6	54.5	2	25.0
Σ	69	47.9	98	60.1	60	65.2	50	41.3	64	48.5	40	58.8	48	44.0	72	51.4	47	57.3

从表 2-6 可以看出，微波处理对拮抗放线菌的比例有一定的影响。在高氏 1 号培养基上，在 70% 的微波处理土样中，分离筛选到的拮抗菌株数占供筛放线菌株数的比例为 42.9%～96.4%，而对照处理为 36.8%～64.0%，即微波处理提高了拮抗放线菌的比例；在其余 30% 的土样中，拮抗菌比例未增加或略有下降。在高氏 1 号瘠薄培养基及高氏 1 号加钙培养基上，分别有 60% 及 50% 的土样呈现出微波处理后拮抗菌比例增加的趋势。

从表 2-6 还可以看出，微波处理后拮抗放线菌所占比例的变化因海拔高度而异。在 3 种供试培养基上均呈现出低海拔土样中拮抗菌比例的增幅大于高海拔土壤的趋势。例如，在海拔较低的 1、2、3 号土样中，微波处理前、后拮抗放线菌比例分别为 36.8%～64.0%、52.4%～96.4%，在海拔较高的 9、10 号土样中，微波处理前、后拮抗放线菌比例分别为 53.3%～54.5%、64.3%～71.4%。微波处理后新出现的拮抗放线菌的株数也呈现出低海拔土壤大于高海拔的趋势。例如，在高氏 1 号培养基上，从低海拔土样 1、2、3、4 中分离到的新出现放线菌中的拮抗菌株数分别为 7、17、10、7 株，均高于其余 6 个高海拔土样。在其他 2 种培养基上也表现出相同的规律。

从表 2-6 中的拮抗放线菌总株数来看，微波处理后每种培养基上的总拮抗菌株数所占百分比都较各自对照有不同程度的增加。在高氏 1 号培养基、高氏 1 号加钙培养基及高氏 1 号瘠薄培养基上的增幅分别为 12.2%、7.2% 及 7.4%，而且在 3 种培养基上均呈现出相同趋势：新出总拮抗菌百分比＞微波处理后总拮抗菌百分比＞原有放线菌总拮抗菌百分比。以上结果表明，微波处理可以增加供试土样中可分离拮抗性放线菌的总株数及其百分比；在新出放线菌中可以筛选出更多的拮抗菌。

2.2.4　微波处理后新出现放线菌鉴定

微波处理后，在高氏 1 号培养基上分离到新出放线菌 92 株，按形态特征进行归类后，选取其中 14 株进行 16S rRNA 序列测定，表 2-7 为鉴定结果。

表 2-7　微波处理后部分新出种鉴定结果

菌株	比对结果				拮抗性
	菌名	序列号	已报道生物活性	相似度/%	
MG314	*Streptomyces goshikiensis*	AB184204	包扎霉素（Stuart et al.，1988）	99.2	S、Pe、D、Fe、V、P、C、CS2
MG411	*S. phaeofaciens*	AB184360	血小板活化因子抑制剂（Okamoto et al.，1986）	98.8	S、Fe、D、V、P、F、C
MG418	*S. violarus*	AB184316	抗菌活性（IEDA，2009）	100.0	S、Fe、D、Foc、C
MG202	*S. zaomyceticus*	AB184346	沙阿霉素（Motoo，1964）	100.0	S、Ct
MGa06	*Lentzea flaviverrucosa*	AF183957	—	98.5	S、CS2
MG414	*S. aureus*	AB249976	藤黄霉素（Duggar，1948）	99.9	S
MG203	*S. glauciniger*	AB249964	抗菌活性（IEDA，2008）	99.8	—
MG401	*S. xanthophaeus*	AB184177	土霉素（Brockmann and Musso，1954）	99.7	—

菌株	比对结果				拮抗性
	菌名	序列号	已报道生物活性	相似度/%	
MG211	*S. bungoensis*	AB184696	产抗生素（Eguchi et al., 1993）	99.6	—
MG207	*S. rubiginosohelvolus*	AB184240	道诺霉素 （Huk and Blumauerova, 1989）	99.2	S
MG306	*Streptosporangium amethystogenes* subsp. *amethystogenes*	X89935	—	99.2	S
MG606	*S. olivochromogenes*	AB184737	阿魏酸酯酶 （Faulds and Williamson, 1991）	99.0	E
MG210	*Nocardia soli*	AF430051	—	98.0	—
MG308	*S. hygroscopicus* subsp. *ossamyceticus*	AB184560	抗菌活性 （Selvameenal et al., 2009）	97.8	

从表 2-7 可以看出，已鉴定的 14 株放线菌主要分布在链霉菌属（*Streptomyces*）、链孢囊菌属（*Streptosporangium*）、诺卡氏菌属（*Nocardia*）和伦茨菌属（*Lentzea*），其中链霉菌占 78.7%，链孢囊菌、诺卡氏菌和伦茨菌均占 7.1%。以上结果表明，微波预处理有利于链霉菌属、链孢囊菌属、诺卡氏菌属及伦茨菌属的放线菌分离。

从表 2-7 还可以看出，已鉴定的 14 株放线菌中有 13 株有抗菌或其他活性，占已鉴定菌株的 92.9%。以上结果表明，利用微波对土壤进行预处理有助于分离到更多具有抗菌活性的放线菌。

2.3　小结与讨论

本研究采用 120 W、2450 MHz 微波对土壤进行预处理后发现：微波处理可以增加供试土壤中可培养放线菌的数量和种类，其中包括用常规方法无法培养的放线菌种类。在低海拔土壤中，微波对放线菌分离筛选效果的改善效应尤为显著。值得注意的是，微波处理后出现了许多新的拮抗性放线菌，该结果对新抗生素产生菌的发现及新活性物质的开发利用具有重要的意义。

供试土壤经微波处理后在 G、GCa、GP 3 种培养基上分离到的放线菌总数和链霉菌数量均有不同程度的增加，大部分土样的放线菌总数或链霉菌数量的增幅达到显著水平（$P<0.05$）；微波处理后放线菌种类增加，且每个土样都有新的放线菌种类出现，部分原有放线菌消失。微波数量效应表现为高海拔供试土样较低海拔供试土样明显，而微波处理后，新出现的放线菌种类数及消失的放线菌种类数与海拔的关系均呈现出相反的趋势，可能是因为低海拔土壤中放线菌种类较丰富但单种放线菌数量较少，而高海拔土壤中放线菌种类较少但单种放线菌数量较多。

　　微波处理后，大部分土样的拮抗菌株数及其百分比呈现出增加的趋势，低海拔土样中尤为明显；各培养基上的拮抗菌总株数和总拮抗菌株数的百分比均有不同程度的增加。已鉴定的新出现放线菌主要分布于链霉菌属、链孢囊菌属、诺卡氏菌属和伦茨菌属，其中 92.9%具有生物活性，表明微波预处理土样有利于具有生物活性功能的放线菌的分离。

　　本研究在低钙质山地土壤上所得结果与杨斌等（2008）对风沙土及薛清等（2010）对高钙土壤栗钙土的研究结果类似，表明微波预处理对不同性质土壤在不同培养基上放线菌的分离效果均有改善。

　　本研究首次探索了微波处理与对照的放线菌种类变化以及海拔高度对微波效应的影响，并对部分新出放线菌种类进行了分子鉴定。试验发现微波处理不仅可以分离到新出放线菌种类，还能使一部分原有放线菌种类消失，其原因尚待进一步研究。

第3章

CaCl₂对低钙土壤中放线菌分离效果的影响

放线菌是一类有着广泛实际用途的生物资源，它可以产生多种具有各种生物活性的代谢产物。从自然界发现和筛选新的活性物质产生菌是新药研制的关键性基础工作。长期的分离筛选使自然界中未知的新活性物质产生菌愈来愈少，利用传统方法已经很难获得新的放线菌及新的活性物质。因此，改变分离方法是获得新活性物质产生放线菌的有效途径之一，其中改变培养基成分会获得具有不同营养及生理特性的新放线菌。钙离子是生物体的必需元素，参与细胞的多种生理活动，对维持细胞的各种代谢过程极为重要，是各种生物体中最为普遍的一种第二信使（Spitzer，2008）。在原核细胞中，钙离子与许多生理生化反应相关，包括细胞分化、致病性、趋化性、细胞膜的形成以及渗透阻力等（任晓慧等，2009）。研究发现，加入碳酸钙对土壤样品进行预处理，可以增加酸性土壤中可培养的放线菌数量，或分离到特殊的放线菌。Jensen 等（1930）研究发现，在酸性土壤中加入碳酸钙可以使土壤放线菌数量显著增加。Otoguro 等（2001）利用 1/10 的碳酸钙对 39 个土样和植物样进行富集培养，分离到动孢放线菌属放线菌。Uzel 等（2011）用 1%的碳酸钙在 100 ℃下对温泉土壤处理 1 h 后，选择性地分离到许多高温放线菌。向培养基中加入 CaCl₂ 可以促进云南双孢放线菌（*Actinobispora yunnanensis*）的气生菌丝的生长（Suzuki et al.，1998），加入 CaCl₂ 对干旱区钙质土壤放线菌的出菌量有一定的影响（薛清等，2010）。但目前尚不清楚向培养基中加入 CaCl₂ 对低钙土壤中放线菌的数量、种类及拮抗性有何影响。

本章以秦岭主峰太白山不同海拔高度的碳酸钙含量较低的山地土壤为材料，研究向高氏 1 号培养基中加入 CaCl₂ 对土壤中可培养放线菌的数量、种类及拮抗性的影响，旨在探索利用改变培养基成分分离新放线菌资源及活性物质产生菌的可行性。

3.1　材料与方法

3.1.1　材料

3.1.1.1　土壤样品

土壤样品同 2.1.1.1。

3.1.1.2　培养基

培养基同 2.1.1.2。

3.1.1.3　靶标菌

靶标菌同 2.1.1.3。

3.1.2　方法

3.1.2.1　分离测数

分离测数方法同 2.1.2.2。

3.1.2.2　放线菌拮抗性测定

放线菌拮抗性测定方法同 2.1.2.3。

3.1.2.3　新出现放线菌分类鉴定

供试土样在高氏 1 号加钙培养基上分离到新出现的放线菌 90 株，按形态特征异同进行归类共得到 29 组，每组选取 1 株作为代表共 29 株进行 16S rRNA 序列测定。通过形态观察与 16S rRNA 序列测定相结合的方法鉴定菌种。16S rRNA 序列测定方法同 2.1.2.4。所得序列（GenBank 序列号为 KF317972-KF318000）提交 GenBank，利用 Blastn（http://blast.ncbi.nlm.nih.gov/）与已知序列进行比对，得到相似度最高的序列，用 MEGA4.0 软件邻位法构建系统发育树，用 bootstrap 法检验，重复 1 000 次。

3.1.2.4　CaCl$_2$ 效应

将 CaCl$_2$ 加入高氏 1 培养基后引起的放线菌数量及种类变化称为 CaCl$_2$ 效应（Effect of CaCl$_2$），用 ΔECa 表示。其计算式为：

$$\Delta ECa = GCa - G \tag{3-1}$$

$$\Delta ECa(\%) = \frac{\Delta ECa}{G} \times 100 \tag{3-2}$$

式中，GCa 及 G 分别代表高氏 1 号＋CaCl$_2$ 培养基及高氏 1 号培养基上放线菌的数量（CFU/g 干土）或种类（种）。

3.1.2.5 拮抗放线菌

拮抗放线菌的百分比计算方法同 2.1.2.6。

3.1.2.6 数据处理

数据处理方法同 2.1.2.7。

3.2 结果与分析

3.2.1 CaCl$_2$ 对土壤中可培养放线菌数量的影响

从表 3-1 可以看出，向高氏 1 号培养基中加入 CaCl$_2$ 可减少供试土壤中可培养的放线菌总数量及链霉菌数量。其中，放线菌总数减少 8.9%～70.1%，2、3、5、8、9 号土样的减少幅度达到显著水平（$P < 0.05$）；链霉菌数量减少 12.5%～79.0%，1、3、7、9、10 号土样的减少幅度达到显著水平（$P < 0.05$）。其余土壤的放线菌总数及链霉菌数量的减幅均未达到显著水平（$P > 0.05$）。

表 3-1 不同培养基上可培养放线菌的数量（10^4 CFU/g）

土样	放线菌总数			链霉菌数量		
	高氏 1 号	高氏 1 号＋CaCl$_2$	ΔECa/%	高氏 1 号	高氏 1 号＋CaCl$_2$	ΔECa/%
1	98.8±27.4	54.5±14.4	−44.9	48.1±2.2	10.1±7.9	−79.0*
2	214.0±38.1	121.6±30.4	−43.2*	92.5±24.7	40.5±2.2	−56.2
3	277.4±24.9	168.5±11.0	−39.3*	73.5±11.6	29.1±8.8	−60.3*
4	45.6±23.1	20.0±0.2	−55.6	19.0±65.8	7.6±3.8	−60.0
5	1.6±0.4	0.5±0.3	−70.1*	0.1±0.02	0.1±0.1	−12.5
6	3.4±0.4	2.4±1.4	−32.0	1.4±0.3	1.2±0.3	−17.6
7	5.4±0.3	4.9±1.1	−8.9	2.4±0.2	0.5±0.0	−77.4*
8	16.1±1.3	11.9±0.7	−26.1*	8.3±1.0	6.6±1.1	−20.5
9	1.3±0.4	0.5±0.2	−63.0*	0.3±0.1	0.1±0.0	−62.5*
10	82.3±24.7	38.0±13.7	−53.8	27.9±9.6	6.3±2.2	−77.3*

注：*表示差异达到显著水平（$P < 0.05$）。

3.2.2　$CaCl_2$ 对放线菌种类的影响

从表 3-2 可以看出，向高氏 1 号培养基中加入 $CaCl_2$ 对可培养放线菌的种类有一定的影响。在加钙培养基上，从 5 个供试土样中分离到的放线菌种类数较高氏 1 号培养基对照减少 1～9 种，从 4 个供试土样中分离到的放线菌种类数增加 1～6 种。

表 3-2　不同培养基上可培养放线菌的种类（种）

土样	高氏 1 号	高氏 1 号 + $CaCl_2$			
		种类	ΔECa	新出现种类	消失种类
1	19	10	−9	6	15
2	25	16	−9	11	20
3	19	18	−1	16	17
4	7	9	+2	7	5
5	10	10	0	10	10
6	5	11	+6	9	3
7	8	10	+2	7	5
8	14	10	−4	10	14
9	11	12	+1	8	7
10	15	8	−7	6	13

从表 3-2 还可以看出，向高氏 1 号培养基中加 $CaCl_2$ 后，供试土壤中新出现了 6～16 种在高氏 1 号培养基上不生长的放线菌种类，同时有 3～20 种可在高氏 1 号培养基上生长的放线菌种类消失。以上结果表明，向高氏 1 号培养基中加入 $CaCl_2$ 可以激活某些在高氏 1 号培养基上不生长的放线菌孢子，获得某些在高氏 1 号培养基上不生长的新放线菌种类，同时会抑制一些放线菌种类的孢子萌发及生长，但其机理尚不清楚。

3.2.3　$CaCl_2$ 对拮抗放线菌的影响

从表 3-3 可以看出，向培养基中加入 $CaCl_2$ 对拮抗放线菌的株数有一定的影响。向培养基中加 $CaCl_2$ 后，从 30.0% 的土样中分离到的拮抗菌株数明显减少，其余土样无明显变化。以上结果表明，向培养基中加入 $CaCl_2$ 后能减少土壤中分离到的拮抗菌株数。

表 3-3　培养基中加入 $CaCl_2$ 前后拮抗放线菌的种类及百分比

土样	高氏 1 号		高氏 1 号 + $CaCl_2$		新出现放线菌	
	株数	百分比/%	株数	百分比/%	株数	百分比/%
1	7	36.8	6	60.0	4	66.7
2	16	64.0	6	37.5	5	45.5

续表

土样	高氏 1 号		高氏 1 号 + CaCl₂		新出现放线菌	
	株数	百分比/%	株数	百分比/%	株数	百分比/%
3	12	63.2	13	72.2	11	68.8
4	4	57.1	3	33.3	2	28.6
5	5	50.0	6	60.0	5	50.0
6	2	40.0	3	27.3	2	22.2
7	2	25.0	1	10.0	1	14.3
8	7	50.0	3	30.0	2	20.0
9	6	54.5	7	58.3	6	75.0
10	8	53.3	2	25.0	2	33.3
总	69	51.9	50	43.9	40	44.4

从表 3-3 还可以看出，向培养基中加入 CaCl₂ 对拮抗放线菌的比例有一定的影响。在 60.0%的土样中，从高氏 1 号加钙培养基上分离筛选到的拮抗放线菌的株数所占百分比为 10.0%～37.5%，而高氏 1 号培养基上为 25.0%～64.0%，即培养基中加入 CaCl₂ 降低了拮抗放线菌的比例；在其余 40.0%的供试土样中，拮抗菌的比例增加 3.8%～23.2%。

从拮抗放线菌总株数所占百分比来看，高氏 1 号培养基上分离到的总拮抗菌百分比＞新出现的总拮抗菌百分比＞高氏 1 号加钙培养基上分离到的总拮抗菌百分比，但后两者差值较小。在供试土样中，从高氏 1 号培养基上分离到的总拮抗菌百分比较高氏 1 号加钙培养基高 8%，较新出现的总拮抗菌百分比高 7.5%，表明培养基中加入 CaCl₂ 后能降低土壤中分离到的总拮抗菌百分比。

从表 3-3 可知，在 4 个 CaCO₃＞1.0 g/kg 的土样中，从新出现放线菌中筛选到的拮抗菌株数所占比例为 45.5%～75.0%，高于其余 6 个低钙土样的 14.3%～50.0%。

3.2.4 加入 CaCl₂ 后新出现的放线菌种类

本研究对 29 株加入 CaCl₂ 后新出现的放线菌进行了鉴定。表 3-4 为 29 株放线菌在高氏 1 号培养基上的形态特征，结合 16S rRNA 序列分析，表 3-5 为 29 株放线菌的鉴定结果。

表 3-4　加入 CaCl₂ 后新出现放线菌的菌落形态特征

编号	菌丝颜色		可溶性色素	孢子丝
	气生菌丝	基内菌丝		
Ca314	白	白	黄	—

编号	菌丝颜色		可溶性色素	孢子丝
	气生菌丝	基内菌丝		
Ca301	黄	黄	−	+
Ca309	白	灰	−	+
Ca407	黄棕	黄棕	−	+
Ca413	紫	紫	−	−
Cac02	白	白	−	−
Ca707	黄	黄	−	+
Ca604	黄棕	黄棕	−	+
Ca709	灰	黄棕	−	+
Ca706	灰白	灰白	−	−
Cad08	红	红	−	−
Caa01	黄棕	黄棕	−	+
Ca204	白	黄棕	−	+
Caa07	白	黄棕	−	+
Ca409	灰白	黄	−	+
Ca201	灰白	黄	−	+
Cad06	白	黄	−	+
Ca702	灰白	黑褐	−	+
Ca406	白	黑褐	−	+
Ca414	白	白	紫	+
Ca608	黄	黄	−	−
Cad04	灰	白	−	+
Ca315	灰	黄	−	+
Ca207	黑	白	−	+
Cac04	黄	黄	−	+
Ca708	粉红	粉红	−	+
Caf03	黄	黄	−	−
Ca308	白	灰	−	−
Ca408	白	白	−	−

表 3-5　加入 CaCl₂ 后新出现放线菌的鉴定结果

新出现放线菌		模式菌				拮抗性
编号	序列号	名称	序列号	相似度/%	已报道生物活性	
Ca407	KF317972	*Streptomyces rishiriensis*	AB184383	98.7	莱克霉素（Matsumoto et al., 1999）	S、Fe、Fn、P、V、Fc、F、Fs、D、C、S2、Pe、Ct
Ca604	KF317973	*S. avidinii*	AB184395	99.9	—	S、P、D、Fe、Fn、V、P、Fc、F、Fs、C、CS1、S、CS2
Caa07	KF317974	*S. goshikiensis*	AB184204	99.2	包扎霉素（Kuhstoss and Rao, 1988）	S、Pe、D、Fon、V、P、Fs、F、C、CS2
Ca207	KF317999	*S. flavovariabilis*	AB249931	97.9	—	D、P、F、Fs、C
Caa01	KF317981	*S. xanthophaeus*	AB184177	99.7	地霉素（Brockmann and Musso, 1954）	P、D、F、C
Ca314	KF317975	*S. griseoplanus*	AY999894	100.0	抗荚膜菌素（Boeck et al., 1971）	S、Ct、P
Ca414	KF317977	*S. violarus*	AB184316	100.0	—	S、V、Fs
Ca409	KF317976	*S. ciscaucasicus*	AB184208	100.0	吸附重金属锌（Li et al., 2010）	E、S
Ca201	KF317978	*S. gardneri*	AB249908	99.8	含硫多肽类抗生素（Debono et al., 1992）	S、Ct
Ca406	KF317983	*S. olivochromogenes*	AB184737	99.3	磷脂酶（Faulds and Williamson, 1991）	S、P
Ca408	KF317995	*Nonomuraea jabiensis*	HQ157186	99.0	—	S、CS2
Ca702	KF317993	*S. mirabilis*	AB184412	100.0	硝基还原酶（Yang et al., 2012）	S
Ca608	KF317988	*M. coriariae*	AJ784008	99.1	—	S
Cac02	KF317986	*S. scabrisporus*	ARCJ01000183	99.3	冲酯霉素（Singh et al., 2009）	E
Ca413	KF317984	*S. galilaeus*	AB045878	99.3	阿克拉霉素（Ylihonko et al., 1994）	—
Ca301	KF317982	*S. bungoensis*	AB184696	99.6	抑菌活性（Eguchi et al., 1993）	—

续表

新出现放线菌		模式菌				拮抗性
编号	序列号	名称	序列号	相似度/%	已报道生物活性	
Ca309	KF317992	*S. humidus*	AB184213	99.5	抗真菌（Hwang et al.，2001）	—
Ca707	KF317987	*S. alboniger*	AB184111	99.3	嘌呤霉素（Sankaran and Pogell，1975）	—
Ca709	KF317994	*S. atroolivaceus*	AJ781320	99.7	抗肿瘤（Cheng et al.，2002）	—
Ca706	KF318000	*S. hygroscopicus subsp. ossamyceticus*	AB184560	97.8	抗菌活性（Selvameenal et al.，2009）	—
Cad08	KF317998	*Micromonospora lupini*	AJ783996	99.2	抗肿瘤（Igarashi et al.，2011）	—
Ca204	KF317991	*S. longisporus*	AJ399475	98.2	抗菌活性（Selvameenal et al.，2009）	—
Cad06	KF317985	*S. drozdowiczii*	AB249957	99.3	纤维素酶（Semedo et al.，2004）	—
Cad04	KF317989	*S. hypolithicus*	EU196762	98.0	—	—
Ca315	KF317990	*S. albolongus*	AB184425	99.2	—	—
Cac04	KF317996	*M. krabiensis*	AB196716	100.0	—	—
Ca708	KF317997	*M. saelicesensis*	AJ783993	99.3	—	—
Caf03	KF317979	*M. pisi*	AM944497	99.8	—	—
Ca308	KF317980	*Streptosporangium amethystogenes subsp. amethystogenes*	X89935	99.8	—	—

　　从表 3-5 可以看出，在加入 CaCl₂后新出现且已鉴定的 29 株放线菌中，75.9%为链霉菌属（*Streptomyces*），17.2%为小单孢菌属（*Micromonospora*），其余为链孢囊菌（*Streptosporangium*）及野村菌（*Nonomuraea*）。图 3-1 为 22 株链霉菌属放线菌的系统进化树，图 3-2 为 7 株非链霉菌属放线菌的系统进化树。

　　从表 3-5 还可以看出，在已鉴定的 29 株放线菌中有 23 株在本研究中检测出抗菌活性或已报道具有抗菌及其他生物活性，占已鉴定菌株的 79.3%。以上结果表明，向高氏 1 号培养基中加入 CaCl₂有利于从低钙土壤中分离到新的链霉菌属及小单孢菌属放线菌，其中有较多菌株具有生物活性物质合成功能及应用价值。

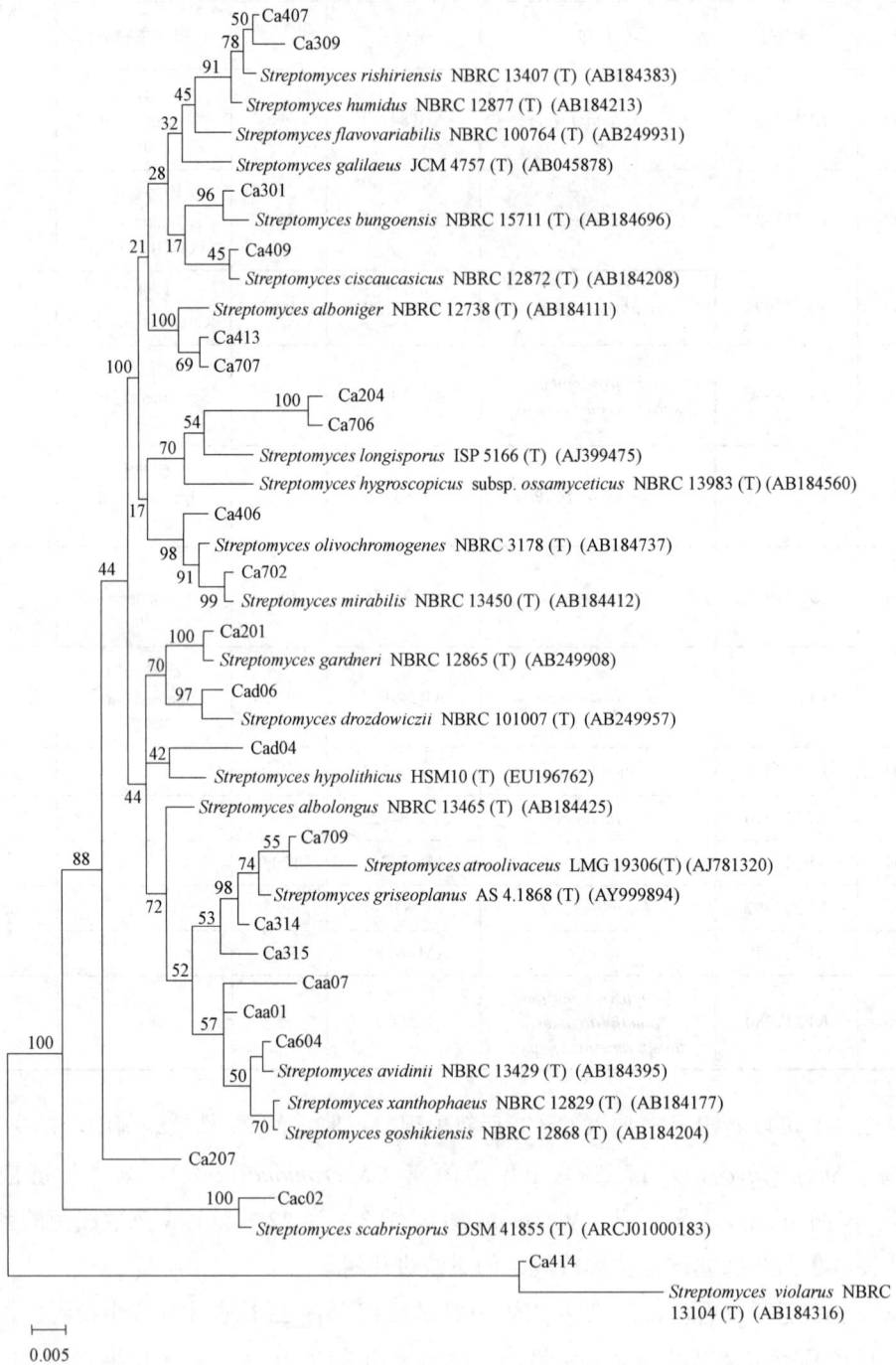

图 3-1 基于 16S rRNA 序列构建的加入 CaCl₂ 后新出现的链霉菌属放线菌的系统发育树

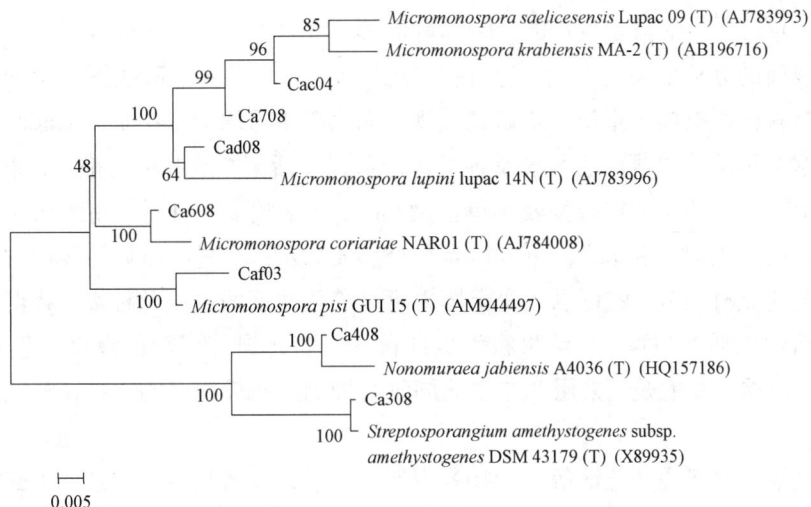

图 3-2　基于 16S rRNA 序列构建的加入 CaCl₂ 后新出现的非链霉菌属放线菌的系统发育树

3.2.5　CaCl₂ 影响放线菌与土壤性质及海拔高度的关系

从表 3-1、表 3-2 可知，向高氏 1 号培养基中加入 CaCl₂ 后不同土壤中的放线菌总数及种类变化不同。相关分析表明，上述变化与土壤性质及土壤所处海拔高度有关。从表 3-6 可知，放线菌总数的减少幅度与海拔高度的相关系数为 -0.730（$P<0.05$）；链霉菌数量的减少幅度与海拔高度、土壤 pH 及碳酸钙含量的相关系数分别为 -0.862（$P<0.01$）、0.760（$P<0.05$）及 0.738（$P<0.05$）。放线菌种类数的变化值与土壤 pH、碳酸钙含量的相关系数分别为 -0.870（$P<0.01$）、-0.727（$P<0.05$）。

表 3-6　加入 CaCl₂ 后放线菌的变化与土壤性质的相关系数

指标	土样性质			
	海拔	有机质含量	pH	CaCO₃ 含量
放线菌总数的变化 ΔECa	-0.730^*	-0.069	0.618	0.498
链霉菌数量的变化 ΔECa	-0.862^{**}	-0.262	0.760^*	0.738^*
放线菌种类数的变化 ΔECa	0.556	0.590	-0.870^{**}	-0.727^*

注：*表示相关性达到显著水平（$P<0.05$），**表示相关性达到极显著水平（$P<0.01$）。

3.3　小结与讨论

关于钙对放线菌分离效果的影响，已有研究均采用碳酸钙预处理土壤等分离材料（Jensen et al.，1930；Otoguro et al.，2001；Uzel et al.，2011），对将 CaCl₂ 加入培养基对放线菌的影响的研究很少（Suzuki et al.，1998；薛清等，2010）。Suzuki et al.（1998）

研究了 $CaCl_2$ 对放线菌菌丝生长的影响，薛清等（2010）研究了 $CaCl_2$ 对高碳酸钙含量的土壤放线菌的分离效果的影响，但对将 $CaCl_2$ 加入培养基对低碳酸钙含量的土壤中放线菌的分离有何影响尚无报道。本研究发现：向高氏 1 号培养基中加入 $CaCl_2$ 虽然减少了低钙土壤中可培养放线菌的数量及种类，但可以激活某些放线菌的孢子，获得高氏 1 号培养基上不生长的新的链霉菌及小单孢菌，其中包括较多的可用于新医药及新农药开发的活性物质产生菌。由此我们可以得到一个重要启示：改变培养基中某种与微生物生长代谢相关的无机成分，就可以改变土壤中可培养放线菌的数量及种类，获得新的放线菌种类及活性物质产生菌，该结果将为放线菌这一特殊自然资源的深度开发利用提供新的途径。值得注意的是，采用此方法的同时会抑制一些放线菌的生长，对此效果也要重视。

本研究及已有研究（薛清等，2010）表明，向高氏 1 号培养基中加入 $CaCl_2$ 对碳酸钙含量不同的土壤中放线菌的分离效果影响不同。在使用该方法时应根据研究目的和土壤的碳酸钙含量决定是否需要加入 $CaCl_2$。若供试土壤的碳酸钙含量很低，研究目的是获得尽可能多的放线菌及了解土壤放线菌的多样性，则不必在高氏 1 号常规培养基中加入 $CaCl_2$；若研究目的是获得新的放线菌种类，开发土壤中未知的放线菌资源，则可在高氏 1 号培养基中加入 $CaCl_2$；若供试土壤的碳酸钙含量较高，则在高氏 1 号培养基中加入 $CaCl_2$ 有利于增加可培养放线菌的数量和种类，并可以促进土壤中广谱抗菌活性放线菌资源的开发。

关于 $CaCl_2$ 对放线菌分离效果的影响机理，目前尚不清楚。研究表明，培养基中一定浓度的 Ca^{2+} 可以促进或抑制部分放线菌气生菌丝的形成和生长，因此初步推断向培养基中加入 Ca^{2+} 时可能影响放线菌孢子内某些酶的活性或生化反应，激活放线菌孢子，使原来不能萌发的孢子萌发，出现新的种类；或阻止某些放线菌孢子的萌发及生长，出现相反的结果。但该推测尚待进一步研究。

第4章

瘠薄培养对土壤放线菌分离
效果的影响

放线菌是抗生素的主要产生菌，因此新放线菌的发现是新医药研发的基础，而人类健康对新特药的巨大需求迫切要求从自然界不断发现新的能产生特殊代谢产物的放线菌。随着研究的深入，自然环境中的已知放线菌不断增加，未知放线菌的分离培养难度不断加大，利用传统方法已经很难获得新的放线菌。改变传统的分离方法，建立新的分离技术体系，是获得新未知放线菌的主要途径之一。目前国内外学者主要从土样预处理、抑制剂使用及改变培养基成分 3 个方面进行探索（Tabacchioni et al.，2000；Otoguro et al.，2001；Sivasithamparam and Tarabily，2006；Tremblay et al.，2010；Pudjiraharti et al.，2011；Wang et al.，2013）。其中，改变培养基成分的主要途径是给微生物提供尽可能丰富的养分，但是对减少营养物质的瘠薄培养的研究很少。根据现有的理论及经验，在有机营养丰富的培养基上，化能自养菌不生长，有机物质对其有毒副作用；与之类似，在营养丰富的培养基上，也分离不到耐瘠薄的微生物。而在瘠薄培养基上，营养要求高的微生物不能生长，不会形成空间竞争作用，这给耐瘠薄的微生物提供了适宜的营养及生长空间，从而获得在丰富培养基上不能生长的新的微生物。例如，Hozzein et al.（2008）在分离沙漠土壤放线菌时发现，瘠薄培养能改善瘠薄土壤（沙漠土壤）中放线菌的分离效果。在瘠薄的葡萄糖酵母膏培养基上，从绝大多数土样中分离到的放线菌的数量高于普通葡萄糖酵母膏培养基和土壤浸提液培养基，而且种类更多，真菌和细菌的数量在瘠薄培养基上均有不同程度的降低。从上述研究可知，瘠薄培养也是挖掘未知微生物资源的途径之一，应重视并加强瘠薄培养对改善微生物分离效果的系统研究。

本章从不同生态环境中采集海拔高度、植被及含钙量差异很大的山地土壤，通过贫瘠培养观察降低营养水平对供试土壤放线菌分离效果的影响，研究贫瘠培养对不同性质土壤中放线菌的分离效果有无影响及有何影响，旨在探索利用贫瘠培养发现新放线菌的可行性，为放线菌贫瘠培养技术体系的建立提供科学依据。

4.1 材料与方法

4.1.1 材料

4.1.1.1 土壤样品

土壤样品同 2.1.1.1。

4.1.1.2 培养基

培养基同 2.1.1.2。

4.1.1.3 靶标菌

靶标菌同 2.1.1.3。

4.1.2 方法

4.1.2.1 分离测数

分离测数方法同 2.1.2.2。

4.1.2.2 放线菌拮抗性测定

放线菌拮抗性测定方法同 2.1.2.3。

4.1.2.3 新出现放线菌的分类鉴定

新出现放线菌的分类鉴定方法同 2.1.2.4。

4.1.2.4 瘠薄效应及计算公式

将减少培养基养分含量对放线菌分离效果的影响称为瘠薄效应（Effect of Poor medium，EP），其中对放线菌数量的影响称为数量效应（Numerical Effect of Poor medium，ΔNEP），对放线菌种类的影响称为种类效应（Species Effect of Poor medium，ΔSEP）。种类效应可细分为新出种类效应（New Species Effect of Poor medium，NSEP）和消失种类效应（Disappeared Species Effect of Poor medium，DSEP）。其计算式为：

$$\Delta NEP(\%) = \frac{PA - OA}{OA} \times 100\% \qquad (4-1)$$

$$NSEP = \frac{NA}{OA} \times 100\% \tag{4-2}$$

$$DSEP = \frac{DA}{OA} \times 100\% \tag{4-3}$$

$$\Delta SEP(\%) = \frac{PA - OA}{OA} \times 100\% \tag{4-4}$$

4.1.2.5　拮抗放线菌

拮抗放线菌的百分比计算方法同 2.1.2.6。

4.1.2.6　数据处理

数据处理方法同 2.1.2.7。

4.2　结果与分析

4.2.1　瘠薄培养对放线菌数量的影响

从表 4-1 可以看出，瘠薄培养对土壤中可培养的放线菌总数及链霉菌数量有一定

表 4-1　不同处理土样中放线菌的数量（10^4 cfu/g 土）

土样	种类	CK	瘠薄培养基	ΔNEP/%	土样	种类	CK	瘠薄培养基	ΔNEP/%
1	总数	98.8±27.4	81.1±17.6	−17.9	6	总数	3.4±0.4	2.4±1.1	−29.2
	链霉菌	48.1±2.2	39.3±8.8	−18.4		链霉菌	1.4±0.3	0.7±0.5	−51.8
	未鉴定	50.7±29.5	41.8±15.2	−17.5		未鉴定	2.0±0.4	1.7±0.6	−13.2
2	总数	214.0±38.1	163.4±10.1	−23.7	7	总数	5.4±0.3	2.2±0.7	−58.8*
	链霉菌	92.5±24.7	79.8±10.1	−13.7		链霉菌	2.4±0.2	0.5±0.0	−81.1*
	未鉴定	121.6±53.2	83.6±3.8	−28.6		未鉴定	3.0±0.4	1.8±0.7	−40.9
3	总数	277.4±24.9	159.6±17.4	−42.5*	8	总数	16.1±1.3	11.7±0.8	−27.3*
	链霉菌	73.5±11.6	54.5±15.8	−25.9		链霉菌	8.3±1.0	4.4±0.3	−47.0*
	未鉴定	203.9±36.5	105.1±32.3	−48.4*		未鉴定	7.8±0.3	7.3±0.9	−6.4*
4	总数	45.6±23.1	19.0±3.8	−58.3	9	总数	1.3±0.4	1.3±0.6	−2.0
	链霉菌	19.0±6.6	7.6±6.6	−60.0		链霉菌	0.3±0.1	0.5±0.2	60.0
	未鉴定	26.6±21.2	11.4±3.8	−57.1		未鉴定	1.0±0.3	0.7±0.4	−22.4
5	总数	1.6±0.4	0.5±0.1	−69.3*	10	总数	82.3±24.7	48.1±8.8	−41.5
	链霉菌	0.1±0.02	0.06±0.1	−37.5		链霉菌	27.9±9.6	25.3±9.6	−9.1
	未鉴定	1.5±0.5	0.4±0.0	−71.4		未鉴定	54.5±22.3	22.8±3.8	−58.1

注：*表示差异达到显著水平（$P<0.05$）。

的影响。在供试土样中，高氏1号瘠薄培养基上分离到的放线菌总数较普通高氏1号培养基降低2.0%～69.3%，其中3、5、7、8号土样的降低幅度达到显著水平（$P<0.05$）；链霉菌数量也呈现出降低的趋势，除9号外，其余9个土样降低9.1%～81.1%，其中7号和8号土样的降低幅度达到显著水平（$P<0.05$）。链霉菌数量的减少值与海拔呈负相关关系，相关系数为-0.790（$P<0.05$）。放线菌总数或链霉菌数量的降幅达到显著水平（$P<0.05$）的4个土样中有3个土样的有机质含量较高（>40 g/kg）。以上结果表明，瘠薄培养可以减少供试土样中的放线菌总数以及链霉菌数量，较高有机质土样更为明显。

4.2.2　瘠薄培养对放线菌种类的影响

从表4-2可以看出，瘠薄培养对土壤中可培养的放线菌种类数有一定的影响。50.0%的供试土样中分离到的放线菌种类数分别较对照减少3～10种，其余土样中无变化或略有增加。放线菌种类数的变化与土样pH呈负相关关系，相关系数为-0.662（$P<0.05$）；放线菌种类数变化的百分比与土样有机质含量的相关系数为0.720（$P<0.05$），与土样pH的相关系数为-0.717（$P<0.05$）。

表4-2　不同处理土样中放线菌的种类数

土样	CK	瘠薄培养基	ΔSEP/%	新出放线菌		消失放线菌	
				株数	NSEP/%	株数	DSEP/%
1	19	16	−15.8	8	42.1	11	57.9
2	25	15	−40.0	10	40.0	20	80.0
3	19	13	−31.6	11	57.9	17	89.5
4	7	10	42.9	4	57.1	7	100
5	10	7	−30.0	6	60.0	9	90.0
6	5	11	120.0	9	180.0	3	60.0
7	8	9	12.5	7	87.5	6	75.0
8	14	16	14.3	8	57.1	6	42.9
9	11	11	0	7	63.6	7	63.6
10	15	11	−26.7	9	60.0	13	86.7

从表4-2还可以看出，瘠薄培养导致可培养放线菌中出现一些新的种类。供试土样在高氏1号瘠薄培养基上分离到4～11种新出现放线菌，占原有放线菌种类数的40.0%～180.0%。以上结果表明，瘠薄培养可以促进某些在普通高氏1号培养基上不能生长的放线菌生长。新增加的放线菌为对营养要求低、耐瘠薄及生长较慢的放线菌。在丰富培养

基上，这一类群因养分过于丰富而抑制其生长，或因对营养要求高的放线菌大量生长造成空间竞争，使其难以生长。新出现放线菌的种类数所占百分比与土样的有机质含量呈正相关关系，相关系数为 0.759（$P<0.05$）。

另外，瘠薄培养导致部分可培养放线菌种类消失。供试土在高氏 1 号瘠薄培养基上有 3～20 种原有放线菌消失，占原有放线菌种类数的 42.9%～100.0%，说明瘠薄培养在促进某些种类的放线菌生长的同时也会抑制其他一些种类的放线菌的生长。消失的放线菌为对营养要求高的放线菌。消失的原有放线菌种类数与海拔和土样 pH 的相关系数分别为 -0.647（$P<0.05$）和 0.658（$P<0.05$）。

4.2.3　瘠薄培养对拮抗放线菌的影响

从表 4-3 可以看出，瘠薄培养对拮抗放线菌的株数有一定的影响。在 40.0% 的供试土样中，从高氏 1 号瘠薄培养基上分离到的拮抗放线菌的株数较高氏 1 号培养基减少62.5%～100%。另外，有 10.0% 的土样中拮抗放线菌的株数明显增加。

表 4-3　不同处理土样中的拮抗放线菌株数及其百分比

土样	拮抗菌株数/株				拮抗菌百分比/%			
	CK	瘠薄培养基	ΔSEP/%	NA	CK	瘠薄培养基	ΔSEP/%	NA
1	7	8	1	7	36.8	72.7	35.9	87.5
2	16	6	−10	5	64.0	35.3	−28.7	50.0
3	12	10	−2	8	63.2	76.9	13.7	72.7
4	4	1	−3	1	57.1	25.0	−32.1	25.0
5	5	0	−5	0	50.0	0	−50	0
6	2	6	4	4	40.0	66.7	26.7	44.4
7	2	1	−1	1	25.0	14.3	−10.7	14.3
8	7	1	−6	1	50.0	9.1	−40.9	12.5
9	6	8	2	7	54.5	72.7	18.2	100.0
10	8	6	−2	4	53.3	60.0	6.7	44.4
总	69	47	−12	39	51.9	47.0	−4.9	44.8

从表 4-3 还可以看出，瘠薄培养对拮抗放线菌的比例也有一定的影响。在 50.0% 的供试土样中，从高氏 1 号瘠薄培养基上分离筛选到的拮抗菌株数占供筛放线菌株数的比例为 60.0%～76.9%，而高氏 1 号培养基上为 36.8%～63.2%，即瘠薄培养提高了拮抗菌比例；其余 50.0% 的土样呈现出相反的趋势。瘠薄培养后，供试土样中分离到的总拮抗菌所占百分比较对照减少 4.9%。

从表 4-3 可知，在分离筛选到的新出现拮抗菌比例较高的 4 个供试土样中（1、2、3、9 号），有 3 个土样的有机质含量较低（＜40 g/kg），表明瘠薄培养对低有机质土壤中拮抗放线菌孢子的激活作用较为明显。另外，新出现拮抗放线菌及其所占百分比均与土样 pH 值呈正相关关系，相关系数分别为 0.688（$P<0.05$）和 0.638（$P<0.05$）。

4.2.4 瘠薄培养新出放线菌的影响

供试土样在高氏 1 号瘠薄培养基上分离到新出放线菌 79 株，按形态特征进行归类，形态特征相似的菌株归为 1 类，共得到 22 种类型；每类选取其中 1 株进行 16S rRNA 序列测定，表 4-4 为 22 株代表性菌株的鉴定结果。

表 4-4　22 株新出放线菌的鉴定结果

新出现放线菌		模式菌				拮抗性
编号	序列号	名称	序列号	相似度/%	已报道生物活性	
D201	KF317950	*Streptomyces rishiriensis*	AB184383	99.6	莱克霉素（Matsumoto et al., 1999）	S、F、Fe、Fon、Foc、Fs、P、V、D、C、CS、Pe、Ct
Da01	KF317951	*S. avidinii*	AB184395	99.6	链霉亲和素（Müller et al., 2013）	S、F、Fe、Fon、Fc、P、Fs、V、D、Pe、C、CS
D301	KF317952	*S. sannanensis*	AB184579	98.4	山南霉素（Iwasaki et al., 1981）	S、D、V、P、C、CS
D305	KF317953	*S. flavovariabilis*	AB249931	97.9	—	D、P、F、Fs、C
D501	KF317954	*S. glauciniger*	AB249964	99.8	—	D、V、C
D408	KF317970	*S. glomeroaurantiacus*	AB249983	98.9	—	S、V
D303	KF317960	*S. goshikiensis*	AB184204	99.2	包扎霉素（Kuhstoss and Rao, 1988）	V、P
D416	KF317955	*S. violarus*	AB184316	100.0	—	S
D708	KF317957	*S. alboniger*	AB184111	99.3	嘌呤霉素（Hashimoto et al., 2011）	Fe
De03	KF317958	*Streptosporangium amethystogenes subsp. amethystogenes*	X89935	99.3	—	S
D210	KF317964	*S. gardneri*	AB249908	99.7	抗细菌（Tomas et al., 2006）	S
Dc05	KF317961	*S. olivochromogenes*	AB184737	99.1	磷脂酶（Simkhada et al., 2009）	E
D309	KF317962	*S. violascens*	AB184246	99.1	抗真菌（Bisht et al., 2013）	S

新出现放线菌		模式菌				拮抗性
编号	序列号	名称	序列号	相似度/%	已报道生物活性	
D207	KF317966	*S. nitrosporeus*	AB184751	99.2	抗病毒（Lee et al.，2007）	S
D307	KF317968	*S. mirabilis*	AB184412	100.0	硝酸还原酶（Yang et al.，2012）	S
D304	KF317963	*M. saelicesensis*	AJ783993	98.9	—	—
D311	KF317956	*S. yanii*	AB006159	99.9	—	—
De07	KF317959	*Micromonospora chaiyaphumensis*	AB196710	99.3	—	—
D710	KF317965	*S. hygroscopicus subsp. ossamyceticus*	AB184560	97.6	抗菌活性（Selvameenal et al.，2009）	—
D704	KF317969	*S. vinaceusdrappus*	AY999929	100.0	产抗生素（Zhang et al.，2012）	—
D404	KF317967	*S. humidus*	AB184213	99.5	抗真菌（Klein et al.，2013）	—
Dc22	KF317971	*M. auratinigra*	AB159779	98.7	—	—

从表 4-4 可以看出，已鉴定的 22 株放线菌主要分布在链霉菌属（*Streptomyces*），其中链霉菌占 82%，小单孢菌（*Micromonospora*）占 14%，链孢囊菌（*Streptosporangium*）占 4%，表明瘠薄培养有利于链霉菌属、小单孢菌属及链孢囊菌属放线菌的分离。

从表 4-4 还可以看出，已鉴定的 22 株放线菌中有 18 株具有抗菌或其他生物活性，占已鉴定菌株的 82%，其中包括 4 株广谱拮抗放线菌。对靶标菌的拮抗效果见表 4-5，表明瘠薄培养能分离到许多具有生物活性功能的放线菌。

表 4-5　4 株广谱拮抗放线菌

菌种	抑菌圈	靶标菌													
		S	Ct	Pe	D	Fe	Fn	V	P	Fc	Fs	F	C	CS1	CS2
D201	直径/mm Diameter/mm	29	12	10	12	12	9	13	13	8	10	11	16	0	20
	透明度 Transpant	++	+	++	+	+	+	+	++	+	+	+	+	—	++
D301	直径/mm Diameter/mm	15	0	0	15	0	0	11	10	0	0	0	12	0	11
	透明度 Transpant	++	—	—	++	—	—	++	++	—	—	—	++	—	++
D305	直径/mm Diameter/mm	0	0	0	12	0	0	0	8	0	11	16	16	0	0
	透明度 Transpant	—	—	—	+	—	—	—	+	—	+	+	+	—	—

菌种	抑菌圈	靶标菌													
		S	Ct	Pe	D	Fe	Fn	V	P	Fc	Fs	F	C	CS1	CS2
Da01	直径/mm Diameter/mm	12	0	10	14	12	9	10	18	8	11	13	18	15	0
	透明度 Transpant	＋＋	－	＋＋	＋＋	＋	＋	＋＋	＋＋	＋	＋	＋	＋＋	＋＋	－

注：＋＋、＋和－分别表示拮抗圈完全透明、半透明和无拮抗圈。

4.3 小结与讨论

本研究采用高氏 1 号瘠薄培养基对山地土壤放线菌进行分离筛选发现：瘠薄培养虽然减少了供试土壤中可培养放线菌的数量、种类以及总拮抗菌百分比，但是也可分离到正常培养基上不生长的、新的拮抗放线菌种类。从本结果得到的重要启示是：采用瘠薄培养基可筛选到正常培养基上不生长的新拮抗放线菌，这些菌可能合成未知的抗菌活性物质。在进行新抗生素及其他活性物质产生菌筛选时，采用瘠薄培养基可能会取得意想不到的结果。

Hozzein 等（2008）发现不同的瘠薄培养基会影响微生物的分离结果，但未进行瘠薄培养基与正常培养基对微生物分离效果影响的系统比较研究，不清楚瘠薄培养对放线菌分离效果会产生何种影响。

本研究从放线菌数量、种类与拮抗放线菌数量、种类及有无新的放线菌出现等方面系统研究了瘠薄培养对土壤放线菌分离效果的影响，并对新出现放线菌进行了分子鉴定，所得结果对瘠薄培养分离技术体系的建立具有重要意义。

研究发现，瘠薄培养后所有土样的放线菌总数和大部分土样的链霉菌数量都有不同程度的减少，部分土样的减少幅度达到显著水平（$P < 0.05$），其中有机质含量＞40 g/kg 的高有机质土样的放线菌总数、链霉菌数量的减幅达到显著水平（$P < 0.05$）；瘠薄培养后大部分土样的放线菌种类数都有不同程度的减少，且在所有土样中均分离到正常营养条件下不生长的新出放线菌种类，与此同时，也有部分正常营养条件下生长的原有放线菌种类消失。

瘠薄培养后放线菌种类发生变化的原因可能是：不同生理类群的放线菌对营养物质的需求量不同。在瘠薄培养基上新出现的放线菌是一些只能在瘠薄条件下才能正常生长的生理类群，丰富的营养条件会抑制其孢子萌发或正常生长；而在瘠薄培养基上消失的放线菌则是在瘠薄条件下无法生存的生理类群；在瘠薄与正常培养基上均可生长的放线菌是一些对营养物质需求量范围较宽的生理类群，其在营养瘠薄与丰富的条件下均可以适应。在正常营养条件下，对营养需求较高的放线菌或其他微生物生长很快，布满培养皿，占据了生存空间，导致了某些生长缓慢的放线菌因空间限制而无法生长。瘠薄培养基解决了上述问题，使一些仅能在瘠薄营养条件下生长且生长缓慢的放线菌得以被发现。

另外，在瘠薄培养基上，供试土样的总拮抗菌株数和百分比虽然均略有降低，但从已鉴定的新出放线菌株来看，其中 73% 的菌株具有生物活性，表明从瘠薄培养基上获得有应用价值的生物活性物质产生菌的概率较高，这些菌主要分布在链霉菌属、小单孢菌属及链孢囊菌属。

第二部分
太白山北坡的五种生境

第 5 章

9 种活树树皮中放线菌区系及拮抗性研究

放线菌是一类重要的药源微生物，医学临床和农业上使用的 150 多种抗生素中有 100～120 种是由放线菌产生的（Bérdy，2005）。因此，新活性物质产生放线菌的发现是新医药和新农药研发的基础，而人类健康对新特药及农业对新农用抗生素的巨大需求迫切要求从自然界不断发现新的能产生特殊代谢产物的放线菌。目前对放线菌的研究主要集中在陆地土壤及海洋两大生态环境，但是随着未知放线菌分离难度的加大，越来越多的学者开始寻找新的分离源，已对极端环境（Okoro et al.，2009）、动物粪便（Jiang et al.，2013）、地衣（González et al.，2005）、污泥（Bredholdt et al.，2007）、鸟巢（Kumar et al.，2012）、蜂窝（Promnuan et al.，2009）及白蚁（Watanabe et al.，2003）等进行过研究，植物内外环境也已引起学者们的重视。

目前，已有一些学者对植物内生放线菌进行了一定的研究（Taechowisan et al.，2003；Cao et al.，2004；Vijay et al.，2009；Tian et al.，2004；Nimnoi et al.，2010），但对植物体表外层环境中的放线菌涉及很少，其中由死亡组织组成的植物表层中的放线菌尚未引起关注。木本植物树干表皮就是目前研究涉及不多的一种特殊生境。从解剖结构上看，狭义的树干树皮包括有生理功能的周皮及其外部无生理功能的死亡组织。周皮以外的树皮死亡组织中含有微生物可以利用的营养物质。虽然 1 年中的大部分时间该组织处于干燥状态，但短期的自然降水可使树皮外层维持一定的湿度，为树皮内的微生物提供水分，即活树树皮外层的死亡组织在一定时间内具有微生物生长的条件，其中可能有来自周围环境且适合在树皮外层组织中生存的非内生放线菌。但目前对活树外层树皮中放线菌的系统研究很少，仅有少数以树皮为原料发酵生产有机肥过程中的微生物动态研究涉及放线菌数量（Bågstam et al.，1978；Hardy et al.，1989；Davis et al.，1992；Cunh-Queda et al.，2007）。也有少数学者在筛选拮抗放线菌时涉及活树树皮内生放线菌（Wu et al.，2009；Muthiah et al.，2009）。目前有关树皮非内生放线菌的研究仅有一篇报道。Kitouni et al.（2005）从阿尔及利亚东北地区的橡树和雪松树皮中分离到 10 株放线菌，发现其中 4 株链霉菌具有抗细菌活性。此外，尚无对不同种类针叶与阔叶活树树皮外层死亡组织中放线菌的系统研究。

秦岭为中国自然地理和气候的南北分界线，太白山为秦岭主峰，最高海拔为3 767 m，其北坡自下而上分布着暖温带、温带、寒温带、寒带及高山寒带5个明显的气候带，形成了由3个植物带、7个植物亚带组成的完整的山地植被垂直带谱。以太白山北坡植被垂直带上不同海拔高度的代表性树种树皮为材料对其中的优势放线菌进行研究，所得结果可以反映不同气候带的不同针叶及阔叶树皮中放线菌的生物多样性及分布特征，为活树树皮中放线菌资源的开发利用及放线菌的生态研究提供科学依据。

本章重点研究秦岭主峰太白山北坡植被垂直带中9种活树树皮死亡组织中放线菌的数量、种类及优势种，并以11种植物常见病原菌及4种代表性细菌与真菌为靶标菌，对分离到的放线菌进行抗菌活性检测，旨在探明不同树皮中拮抗性放线菌的分布特征，为放线菌新分离源的发现提供依据，并为放线菌的生态研究提供新资料。

5.1 材料与方法

5.1.1 材料

5.1.1.1 供试样品

采样点位于陕西省太白山北坡（33°57′～34°58′N，107°45′～107°53′E），海拔高度为1 600～3 419 m。供试树种为表5-1中的9种乔灌木。样品采集：在供试树主干距地1～1.5 m处（高山绣线菊为0.3～0.5 m）用采样刀刮取厚度约0.5 cm（高山绣线菊及红桦为0.2 cm）的树皮置于自封袋中，带回实验室4 ℃保存。采集点概况及样品化学性质见表5-1。

表5-1 样品采集点概况及样品化学性质

类型	树种	代号	海拔/m	pH	化学元素/（g/kg）		
					N	K	P
针叶树	太白红杉	LCBH	3 165	6.07	10.3	24.9	2.6
	巴山冷杉	AFF	2 765	6.30	6.6	11.8	1.5
	太白红杉	LCBL	2 739	5.11	9.4	27.8	3.6
	华山松	PAF	2 623	6.22	7.0	9.4	1.6
	油松	PTC	1 917	4.50	2.0	1.5	0.3
阔叶树	高山绣线菊	SAP	3 419	6.24	7.3	8.9	1.6
	牛皮桦	BA	2 614	5.73	7.1	10.2	2.3

类型	树种	代号	海拔/m	pH	化学元素/（g/kg）		
					N	K	P
	红桦	BAB	2 252	6.62	5.9	3.9	1.8
阔叶树	辽东栎	QLK	1 917	7.00	7.7	11.4	2.0
	锐齿栎	QAA	1 600	6.83	8.8	5.8	1.4

5.1.1.2 培养基

高氏 1 号培养基；PDA 培养基；BPA 培养基（程丽娟等，2000）。

腐殖酸琼脂培养基：腐殖酸 10 g，Na_2HPO_4 0.5 g，KCl 1 g，$MgSO_4 \cdot 7H_2O$ 0.05 g，$CaCl_2$ 1 g，琼脂粉 10 g，自来水 1 L。

5.1.1.3 靶标菌

拮抗性活性物质产生菌筛选所用靶标菌共有 15 株，其中革兰氏阳性、阴性代表细菌分别为金黄色葡萄球菌（*Staphylococcus aureus*）、大肠杆菌（*Escherichia coli*），丝状真菌、单细胞真菌代表菌分别为青霉（*Penicillium* sp.）、热带假丝酵母菌（*Candida tropicalis*）。植物病原菌有 11 株。靶标菌编号及名称见表 5-2。

表 5-2 靶标菌编号及名称

编号	菌名	编号	菌名
a	金黄色葡萄球菌（*Staphylococcus aureus*）	i	马铃薯干腐病原菌（*F. solani*（Mart.）*Sacc*）
b	大肠杆菌（*Escherichia coli*）	j	马铃薯干腐病原菌（*F. sulphureum*）
c	青霉（*Penicillium* sp.）	k	黄瓜枯萎病原菌（*F. oxysporum* f.sp.）
d	热带假丝酵母菌（*Candida tropicalis*）	l	西瓜枯萎病原菌（*F. oxysporum* f.sp. *niveum*）
e	魔芋软腐病原菌（*Serratia* sp.）	m	丹参枯萎病原菌（*F. solani*）
f	魔芋软腐病原菌（*Dickeya dadantii subsp.*）	n	丹参枯萎病原菌（*F. oxysporum* f.sp.）
g	棉花黄萎病原菌（*Verticillium dahliae*）	o	甜瓜蔓枯病原菌（*Didymella bryoniae*）
h	草莓枯萎病原菌（*Fusarium oxysporum*）		

5.1.2 方法

5.1.2.1 树皮化学分析

树皮用 H_2SO_4-H_2O_2 消解（鲍士旦，1999），N 含量用凯氏定氮仪测定，P 含量用钼锑抗比色法测定，K 含量用火焰光度法测定，pH 用 pH 计测定，水与样品比例为 10:1。

树皮主要营养元素含量见表 5-1。

5.1.2.2 放线菌分离

采用稀释平板涂抹法。用无菌剪刀将供试样品剪碎混匀，称取 5.0 g，置于无菌研钵中研磨 10 min 后，加入 45.0 mL 无菌水做为 10^{-1} 稀释度，依次吸取 1.0 mL 加入 9.0 mL 无菌水管做为 10^{-2}、10^{-3} 及 10^{-4} 稀释度，分别吸取 0.05 mL 10^{-2}～10^{-4} 三个稀释度的样品悬液涂布于高氏 1 号培养基上，28 ℃培养 10 d。

5.1.2.3 放线菌拮抗性测定

采用琼脂块法（程丽娟等，2000）。将供试放线菌均匀涂布于高氏 1 号培养基上，28 ℃培养 8 d，用直径为 7 mm 的打孔器打成菌饼，放置于均匀涂布供试靶标菌的 PDA（真菌）或 BPA（细菌）平板，室温放置过夜后置于 28 ℃下培养，分别于 1 d 及 3 d 后观察靶标细菌及真菌的生长情况，测量拮抗圈直径（D），并分别将拮抗圈直径 $D \geqslant$ 14 mm、$14 > D \geqslant 10$ mm 及 $D < 10$ mm 的菌株定义为强、中、弱拮抗放线菌。

5.1.2.4 放线菌鉴定

通过形态观察与 16S rRNA 序列测定相结合的方法鉴定菌种。酶解法提取放线菌总DNA，采用细菌 16S rRNA 通用引物 27F：5′-AGAGTTTGA TCCTGGCTCAG-3′和 1541R：5′-AAGGAGGTGATCCAGCCGCA-3′进行 PCR 扩增，扩增条件为：94 ℃预变性 4 min，94 ℃变性 1 min，57 ℃退火 55 s，72 ℃延长 2 min，变性到延长 30 个循环，72 ℃延长 10 min，4 ℃保存。扩增产物送上海生工生物工程有限公司测序。所得序列在 GenBank 数据库中进行比对。

5.1.2.5 相对多度

多度是指群落内各个种的个体数量，相对多度即种的个体数在群落总物种数中的比率（Wilsey，2010）。链霉菌相对多度（Relative Abundance of streptomycete，RAs%）、未鉴定放线菌相对多度（Relative Abundance of unidentified isolates，RAu%）及优势放线菌相对多度（Relative Abundance of dominant isolates，RAd%）的计算式为：

$$RAs\%(RAu\%，RAd\%) = \frac{Sc(Uc，Dc)}{Ac} \times 100 \tag{5-1}$$

式中，Sc、Uc、Dc 及 Ac 分别代表链霉菌数量、未鉴定放线菌数量、优势放线菌数量及放线菌总数。

本研究中将某种树皮中的拮抗放线菌的株数（Antagonistic Isolates Number，AIN）与该树皮中分离到的放线菌总株数（Total Isolates Number，TIN）的比率定义为拮抗放线菌相对多度（Relative Abundance of antagonistic actinomycete，RAaa%）。其计算式为：

$$RAaa（\%）=\frac{AIN}{TIN}\times100 \qquad\qquad （5\text{-}2）$$

5.1.2.6　树皮放线菌拮抗潜势

树皮放线菌拮抗潜势（Antagonistic Potentiality of Bark Actinomycetes，APBA）（朱文杰等，2009）的计算式为：

$$APBA（\%）=\frac{\sum\limits_{1}^{n}A_n}{\sum\limits_{1}^{m}\sum\limits_{1}^{n}A_n}\times100\% \qquad\qquad （5\text{-}3）$$

式中，A_n 表示某株拮抗性放线菌能够拮抗靶标菌的株次；m、n 分别表示供试树皮数和拮抗菌株数。

拮抗菌株次是指每株拮抗性放线菌能够拮抗的靶标菌的株数，如 1 株拮抗性放线菌对 1 个靶标菌有拮抗性，称为 1 个株次；1 株放线菌同时对 10 个靶标菌有拮抗性，称为 10 株次。

5.1.2.7　数据处理

用 SAS 9.0 对数据进行统计分析。

5.2　结果与分析

5.2.1　树皮中的放线菌数量及种类

5.2.1.1　以淀粉为碳源能源物质的放线菌

高氏 1 号培养基上生长的放线菌是能以淀粉为碳源能源物质的生理类群。从表 5-3 可以看出，在供试 9 种针叶、阔叶树皮死亡组织中存在较多放线菌。阔叶树辽东栎、针叶树太白红杉树皮中的放线菌总数分别为 637.8×10^3 CFU/g、53.7×10^3 CFU/g，链霉菌数量分别为 622.1×10^3 CFU/g、2.7×10^3 CFU/g。在阔叶树中，辽东栎、红桦及锐齿栎树皮中的放线菌总数和链霉菌数量均显著（$P<0.05$）高于其他树种；针叶树中，高海拔太白红杉 LCBH 树皮中的放线菌总数显著（$P<0.05$）高于华山松、油松及低海拔太白红杉 LCBL，巴山冷杉树皮中的链霉菌数量高于其余针叶树，但未达到显著水平（$P>0.05$）。另外，5 种阔叶树皮中的放线菌总数、链霉菌平均数量分别为 5 种针叶树平均数量的 11.3、27.1 倍，即阔叶树皮中以淀粉为碳源能源的放线菌总数及链霉菌属放线菌数量远高于针叶树皮。

表 5-3　高氏 1 号培养基上供试树皮中放线菌的数量及种类

| 样品 | 数量（10^3 CFU/g 干树皮） | | | | | 种类数/种 |
| | 总数 | 链霉菌 | | 未鉴定属 | | |
		数量	RAs%	数量	RAu%	
针叶树						
LCBH	53.7±8.0c	2.7±0.3d	5.0	51.0±7.8b	95.0	3
AFF	29.0±11.3cd	25.1±9.3d	86.6	3.9±2.0c	13.4	10
LCBL	1.3±0.6d	0.7±0.4d	53.8	0.6±0.2c	46.2	9
PAF	3.4±0.3d	2.0±0.3d	58.8	1.4±0.2c	41.2	5
PTC	0.2±0.1d	0.2±0.1d	100.0	0.0±0.0c	0.0	2
Mean±S	17.5±23.5	6.1±10.6	34.9	11.4±22.2	65.1	5.8
阔叶树						
SAP	11.9±0.5d	7.5±0.4d	63.0	4.4±0.6c	37.0	4
BA	3.9±0.8d	2.3±0.9d	59.0	1.6±0.1c	41.0	11
BAB	181.3±14.4b	121.5±8.0b	67.0	59.8±6.5ab	33.0	9
QLK	637.8±143.6a	622.1±57.0a	97.5	15.7±3.9c	2.5	4
QAA	151.8±14.6b	72.6±20.1c	47.8	79.2±34.7a	52.2	12
Mean±S	197.3±258.9	165.2±260.1	83.7	32.1±35.2	16.3	8.0

注：同列所标不同小写字母表示差异显著（$P<0.05$），本章中其余表格相同。

从表 5-3 还可以看出，在高氏 1 号培养基上，5 种阔叶、针叶树皮中的放线菌的种类数分别为 4～12 种、2～10 种，阔叶树皮中放线菌的种类数均值较针叶树皮均值高 37.9%。在阔叶树中，锐齿栎树皮中的放线菌种类多达 12 种，而辽东栎及高山绣线菊树皮中仅有 4 种放线菌；针叶树中，巴山冷杉及低海拔太白红杉 LCBL 树皮中的放线菌分别为 10 种及 9 种，而油松树皮中仅有 2 种放线菌。

5.2.1.2　以腐殖酸为碳源能源的放线菌

腐殖酸是植物残体经微生物分解及再合成形成的大分子有机物。腐殖酸琼脂培养基上生长的放线菌是能以腐殖酸为碳源能源物质的生理类群。

从表 5-4 可以看出，在腐殖酸琼脂培养基上，除高山绣线菊外，4 种阔叶乔木树皮中的放线菌总数均高于除油松外的其余针叶树。在阔叶树皮中，放线菌和链霉菌数量均表现为辽东栎＞红桦＞锐齿栎＞牛皮桦＞高山绣线菊，差异均达到显著水平（$P<$ 0.05），其中阔叶灌木高山绣线菊树皮中的放线菌总数仅为辽东栎的 1/14。在针叶树皮中，油松树皮中的放线菌和链霉菌数量均显著（$P<0.05$）高于其余树种，其放线菌总数为高海拔太白红杉 LCBH 的 5 311 倍，为高氏 1 号培养基上放线菌总数的 2 390 倍。

表 5-4　腐殖酸培养基上供试树皮中放线菌的数量及种类

| 样品 | 数量（10³ CFU/g 干树皮） | | | | | 种数/种 |
| | 总数 | 链霉菌 | | 未鉴定属 | | |
		数量	RAs%	数量	RAu%	
针叶树						
LCBH	0.3±0.1f	0.0±0.0e	0.0	0.3±0.1c	100.0	1
AFF	20.9±4.5f	13.4±3.6e	64.1	7.5±1.8c	35.9	10
LCBL	1.5±0.3f	1.1±0.2e	73.3	0.4±0.2c	26.7	6
PAF	19.8±1.8f	9.5±3.3e	48.0	10.3±1.7c	52.0	6
PTC	478.0±30.3c	300.5±39.3c	62.9	177.5±9.2ab	37.1	8
Mean±S	104.1±209.2	64.9±131.8	62.3	39.2±77.4	37.7	6.2
阔叶树						
SAP	8.2±3.1f	7.4±0.9e	90.2	0.8±0.3c	9.8	6
BA	238.9±19.1e	203.5±16.2d	85.2	35.4±16.1c	14.8	7
BAB	576.2±54.0b	420.1±59.9b	72.9	156.1±18.9b	27.1	5
QLK	982.4±55.9a	758.6±112.1a	77.2	223.8±65.9a	22.8	6
QAA	415.8±31.5d	342.2±3.3c	82.3	73.6±34.4c	17.7	8
Mean±S	444.3±367.5	346.4±278.7	78.0	97.9±91.1	22.0	6.4

从表 5-4 还可以看出，在腐殖酸琼脂培养基上，巴山冷杉树皮中有 10 种放线菌，而高海拔太白红杉 LCBH 树皮中仅有 1 种。5 种阔叶树与针叶树树皮中分离到的放线菌种类数分别为 5～8 种与 1～10 种。

5.2.2　树皮中的优势放线菌

优势放线菌指数量较多、按其相对多度排列在第 1、2 位的放线菌。从表 5-5 和表 5-6 可以看出，在两种培养基上，供试树皮中的优势放线菌共有 5 属 19 种，分别为链霉菌属、小单孢菌属、拟诺卡氏菌属、游动放线菌属及 *Umezawaea*，但以链霉菌属为主。在分离得到的 19 株优势放线菌中，链霉菌属占 73.7%。

表 5-5　高氏 1 号培养基上供试树皮中的优势放线菌

| 编号 | 优势菌 1 | | | 优势菌 2 | | |
	名称	序列号	RAd%	名称	序列号	RAd%
针叶树						
LCBH	*Actinoplanes digitatis*	KF447933	91.6	*S. laculatispora*	KF447934	5.0
AFF	*S. malachitospinus*	KF447935	59.7	*S. drozdowiczii*	KF447936	20.8

续表

编号	优势菌1			优势菌2		
	名称	序列号	RAd%	名称	序列号	RAd%
LCBL	*Umezawaea tangerina*	KF447937	43.2			
PAF	*Micromonospora lupini*	KF447938	31.2			
PTC	*S. cyaneofuscatus*	KF447939	83.3	*S. setonii*	KF447940	16.7
阔叶树						
SAP	*S. cirratus*	KF447941	41.3	*M. echinospora*	KF447942	29.1
BA	*S. xanthophaeus*	KF447943	39.7	*Nocardiopsis umidischolae*	KF447944	17.9
BAB	*S. setonii*	KF447958	57.3			
QLK	*S. griseorubiginosus*	KF447945	96.2			
QAA	*S. pactum*	KF447946	21.4	*S. olivochromogenes*	KF447947	11.7

表 5-6 腐殖酸琼脂培养基上供试树皮中的优势放线菌

编号	优势菌1			优势菌2		
	名称	序列号	RAd%	名称	序列号	RAd%
针叶树						
LCBH	*A. digitatis*	KF447952	100	–		
AFF	*S. malachitospinus*	KF447954	37.8	*S. diastaticus subsp. ardesiacus*	KF447948	17.1
LCBL	*S. malachitospinus*	KF447953	51.2	–		
PAF	*S. cyaneofuscatus*	KF447955	29.4	–		
PTC	*S. cyaneofuscatus*	KF447956	34.6	*N. umidischolae*	KF447959	26.3
阔叶树						
SAP	*S. niveus*	KF447949	67.1	*S. avidinii*	KF447950	19.2
BA	*S. cyaneofuscatus*	KF447957	43.3			
BAB	*S. ambofaciens*	KF447951	37.6	*N. umidischolae*	KF447960	18.2
QLK	*S. griseorubiginosus*	KF447961	31.6			
QAA	*S. pactum*	KF447962	29.5			

在高氏1号培养基上，不同树皮中的优势放线菌不同，仅 *Streptomyces setonii* 在油松与红桦树皮中同时存在。在腐殖酸琼脂培养基上，在多种不同树皮中生存着相同的放线菌，*S. cyaneofuscatus* 与 *Nocardiopsis umidischolae* 分布较为广泛，其中 *S. cyaneofuscatus* 在华山松、油松及牛皮桦树皮中均为优势种，*N. umidischolae* 在油松与红桦树皮中均有

分布，*S. malachitospinus* 在巴山冷杉与太白红杉 LCBL 中均有分布。另外，部分树种树皮在高氏 1 号与腐殖酸琼脂培养基上均分离到相同优势种，如 *Actinoplanes digitatis* 为高海拔太白红杉 LCBL 树皮中的相同优势种，*S. malachitospinus* 为巴山冷杉树皮中的相同优势种，*S. cyaneofuscatus* 为油松树皮中的相同优势种，*S. griseorubiginosus* 为辽东栎树皮中的相同优势种，*S. pactum* 为锐齿栎树皮中的相同优势种。在两种培养基上出现相同的优势放线菌，表明这些放线菌均能以淀粉或腐殖酸为碳源能源物质，在营养生理上具有相似性。

5.2.3　优势放线菌的生物活性

从供试树皮中共分离到 19 株优势放线菌，它们的抗生活性及其他生物活性见表 5-7。

表 5-7　19 株优势放线菌的抗生活性及其他生物活性

来源	优势种	靶标菌															已报道生物活性
		代表性细菌真菌				植物病原菌											
		a	b	c	d	e	f	g	h	i	j	k	l	m	n	o	
针叶树皮中的放线菌																	
LCBH	*S. laculatispora*	–	10	–	–	–	–	–	–	–	8	–	–	–	–	–	
	A. digitatis																
LCBL	*U. tangerina*																
AFF	*S. diastaticus subsp. ardesiacus*																
	S. drozdowiczii																纤维素酶（Semêdo et al., 2004）
AFF，LCBL	*S. malachitospinus*	10	10	–	8	15	–	9	–	–	–	9	–	–	–	–	–
PAF	*M. lupini*																抗肿瘤（Igarashi et al., 2007）
种数（种）7		1	2	0	1	1	0	1	0	0	1	1	0	0	0	0	
针叶、阔叶树皮中共有放线菌																	
PAF，PTC，BA	*S. cyaneofuscatus*	–	11	–	13	–	–	12	–	9	–	–	–	9	–	–	缬氨霉素（Telesnina et al., 1986）
PTC，BA	*N. umidischolae*	–	–	–	–	10	–	–	–	–	–	10	–	–	–	–	–
PTC，BAB	*S. setonii*	–	10	–	–	–	–	–	–	–	8	–	–	–	–	–	降解阿魏酸（Max et al., 2012）
种数（种）3		0	2	0	1	1	0	1	0	1	1	1	0	1	0	0	

续表

来源	优势种	靶标菌																已报道生物活性
		代表性细菌真菌				植物病原菌												
		a	b	c	d	e	f	g	h	i	j	k	l	m	n	o	
阔叶树皮中的放线菌																		
SAP	*S. niveus*	15	13	–	–	–	–	–	–	–	–	–	–	–	–	–		新生霉素（Tambo-ong et al.，2011）
	M. echinospora	–	–	–	–	–	–	–	–	–	–	–	–	–	–	–		抗生素（Love et al.，1992）
	S. cirratus	26	–	–	8	13	–	–	–	–	–	–	–	–	–	–		抗肿瘤（Mizutani et al.，1989）
	S. avidinii	–	10	–	–	10	–	–	–	–	–	–	–	–	–	–		–
BA	*S. xanthophaeus*	–	–	–	–	–	–	–	–	–	–	–	–	–	–	–		酶抑制剂（Matsuo et al.，2011）
BAB	*S. ambofaciens*	12	12	–	–	–	–	–	–	–	–	–	–	–	–	–		纺锤霉素（Juguet et al.，2009）
QLK	*S. griseorubiginosus*	14	–	–	–	–	–	9	–	–	–	–	–	–	–	–		抗生素（Tatsuta et al.，2011）
QAA	*S. pactum*	12	–	–	16	8	–	–	–	–	–	–	–	–	–	–		密旋霉素（Almabruk et al.，2013）
	S. olivochromogenes	11	9	9	–	12	–	11	–	–	10	15	9	10	–	8		磷脂酶（Simkhada et al.，2010）
种数（种）	9	6	4	1	2	4	0	2	0	0	1	1	1	1	0	1	

注：表中数据为拮抗圈直径，单位为 mm；–表示放线菌对靶标菌无拮抗性。

从表 5-7 可以看出，单独存在于针叶、阔叶树皮中的放线菌分别为 7 株、9 株，在针叶与阔叶树皮中同时存在的有 3 株。在 19 株放线菌中，对 1～10 种供试靶标菌有抗菌活性的放线菌有 12 株，占供试优势放线菌的 63.2%。检测到和报道有活性物质及其他有用代谢产物产生能力的放线菌共 16 株，占供试优势放线菌的 84.2%，其中 13 株为链霉菌属，2 株为小单孢菌属，分别占活性物质产生菌的 81.3%、10.5%。在 12 株检测到有抗菌活性的放线菌中，来自阔叶、针叶树皮的活性物质产生菌分别为 7 株、2 株，阔叶树皮中的活性物质产生菌是针叶树皮的 3.5 倍；针叶、阔叶树皮中同时存在的 3 株放线菌均产生活性物质。

从表 5-7 还可以看出，在检测到有抗菌活性的 12 株放线菌中，对革兰氏阳性、阴性代表靶标细菌有抗菌活性的放线菌分别为 7 株、8 株，分别占活性物质产生菌株的 58.3%、66.7%；对 11 种常见农作物病原菌有抗菌活性的放线菌有 8 株，占活性物质产生菌株的 66.7%，即活树树皮外层死亡组织是抗生活性物质产生菌的重要分离源，从中可筛选到较多对革兰氏阳性、阴性细菌有较强拮抗作用的活性物质产生菌，也能筛选到较多对农作物常见病原菌有较强抗性的活性物质产生菌。另外，有 12 株放线菌已报道有抗生活性或其他有用代谢产物合成能力（Telesnina et al.，1986；Mizutani et al.，1989；Love et al.，1992；Semêdo et al.，2004；Igarashi et al.，2007；Juguet et al.，2009；Simkhada et al.，2010；Tatsuta et al.，2011；Tambo-ong et al.，2011；Matsuo et al.，2011；Max et al.，2012；Almabruk et al.，2013），占供试优势放线菌的 63.2%。

5.2.4　树皮中的拮抗放线菌株数及其相对多度

在高氏 1 号培养基上，从供试树皮中共分离出 79 株放线菌，其中有 43 株对 15 种靶标菌有抗性，表 5-8 和图 5-1 为供试树皮中拮抗放线菌的株数及其相对多度。

表 5-8　供试树皮中拮抗放线菌的株数及其相对多度

针叶树皮			阔叶树皮		
样品	拮抗菌		样品	拮抗菌	
	株数/株	相对多度/%		株数/株	相对多度/%
LCBH	1	33.3	SAP	6	42.9
AFF	6	60.0	BA	4	36.4
LCBL	6	66.7	BAB	4	44.4
PAF	3	60.0	QLK	3	75.0
PTC	2	100.0	QAA	8	66.7
平均	3.6	62.1	平均	5	50.0

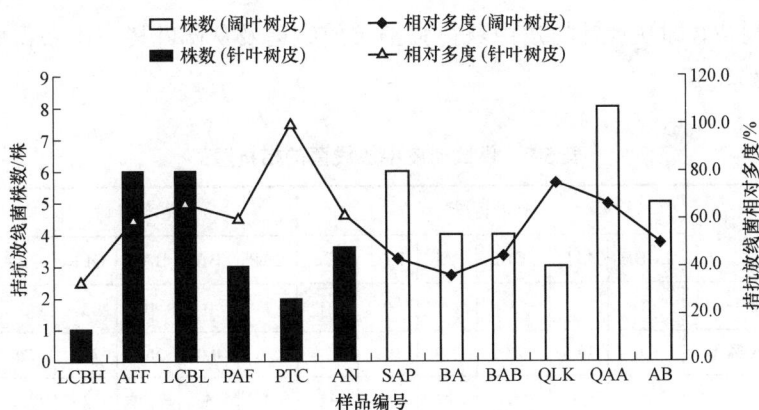

图 5-1　拮抗放线菌的株数及其相对多度

注：AN 表示针叶树的平均值，AB 表示阔叶树的平均值。

从表 5-8 和图 5-1 可以看出，5 种阔叶树、5 种针叶树树皮中的拮抗放线菌分别为 1～6 株、3～8 株，阔叶树较针叶树树皮中的拮抗性放线菌的株数平均多 38.9%。在阔叶树中，锐齿栎树皮中有 8 株拮抗性放线菌，而辽东栎树皮中仅有 3 株；针叶树中，巴山冷杉及低海拔太白红杉 LCBL 树皮中均有 6 株拮抗性放线菌，而高海拔太白红杉 LCBH

树皮中仅有 1 株。阔叶树皮中分离到的拮抗放线菌的株数随着海拔升高呈现出先减后增的趋势，而针叶树呈现出相反的趋势。

从表 5-8 和图 5-1 还可以看出，5 种阔叶树树皮中拮抗性放线菌的平均相对多度较针叶树低 12.1%。在阔叶树中，辽东栎树皮中拮抗放线菌的相对多度为 75.0%，而牛皮桦树皮中仅为 36.4%；在针叶树中，油松树皮中拮抗放线菌的相对多度为 100%，远高于高海拔太白红杉 LCBH 的 33.3%。阔叶树及针叶树树皮中拮抗放线菌的相对多度均呈现出随海拔升高而降低的趋势。

5.2.5 树皮中放线菌的拮抗潜势

在研究拮抗性放线菌资源的过程中，评价某生态环境中放线菌资源蕴藏量的问题尚未解决，因此寻求一个能同时反映拮抗菌数量及广谱性的定量化指标是十分必要的。本研究借鉴朱文杰等（2009）提出的土壤放线菌拮抗潜势，结合拮抗菌的株数及抗菌谱，拟用 APBA 作为树皮中拮抗放线菌资源蕴藏量的定量指标，以评价不同树皮中存在的拮抗放线菌的种质资源潜力。

从表 5-9 可以看出，供试树皮中的强、中、弱拮抗性放线菌对靶标菌的总拮抗株次分别为 38 株次、83 株次、93 株次，强拮抗的株次占 17.8%。针叶树、阔叶树树皮中放线菌的 APBA 分别为 39.7%、60.3%，其中强拮抗放线菌的 APBA 分别为 55.3%、44.7%，中等拮抗放线菌的 APBA 分别为 37.3%、62.7%，表明阔叶树皮中拮抗放线菌的总蕴藏量及中等拮抗放线菌的蕴藏量均大于针叶树皮，但针叶树皮中强拮抗放线菌的总蕴藏量略大于阔叶树皮，即从针叶树皮中获得强拮抗放线菌及从阔叶树皮中获得中等拮抗放线菌的概率较大。

表 5-9 供试树皮中放线菌的拮抗潜势

拮抗潜势		针叶树皮						阔叶树皮						合计
		LCBH	AFF	LCBL	PAF	PTC	Σc	SAP	BA	BAB	QLK	QAA	Σb	
强	An/株次	0	15	3	3	0	21	1	0	10	3	3	17	38
	APBA/%	0.0	39.5	7.9	7.9	0.0	55.3	2.6	0.0	26.3	7.9	7.9	44.7	100
中	An/株次	4	11	8	4	4	31	3	5	19	5	20	52	83
	APBA/%	4.8	13.3	9.6	4.8	4.8	37.3	3.6	6.0	22.9	6.0	24.1	62.7	100
弱	An/株次	3	11	8	8	3	33	10	11	7	6	26	60	93
	APBA/%	3.2	11.8	8.6	8.6	3.2	35.5	10.8	11.8	7.5	6.5	28.0	64.5	100
总	An/株次	7	37	19	15	7	85	14	16	36	14	49	129	214
	APBA/%	3.3	17.3	8.9	7.0	3.3	39.7	6.5	7.5	16.8	6.5	22.9	60.3	100

注：Σc 表示 5 种针叶树皮 An 或 APBA 的总和，Σb 表示 5 种阔叶树皮 An 或 APBA 的总和。

从表 5-9 还可以看出，不同树种树皮中放线菌的拮抗潜势不同。在针叶树中，巴山冷杉树皮中放线菌的总拮抗潜势及强拮抗放线菌的拮抗潜势分别为 17.3% 及 39.5%，均高于其他树种；在阔叶树中，锐齿栎树皮中放线菌的总拮抗潜势最高，达到 22.9%，而拮抗潜势最高的红桦树皮中强拮抗放线菌的 APBA 仅为 26.3%。以上结果表明，锐齿栎树皮中拮抗放线菌的总蕴藏量及巴山冷杉树皮中强拮抗放线菌的蕴藏量最大。

5.2.6　针、阔叶树皮中拮抗放线菌数量的差异性

从表 5-10 可以看出，阔叶树皮与针叶树皮中拮抗同一靶标菌的放线菌株数有明显差异。对同一靶标菌而言，从阔叶树皮中筛选到的拮抗放线菌较多。对除酵母菌外的 14 种靶标菌而言，从阔叶树皮中分离到的拮抗放线菌的株数较针叶树皮多 1～7 株，其中阔叶树皮中拮抗革兰氏阳性细菌金黄色葡萄球菌、魔芋软腐病菌、青霉、大丽轮枝菌、硫色镰刀菌、黄瓜枯萎病菌、腐皮镰刀菌及甜瓜蔓枯菌的放线菌株数较针叶树多 4～7 株，拮抗革兰氏阴性细菌大肠杆菌、沙雷氏菌、尖孢镰刀菌、茄镰刀菌、西瓜枯萎病菌及棉花枯萎病菌的放线菌株数较针叶树多 1～2 株。仅拮抗单细胞真菌酵母菌的放线菌的总株数呈相反趋势，针叶树皮中抗酵母菌的拮抗放线菌较阔叶树多 5 株，即对大多数靶标菌而言，从阔叶树皮中可以分离筛选到更多的拮抗菌。

表 5-10　供试树皮中拮抗不同靶标菌的放线菌（株）

样品		拮抗放线菌株数/株															Σa
		代表性细菌真菌				植物病原菌											
		a	b	c	d	e	f	g	h	i	j	k	l	m	n	o	
针叶树皮	LCBH	0	0	1	1	0	0	1	0	1	1	0	0	0	1	1	7
	AFF	6	3	3	5	2	0	4	0	3	4	0	3	0	0	3	10
	LCBL	3	3	1	1	1	1	2	0	1	1	0	1	0	0	2	12
	PAF	3	2	0	3	0	0	1	0	1	1	0	1	0	0	2	8
	PTC	0	2	0	1	0	0	1	1	1	0	1	1	0	0	0	6
	Σc^b	12	10	5	11	3	1	9	1	8	7	1	6	0	1	8	14
阔叶树皮	SAP	5	3	0	1	0	0	2	1	0	2	1	0	0	0	1	7
	BA	2	1	1	2	1	1	2	0	1	2	1	1	1	1	3	13
	BAB	3	2	3	2	2	1	2	1	2	3	2	2	1	1	3	14
	QLK	3	1	1	0	1	0	2	0	1	1	1	1	0	0	1	10
	QAA	6	5	5	1	4	1	6	0	3	3	1	3	1	1	6	13
	Σb	19	12	10	6	8	3	13	2	9	11	7	8	4	3	13	15
$\Sigma b - \Sigma c$		7	2	5	−5	5	2	4	1	1	4	6	2	4	2	3	1

注：Σc 表示 5 种针叶树皮的拮抗菌株数总和；Σb 表示 5 种阔叶树皮的拮抗菌株数总和；Σa 为总抗菌谱，代表某树皮中所有拮抗放线菌能拮抗的靶标菌的总数。

从表 5-10 可以看出，同一树皮中拮抗不同靶标菌的放线菌株数不同。在针叶树皮中，高海拔太白红杉 LCBH 树皮中仅分离到拮抗单细胞真菌酵母菌、丝状真菌青霉及部分植物病原真菌的放线菌各 1 株，未发现拮抗细菌的放线菌；巴山冷杉树皮中拮抗革兰氏阳性细菌金黄色葡萄球菌的放线菌的株数多于其余靶标菌；低海拔太白红杉 LCBL 树皮中拮抗革兰氏阳性细菌金黄色葡萄球菌及革兰氏阴性细菌大肠杆菌的放线菌多于其余靶标菌；华山松树皮中拮抗革兰氏阳性细菌金黄色葡萄球菌及单细胞真菌酵母菌的放线菌最多；油松树皮中拮抗革兰氏阴性细菌大肠杆菌的放线菌最多。在阔叶树皮中，高山绣线菊及辽东栎树皮中拮抗革兰氏阳性细菌金黄色葡萄球菌的放线菌均多于其余靶标菌；牛皮桦树皮中拮抗革兰氏阳性细菌金黄色葡萄球菌、单细胞真菌酵母菌及硫色镰刀菌的放线菌株数多于其余靶标菌；红桦树皮中拮抗甜瓜蔓枯菌的放线菌最多；锐齿栎树皮中拮抗革兰氏阳性细菌金黄色葡萄球菌、大丽轮枝菌及甜瓜蔓枯菌的放线菌最多。

从表 5-10 还可以看出，不同树皮中拮抗同一靶标菌的放线菌株数也不同。拮抗革兰氏阳性细菌的放线菌株数在巴山冷杉及锐齿栎树皮中多于其余树种；拮抗革兰氏阴性细菌、丝状真菌、魔芋软腐病菌、大丽轮枝菌、硫色镰刀菌、黄瓜枯萎病菌及甜瓜蔓枯菌的放线菌株数在锐齿栎树皮中最多；拮抗单细胞真菌的放线菌种类在巴山冷杉树皮中最多；拮抗尖孢镰刀菌、腐皮镰刀菌及棉花枯萎病菌的放线菌种类在红桦树皮中最多；拮抗茄镰刀菌及西瓜枯萎病菌的放线菌种类在巴山冷杉、红桦及锐齿栎树皮中最多；拮抗沙雷氏菌的放线菌种类在高山绣线菊树皮中最多。

另外，不同树种树皮中筛选到的拮抗放线菌的总抗菌谱不同。针叶树中，从低海拔太白红杉树皮中分离到的所有拮抗性放线菌的总抗菌谱为 12 种靶标菌，能拮抗 12 种靶标菌，而从油松树皮中分离到的所有拮抗放线菌的总抗菌谱较窄，仅能拮抗 6 种靶标菌。阔叶树中，可分离到能拮抗 7～14 种靶标菌的拮抗放线菌，其中从红桦、高山绣线菊树皮中分离到的所有拮抗放线菌的总抗菌谱分别为 14 种、7 种靶标菌。

5.2.7 拮抗性放线菌对不同靶标菌的拮抗性

79 株供试放线菌中共 43 株具有抗菌活性。从表 5-11 可以看出，树皮中拮抗不同靶标菌的放线菌株数有明显差异，其中拮抗革兰氏阳性菌的放线菌最多，占所有拮抗菌的 72.1%，高于其余靶标菌；其次革兰氏阴性菌、大丽轮枝菌及甜瓜蔓枯菌中具有拮抗性的放线菌分别达到 51.2%、53.5%、51.2%；拮抗尖孢镰刀菌的放线菌种类最少，仅占 7.0%。

表 5-11　43 株拮抗放线菌对不同靶标菌的拮抗性

靶标菌	拮抗强度							
	强		中		弱		合计	
	株数/株	R/%	株数/株	R/%	株数/株	R/%	株数/株	R/%
代表性细菌、真菌								
Staphylococcus aureus（G⁺）	7	16.3	13	30.2	11	25.6	31	72.1
Escherichia coli（G⁻）	3	7.0	6	14.0	13	30.2	22	51.2
Penicillium sp.（丝状真菌 Filamentous fungi）	3	7.0	4	9.3	8	18.6	15	34.9
Candida tropicalis（单细胞真菌 Single-cell fungi）	0	0.0	5	11.6	12	27.9	17	39.5
植物病原菌								
Serratia sp.	0	0.0	1	2.3	3	7.0	4	9.3
Dickeya dadantii subsp. *Dadantii*	1	2.3	8	18.6	2	4.7	11	25.6
Fusarium oxysporum	0	0.0	2	4.7	1	2.3	3	7.0
F. oxysporum f. sp. *cucumerinum*	0	0.0	2	4.7	6	14.0	8	18.6
F. oxysporum f. sp. *niveum*	1	2.3	9	20.9	5	11.6	15	34.9
F. oxysporum f. sp. *vasinfectum*	1	2.3	2	4.7	1	2.3	4	9.3
F. solani（Mart.）*Sacc*	1	2.3	9	20.9	7	16.3	17	39.5
F. solani B	1	2.3	2	4.7	1	2.3	4	9.3
F. sulphureum	8	18.6	4	9.3	6	14.0	18	41.9
Verticillium dahliae	6	14.0	13	30.2	4	9.3	23	53.5
Didymella bryoniae	6	14.0	3	7.0	13	30.2	22	51.2

注：R 表示对某一靶标菌具有不同强度拮抗性的放线菌株数占拮抗放线菌总株数 43 株的百分比。

从表 5-11 还可以看出，树皮中不同靶标菌的强拮抗性放线菌株数也不同。其中，革兰氏阳性菌、硫色镰刀菌、大丽轮枝菌及甜瓜蔓枯菌的强拮抗菌多于其他靶标菌，占 14.0%～18.6%，未发现沙雷氏菌、单细胞真菌、尖孢镰刀菌及黄瓜枯萎病菌的强拮抗放线菌。

5.2.8　20 株广谱拮抗放线菌的抗菌谱及拮抗圈直径

从表 5-12 可以看出，在 20 株拮抗放线菌中，有 3 株放线菌能拮抗 12 种以上的靶标菌，拮抗圈直径为 8～28 mm；3 株能拮抗 10 种靶标菌，拮抗圈直径为 8～15 mm；7 株能拮抗 8 种靶标菌，7 株能拮抗 5～7 种靶标菌。

表 5-12 20 株广谱拮抗放线菌对供试靶标菌的拮抗圈直径（mm）及抗菌谱

菌株编号	靶标菌															抗菌谱/种
	a	b	c	d	e	f	g	h	i	j	k	l	m	n	o	
FKG6	11	11	12	–	11	–	20	10	11	19	10	24	28	15	22	13
FKG8	12	–	13	12	11	–	20	11	15	18	13	13	10	12	18	13
EKG3	12	8	9	11	–	8	10	–	8	9	9	8	8	–	8	12
GKG1	11	9	9	–	12	–	11	–	10	15	9	10	–	–	8	10
HKG2	11	9	9	–	12	–	11	–	10	15	9	10	–	–	8	10
HKG1	–	8	8	8	8	–	12	–	9	10	8	10	–	–	8	10
AKG3	11	9	9	13	–	–	10	–	9	–	–	8	–	–	8	8
BKG1	8	–	22	8	–	–	16	–	13	18	–	12	–	–	17	8
BKG3	9	–	19	9	–	–	15	–	10	16	–	11	–	–	20	8
BKG7	8	–	23	–	–	–	14	–	12	20	–	13	–	–	19	8
FKG4	10	9	9	10	–	–	10	–	8	9	–	–	–	–*	8	8
HKG3	9	8	–	–	8	–	11	–	8	15	–	10	–	–	9	8
HKG11	20	11	9	–	–	–	11	–	–	9	9	–	–	10	8	8
OKG2	–	–	13	9	–	–	10	–	10	10	–	–	–	8	9	7
CKG2	24	16	–	9	–	–	–	–	10	12	–	12	–	–	15	7
BKG8	10	10	–	8	15	–	9	–	–	9	–	–	–	–	–	6
CKG5	9	9	–	–	–	–	11	–	–	–	–	8	–	–	9	6
HKG9	11	9	9	–	13	–	10	–	–	–	–	–	–	–	9	6
QWKG4	16	–	–	8	–	–	10	–	8	–	–	–	–	–	10	5
DKG1	–	11	–	13	–	–	12	9	–	–	–	9	–	–	–	5
拮抗菌株数（株）	17	14	14	14	8	1	19	3	15	15	7	14	3	4	18	—
比例（%）	85	70	70	70	40	5	95	15	75	75	35	70	15	20	90	—

从表 5-13 可以看出，20 株广谱拮抗放线菌在各供试树皮中均有分布，其中 11 株分布在阔叶树树皮中，9 株分布在针叶树树皮。在针叶树中，低海拔太白红杉 LCBL 树皮中最多，有 4 株；在阔叶树中，锐齿栎和红桦树皮中分别有 5 株、3 株，高于其余树种。

表 5-13 20 株广谱拮抗放线菌的来源

样品		广谱拮抗菌		样品		广谱拮抗菌	
		株数/株	比例/%			株数/株	比例/%
针叶树皮	LCBH	1	5	阔叶树皮	SAP	1	5
	AFF	1	5		BA	1	5
	LCBL	4	20		BAB	3	15

续表

样品		广谱拮抗菌		样品		广谱拮抗菌	
		株数/株	比例/%			株数/株	比例/%
针叶树皮	PAF	2	10	阔叶树皮	QLK	1	5
	PTC	1	5		QAA	5	25
	∑c	9	45		∑b	11	55

注：∑c 表示 5 种针叶树皮中的广谱拮抗菌株总数，∑b 表示 5 种阔叶树皮中的广谱拮抗菌株总数。

5.2.9　5 株广谱拮抗菌的鉴定

表 5-14 为 5 株广谱拮抗放线菌的 16S rRNA 序列的比对结果，图 5-2 为 5 株广谱拮抗菌的系统发育树。根据以上特征，5 株广谱拮抗放线菌分别为 *Streptomyces avidinii*、*Streptomyces malachitospinus*、*Streptomyces laculatispora*、*Streptomyces cyaneofuscatus* 及 *Streptomyces olivochromogenes*。

表 5-14　5 株广谱拮抗放线菌的序列比对结果

广谱拮抗菌		相似度最高菌株		
编号	序列号	名称	序列号	相似度/%
FKG6	KF447930	*Streptomyces avidinii*	AB184395	99.7
FKG8	KF447931	*S. malachitospinus*	AB249954	99.6
EKG3	KF447932	*S. laculatispora*	FR692106	99.8
DKG1	KF447939	*S. cyaneofuscatus*	AY999770	100
HKG2	KF447947	*S. olivochromogenes*	AB184737	99.1

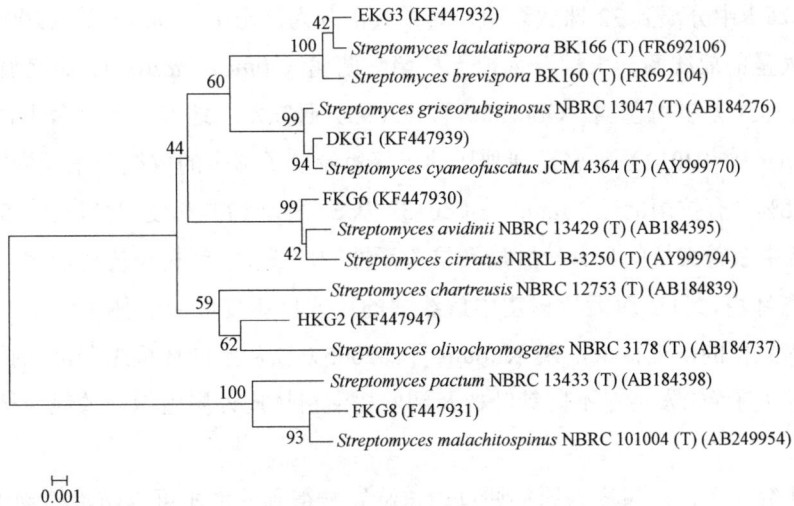

图 5-2　5 株优良广谱拮抗菌的系统发育树

5.3 小结与讨论

本研究发现，在秦岭主峰太白山不同海拔高度分布的 9 种针叶、阔叶及小灌木树皮的外层死亡组织中，有大量放线菌生存，优势放线菌共有 5 属 19 种，呈现出丰富的生物多样性。5 个属为链霉菌属、小单孢菌属、拟诺卡氏菌属、游动放线菌属及 *Umezawaea*，其中数量最多的优势放线菌为链霉菌属。在高氏 1 号与腐殖酸琼脂培养基上，阔叶树皮中的放线菌总数和链霉菌属数量高于针叶树。锐齿栎及巴山冷杉分别为树皮中放线菌种类最丰富的阔叶树及针叶树树种；*Streptomyces setonii*、*S. cyaneofuscatus* 与 *Nocardiopsis umidischolae* 在不同树种树皮中分布较广。

供试样品虽采自正在生长的活树，但属于树皮外层的死亡组织，其中的放线菌为非内生菌，主要由空气中的尘埃、降水及昆虫迁移等外界因素引入，其中适合在树皮外层组织特殊生境中生存的放线菌成为树皮中的优势放线菌。由于树皮的化学成分、水分及温度条件与土壤及各种水体不同，故其中的放线菌在种类、数量及抗菌活性等方面具有其特殊性。

本研究发现，海拔高度影响相同树皮中放线菌的数量与种类。树皮中的放线菌总数及链霉菌数量均与海拔高度呈负相关，其相关系数分别为 -0.766（$P < 0.01$）和 -0.758（$P < 0.05$）。在高氏 1 号培养基上，高海拔太白红杉 LCBH 树皮中放线菌数量多而种类少，而在腐殖酸琼脂培养基上，则呈现出高海拔太白红杉 LCBH 树皮中放线菌数量和种类均少于低海拔太白红杉 LCBH 的趋势。因此，在采集树皮样品及进行放线菌研究时，应将海拔高度及培养基碳源作为重要的影响因子加以考虑。上述结果为放线菌在不同针叶与阔叶树干树皮表层生态分布的研究提供了新的资料。

放线菌是生物活性物质的主要产生菌，广泛存在于各种生态环境中。Promnuan 等（2009）从蜂巢中分离到 32 株放线菌，其中大部分为链霉菌。Okoro 等（2009）从沙漠中分离到大量的放线菌，大部分为拟无枝菌酸菌属（*Amycolatopsis*）、列舍瓦里尔菌属（*Lechevalieria*）及链霉菌属。González 等（2005）研究发现地衣中蕴藏着丰富的放线菌资源。Kumar 等（2012）研究发现独居的黄蜂巢及燕子窝中的放线菌主要为链霉菌属，且其中 46.8% 具有抗菌活性。Jiang 等（2013）从 31 种动物的粪便中分离到 35 个属的放线菌，并从中获得大量的具有抗肿瘤及抗菌活性的放线菌。活树树皮外层组织也是一种特殊的生态环境，目前对活树树皮中放线菌的研究以树皮内层活体组织中的内生菌为主，对非内生菌的研究很少，仅 Kitouni 等（2005）在从不同环境中分离拮抗放线菌时有所涉及，目前尚未发现对不同针叶树及阔叶树活树树皮外层组织中放线菌拮抗性的系统研究。

已有研究表明，以树皮为原料通过微生物发酵得到的堆肥可以防治植物土传病害，但目前并不清楚树皮堆肥的抗病机理。Spring 等（1982）发现阔叶树树皮堆肥可以防治苹果茎腐病；Pera 等（1989）研究发现松树皮堆肥能有效控制康乃馨枯萎病；Hardy 等（1991）发现桉树皮堆肥对能引起根腐病的疫霉具有很好的抑制效果；Hardy 等（1995）研究发现树皮堆肥中分离到的放线菌及真菌对土传病害病原菌也表现出抑制作用；Hoitink 等（1997）发现树皮堆肥可以防治观赏植物的根腐病以及疫霉和腐霉引起的植物土传病害。本研究发现，树皮中 63.2% 的优势放线菌具有抗菌活性。据此可以推断，树皮堆肥的抗病能力与活树树皮中生存的具有抗菌活性的放线菌在堆肥过程中大量繁殖并产生活性次级代谢产物有关，但目前仍缺乏能证明此推论的直接证据，故应加强对树皮堆肥中拮抗放线菌的研究，探索树皮堆肥的抗病促生机理，为木材加工业副产物树皮的肥料化利用提供科学依据。

通过研究秦岭主峰太白山 9 种树皮中从高氏 1 号培养基上分离到的 79 株放线菌对 15 种靶标菌的拮抗性，发现活树树皮外层组织中存在大量有重要开发价值的放线菌，有 54.4% 的菌株具有很强或较强的抗菌活性，其中有较多广谱强拮抗性放线菌，有较多对革兰氏阳性细菌、硫色镰刀菌、大丽轮枝菌及甜瓜蔓枯菌等农作物常见病原菌有强拮抗作用的放线菌。

本研究发现，阔叶树皮与针叶树皮中拮抗性放线菌的数量、种类及拮抗性不同。阔叶树树皮中的拮抗性放线菌数量多于针叶树。从拮抗潜势来看，从阔叶树皮中获得拮抗菌的概率大于针叶树皮，但从针叶树皮中获得强拮抗菌的概率较大。从单个靶标菌来看，针叶树树皮中抗单细胞真菌的放线菌多于阔叶树，抗其余靶标菌的拮抗放线菌株数均表现为阔叶树多于针叶树。从拮抗放线菌的抗菌谱来看，阔叶树树皮中广谱拮抗放线菌的株数多于针叶树。不同树种树皮中拮抗放线菌的抗菌特性不同。锐齿栎树皮中拮抗放线菌及广谱拮抗菌的株数最多，且拮抗放线菌的蕴藏量最大；巴山冷杉树皮中强拮抗菌的蕴藏量最大。

本研究发现，不同海拔的同一树种树皮中的拮抗放线菌存在差异。低海拔太白红杉 LCBL 树皮中拮抗放线菌的株数、比例、拮抗潜势、强拮抗放线菌拮抗潜势及广谱拮抗放线菌株数均明显高于高海拔太白红杉 LCBH；低海拔太白红杉 LCBL 树皮中的所有放线菌可抗 12 种靶标菌，且拮抗革兰氏阳性细菌及革兰氏阴性细菌的放线菌多于其余靶标菌，而高海拔太白红杉 LCBH 树皮中的所有放线菌仅抗 7 种靶标菌，且无抗细菌活性。

另外，本研究以树皮中放线菌的拮抗潜势 APBA 为指标对供试针叶、阔叶树皮中拮抗放线菌的蕴藏量进行了定量评价，该方法对有潜在价值的拮抗性放线菌分离源的确定具有重要意义。

本研究还获得了 5 株拮抗 10 种以上靶标菌的广谱拮抗放线菌，经鉴定，分别为 *Streptomyces avidinii*、*S. malachitospinus*、*S. laculatispora*、*S. cyaneofuscatus* 及 *S.*

olivochromogenes。前 3 株菌均未见报道具有抗菌或其他生物活性，所产活性物质尚不清楚。这些菌株均具有重要的潜在应用价值。

本研究表明，活树树皮中蕴藏着大量待开发利用的拮抗放线菌资源，是目前尚未引起研究者高度重视的抗菌活性物质产生放线菌的重要分离源。加强对活树树皮外层组织中拮抗放线菌的研究，对新医药、新农用抗生素的研发及农作物常见病害生防菌剂的研制均具有十分重要的意义。本研究所得结果为拮抗放线菌新分离源的发现提供了科学依据，并为从树皮中分离筛选不同种类的抗菌活性物质产生放线菌提供了样品采集思路。根据该研究结果，可以减少分离源采集的盲目性，提高工作效率。

第6章

岩表地衣中放线菌区系及拮抗性研究

　　放线菌是一类具有重要应用价值的微生物，它是抗生素的主要产生菌，广泛存在于各种生态环境中。由于对土壤、污泥及水体等环境已进行了长期研究，从中发现新活性物质产生放线菌的难度愈来愈大，因此国内外学者逐渐将研究对象转向各种极端环境、植物体内外环境及鸟巢与动物粪便等特殊生态环境，并从中发现了许多能产生生物活性物质的放线菌。继续探索发现新的分离源，将为新医药和新农药研制提供更多新的活性物质产生放线菌。

　　在自然界很多裸露岩石表面有地衣生存。地衣是由丝状真菌与藻类形成的互利共生体，可生长于各种恶劣条件下，如海拔数千米的高山、沙漠和接近极地的冻土地带。地衣可附着于戈壁土壤、植物及岩石等表面，其中附着在岩石表面的地衣称为岩表地衣。由于岩石表面的养分极为贫瘠、长期干燥及受紫外线强烈照射等原因，使生长于裸露岩石表面的岩表地衣的生存条件较其他环境更为特殊，对严酷生长条件的适应性更强。地衣可分泌地衣多糖和地衣酸，具有抗肿瘤、抗病毒、抗辐射、抗菌、抗氧化等生物活性（Muller，2001；Huneck，1999），目前对此已有较多研究，但对岩表地衣中的微生物涉及不多，有关岩表地衣中放线菌的研究更少，仅 González et al.（2005）的研究有所涉及。该研究发现，在热带夏威夷及寒带阿拉斯加地区的岩表地衣中有放线菌生存，其中有些放线菌具有生物活性功能基因。但目前尚无对不同海拔高度的岩表地衣中优势放线菌的生物多样性及对植物病原菌的抗菌活性的研究，以及模拟岩表瘠薄营养条件下岩表地衣中优势放线菌的相关研究，更无对我国境内岩表地衣放线菌的研究。

　　秦岭主峰太白山的最高海拔为 3 767 m。太白山以其巨大的高山落差，形成了独有的垂直气候带，自下而上分布着暖温带、温带、高山寒温带、高山亚寒带及高山寒带 5 个明显的气候带。

　　本章以秦岭主峰太白山北坡的高山寒温带、高山亚寒带及高山寒带 3 个垂直气候植被带上的岩表地衣为材料，研究常规培养及瘠薄培养条件下岩表地衣中放线菌的数量、种类及优势种，并以 4 种代表性细菌与真菌及 11 种植物常见病原菌为靶标菌，对分离到的放线菌进行抗菌活性检测，旨在探索岩表地衣中具有拮抗植物病原真菌的放线菌。

6.1 材料与方法

6.1.1 材料

6.1.1.1 供试样品

采样点位于陕西省太白山北坡（33°57′～34°58′N，107°45′～107°53′E），海拔高度为 1 600～3 491 m。样品采集：用无菌采样刀刮取岩石表面地衣置于无菌自封袋中，带回实验室 4 ℃保存。样品编号及采集点位置见表 6-1，部分采样点照片如图 6-1 所示。

表 6-1　岩表地衣样品编号及采集点位置

编号	海拔/m	气候带	编号	海拔/m	气候带
1	3 491	高山寒带	6	2 823	高山寒温带
2	3 424	高山寒带	7	2 614	高山寒温带
3	3 331	高山亚寒带	8	2 252	高山寒温带
4	3 165	高山亚寒带	9	1 917	高山寒温带
5	3 003	高山亚寒带	10	1 600	高山寒温带

图 6-1　部分岩表地衣照片

6.1.1.2　培养基

高氏 1 号培养基（G）；PDA 培养基；BPA 培养基（程丽娟等，2000）；腐殖酸琼脂培养基（H）同 5.1.1.2。

高氏 1 号瘠薄培养基（1/50G）：将高氏 1 号培养基中各组分浓度稀释 1/50。

水琼脂培养基（W）：琼脂粉 10 g，自来水 1 L。

6.1.1.3　靶标菌

靶标菌同 5.1.1.3。

6.1.2　方法

6.1.2.1　放线菌分离

采用稀释平皿涂抹法（程丽娟等，2000）。将样品置于无菌研钵中磨碎后混匀。称取 3 g 样品加入装有 27 mL 无菌水的灭菌水瓶，160 rpm 振荡 10 min，吸取 1 mL 振荡悬液加入 9 mL 无菌水管稀释，共稀释 3 次。分别吸取 0.05 mL 不同稀释度的样品悬液涂布于 4 种供试培养基上，28 ℃培养 10 d，根据培养皿中所有放线菌的菌落数计算可培养放线菌总数；根据培养皿中的菌落形态可以确定链霉菌的菌落数，计算链霉菌数量；将培养皿中菌落形态有明显差异的菌落视为不同种类，统计放线菌种类数；将各样品中数量排序前 2 种或前 4 种的放线菌定义为优势放线菌，统计其数量。在 G、H 与 W 3 种培养基上，放线菌种类较为单一，优势菌种类少，选排序前 2 种统计；在高氏 1 号瘠薄培养基（1/50G）上，放线菌种类多，优势放线菌选排序前 4 种统计。将平皿上不同形态的菌落转接入高氏 1 号斜面管保存。

瘠薄培养基上放线菌的类型划分：高氏 1 号瘠薄培养基的营养元素浓度仅为正常浓度的 1/50，将该培养基上生长的放线菌定义为耐瘠薄类群；水琼脂培养基中营养元素更少，仅由琼脂粉及水中的微量矿质元素提供，将该培养基上生长的放线菌定义为耐极瘠薄的类群。

6.1.2.2　放线菌拮抗性测定

放线菌拮抗性的测定方法同 5.1.2.3。

6.1.2.3　放线菌鉴定

放线菌的鉴定方法同 5.1.2.4。

6.1.2.4　相对多度

相对多度的计算方法同 5.1.2.5。

6.1.2.5 岩表地衣放线菌拮抗潜势

岩表地衣放线菌拮抗潜势的计算方法同 5.1.2.6。

6.1.2.6 数据处理

数据处理方法同 5.1.2.7。

6.2 结果与分析

6.2.1 正常营养条件下岩表地衣中可培养的放线菌数量及种类

从表 6-2、表 6-3、图 6-2、图 6-3、图 6-4 可以看出，岩表地衣中生活着大量的放线菌。正常营养条件下，不同海拔高度的岩表地衣中放线菌的数量及种类不同。在 2 种供试的正常营养培养基上，放线菌总数、种类及链霉菌数量均表现为低海拔岩表地衣高于高海拔岩表地衣；能利用不同碳源的放线菌数量及种类存在差异。

表 6-2 岩表地衣中放线菌的数量及种类数

海拔/m	数量（10^3 CFU/g 干样）				种类数/种			
	正常营养		瘠薄营养		G	H	1/50 G	W
	高氏 1 号（G）	腐殖酸（H）	高氏 1 号瘠薄（1/50G）	水琼脂（W）				
垂直带高海拔区段（>3 000 m）								
3 491	0.6±0.1e（b）	0.4±0.2e（b）	0.22±0.0d（b）	0.9±0.2c（a）	5	3	5	2
3 424	0.4±0.1e（a）	0.8±0.4e（a）	0.4±0.2d（a）	0.8±0.3c（a）	4	5	6	6
3 331	0.5±0.1e（b）	0.44±0.2e（b）	1.5±0.3d（b）	2.9±1.1c（a）	4	4	6	5
3 165	6.7±2.4e（b）	1.5±0.2e（c）	10.7±2.7d（a）	6.3±0.8c（b）	10	7	14	10
3 003	45.8±2.2e（b）	8.3±0.9d（d）	60.6±7.1d（a）	21.9±4.1c（c）	11	5	11	9
$\bar{x}_a\pm SD$	10.8±19.7	2.3±3.4	14.7±26.0	6.6±8.9	6.8	4.8	8.4	6.4
垂直带低海拔区段（<3 000 m）								
2 823	119.3±16.7d（c）	222.8±32.9de（b）	381.7±42.4ab（a）	204.1±15.9b（b）	8	5	12	6
2 614	305.3±27.2c（b）	890.1±356.6a（a）	457.6±12.2a（b）	170.4±17.4b（b）	11	7	11	7
2 252	481.1±93.7b（b）	593.4±21.1bc（a）	178.7±40.3c（c）	102.4±30.9bc（c）	11	12	14	10
1 917	460.3±9.9b（b）	788.9±109.3ab（a）	395.2±119.5ab（b）	340.9±197.3a（b）	6	10	10	10
1 600	571.1±82.2a（a）	400.6±91.0cd（b）	374.4±49.4b（b）	182.1±26.4b（c）	18	7	11	9
$\bar{x}_b\pm SD$	387.4±177.8	579.2±273.7	357.5±105.2	200.0±87.5	10.8	8.2	11.6	8.4

注：同列所标（括号外）及同行所标（括号内）的不同小写字母表示差异显著（$P<0.05$）；$\bar{x}_a\pm SD$ 表示海拔高度 >3 000 m 各样点的平均值±标准差，$\bar{x}_b\pm SD$ 表示海拔高度 <3 000 m 各样点的平均值±标准差。表 6-3 中相同。

表 6-3 岩表地衣中链霉菌的数量及相对多度

海拔/m	正常营养				瘠薄营养			
	高氏 1 号		腐殖酸		高氏 1 号瘠薄		水琼脂	
	数量（10^3 CFU/g 干样）	RAs%	数量（10^3 CFU/g 干样）	RAs%	数量（10^3 CFU/g 干样）	RAs%	数量（10^3 CFU/g 干样）	RAs%
垂直带高海拔区段（＞3 000 m）								
3 491	0.3±0.01c（b）	50.8	0.3±0.1c（b）	80.0	0.17±0.01e（b）	79.8	0.7±0.3c（a）	73.6
3 424	0.2±0.01c（a）	53.6	0.6±0.4c（a）	81.8	0.3±0.01e（a）	70.3	0.7±0.3c（a）	90.9
3 331	0.3±0.0c（c）	62.1	0.37±0.1c（c）	83.3	1.3±0.1e（a）	87.0	2.7±0.6c（a）	92.2
3 165	3.9±0.9c（a）	58.6	1.2±0.1c（b）	77.8	6.2±2.4e（a）	58.5	4.9±0.4c（a）	77.1
3 003	25.2±1.5c（b）	54.9	6.9±1.2c（d）	83.0	32.6±1.9d（a）	53.9	21.2±1.2c（c）	96.9
$\overline{X}a\pm SD$	6.0±10.9	56.0	1.9±2.8	81.2	8.1±13.9	69.9	6.0±8.7	86.1
垂直带低海拔区段（＜3 000 m）								
2 823	68.3±17.3c（d）	57.2	186.9±32.9bc（b）	83.9	232.9±131.2a（a）	61.0	144.0±18.8b（c）	70.6
2 614	202.4±11.0b（b）	66.3	792.8±343.4a（a）	89.1	205.8±14.8b（b）	45.0	143.1±7.9b（b）	84.0
2 252	390.4±32.4a（a）	81.1	374.4±44.1bb（a）	63.1	89.0±21.5c（b）	49.8	79.8±1.2bc（b）	77.9
1 917	407.5±9.4a（b）	88.5	712.5±43.4a（a）	90.3	214.9±7.0ab（c）	54.4	285.2±155.2a（bc）	83.7
1 600	445.5±112.1a（a）	78.0	305.9±95.3b（ab）	76.4	196.7±21.1b（bc）	52.5	143.7±5.8b（c）	78.9
$\overline{X}b\pm SD$	302.8±161.3	74.2	474.5±264.2	80.6	187.9±56.9	52.5	159.2±75.7	79.0

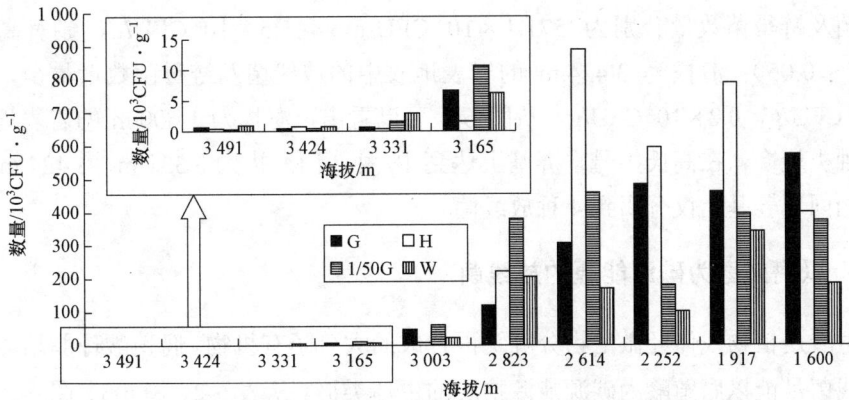

图 6-2 不同海拔岩表地衣中的放线菌数量

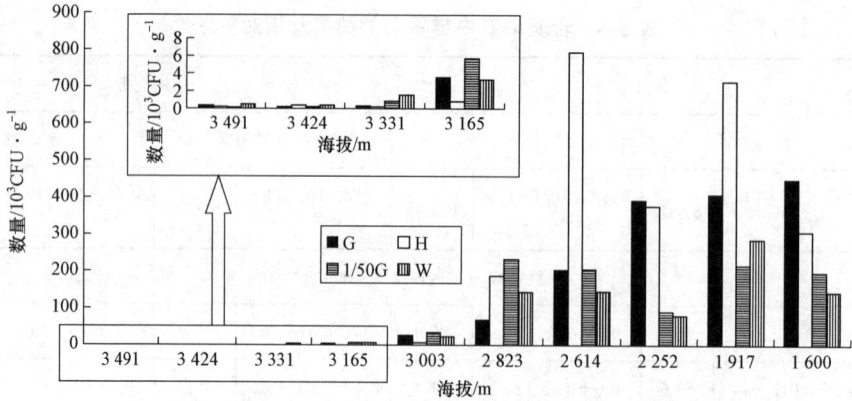

图 6-3　不同海拔岩表地衣中的链霉菌数量

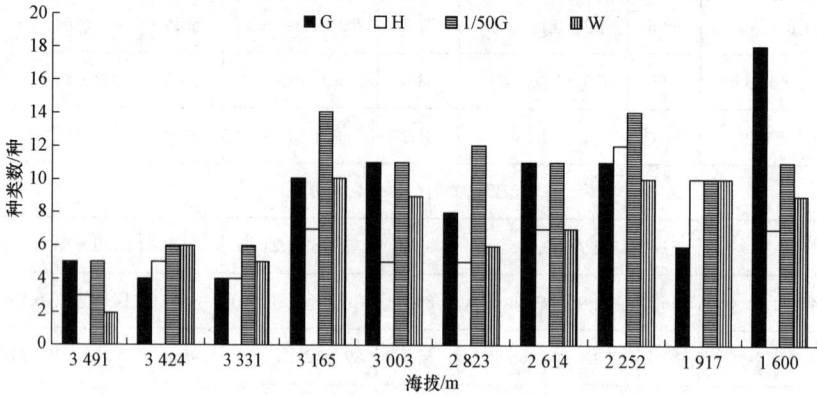

图 6-4　不同海拔岩表地衣中的放线菌种类数

6.2.1.1　以淀粉为碳源能源物质的放线菌

高氏 1 号培养基上生长的放线菌是能以淀粉为碳源能源物质的生理类群。从表 6-2、表 6-3、图 6-2、图 6-3 可以看出，在高氏 1 号培养基上，海拔为 1 600 m 的岩表地衣中的放线菌及链霉菌数量分别为 571.1×10^3 CFU/g、445.5×10^3 CFU/g，显著高于其余海拔（$P < 0.05$）；海拔为 3 424 m 的岩表地衣中的放线菌及链霉菌数量最少，分别为 0.4×10^3 CFU/g、0.2×10^3 CFU/g。从图 6-4 可以看出，海拔为 1 600 m 的岩表地衣中的放线菌种类最多，在高氏 1 号培养基上达到 18 种，而海拔为 3 331 m、3 424 m 的岩表地衣在相同培养基上仅分离到 4 种放线菌。

6.2.1.2　以腐殖酸为碳源能源的放线菌

腐殖酸是植物残体经微生物分解及再合成的大分子有机物。腐殖酸琼脂培养基上生长的放线菌是能以腐殖酸为碳源能源物质的生理类群。从表 6-2、表 6-3、图 6-2、图 6-3 可以看出，在腐殖酸琼脂培养基上，海拔为 2 614 m 的岩表地衣中的放线菌及链霉菌数量最多，分别为 890.1×10³ CFU/g、792.8×10³ CFU/g，而海拔为 3 491 m 的岩表地衣中的放线菌及链霉菌数量最少，分别为 0.4×10³ CFU/g、0.3×10³ CFU/g。从图 6-4 可以看出，海拔为 2 252 m 的岩表地衣中的放线菌种类最多，在腐殖酸琼脂培养基上有 12 种，而 3 491 m 海拔的地衣中的放线菌种类最少，在相同培养基上仅有 3 种。

以上结果表明，正常营养条件下，在低海拔 1 600 m 及中海拔 3 003 m、3 165 m 的岩表地衣中，淀粉利用型的放线菌数量显著高于腐殖酸利用型（$P<0.05$）；在中低海拔 1 917～2 823 m 的岩表地衣中，腐殖酸利用型的放线菌数量显著高于淀粉利用型放线菌（$P<0.05$）；在高海拔 3 331～3 491 m 的岩表地衣中，两种碳源利用类型的放线菌数量无显著差异（$P<0.05$）。这表明在不同海拔高度的岩表地衣中，放线菌对碳源的利用类型存在差异。低海拔岩表地衣中的放线菌以淀粉利用型为主，中海拔地衣中的放线菌以腐殖酸利用型为主，高海拔地衣中，淀粉利用型与腐殖酸利用型的放线菌数量基本相等。链霉菌数量也呈现出类似趋势。在不同海拔高度的岩表地衣样品中，70%的岩表地衣呈现出淀粉利用型的放线菌种类多于腐殖酸利用型的趋势。

6.2.2　瘠薄营养条件下岩表地衣中可培养的放线菌数量及种类

6.2.2.1　耐瘠薄放线菌

从表 6-2、表 6-3、图 6-2、图 6-3 可以看出，在高氏 1 号瘠薄培养基上，海拔为 2 614 m 的地衣中的放线菌数量最多，为 457.6×10³ CFU/g；海拔为 2 823 m 的地衣中的链霉菌数量为 232.9×10³ CFU/g，显著高于其他海拔（$P<0.05$）；海拔为 3 491 m 的地衣中的放线菌及链霉菌数量均最少，分别为 0.22×10³ CFU/g、0.17×10³ CFU/g；海拔为 2 252 m 及 3 165 m 的地衣中的放线菌种类最多，均有 14 种，而海拔为 3 491 m 的地衣中最少，仅有 5 种。

6.2.2.2　耐极瘠薄放线菌

从表 6-2、表 6-3、图 6-2、图 6-3 可以看出，在水琼脂培养基上，海拔为 1 917 m 的地衣中的放线菌及链霉菌数量分别为 340.9×10³ CFU/g、285.2×10³ CFU/g，显著高于其余海拔（$P<0.05$）。海拔为 3 424 m 的岩表地衣中的放线菌及链霉菌数量最少，分别为 0.8×10³ CFU/g、0.7×10³ CFU/g。从图 6-4 可以看出，海拔为 1 917 m、2 252 m 及 3 165 m 的地衣中的放线菌种类最多，均有 10 种，而海拔为 3 491 m 的地衣中仅有 2 种。

以上结果表明，岩表地衣中生存着大量的耐瘠薄放线菌；不同海拔高度的岩表地衣中的耐瘠薄放线菌数量及种类不同。在 2 种供试瘠薄培养基上，耐不同瘠薄程度的放线菌数量及种类存在差异。在海拔为 1 600～3 165 m 的岩表地衣中，耐瘠薄放线菌数量均高于耐极瘠薄放线菌，其中在海拔为 1 600 m 及 2 823～3 165 m 的岩表地衣中，其差异达到显著水平（$P<0.05$）。在海拔为 3 331~3 491 m 的岩表地衣中，耐极瘠薄放线菌数量显著高于耐瘠薄类群（$P<0.05$），说明随着海拔升高，岩表地衣中放线菌的耐瘠薄能力增加。链霉菌数量也呈现出类似趋势。在不同海拔高度的岩表地衣中，普遍呈现出耐瘠薄放线菌种类多于耐极瘠薄放线菌种类的趋势。

6.2.2.3　瘠薄与正常营养条件下放线菌的差异

从表 6-2、表 6-3、图 6-2、图 6-3 可以看出，不同营养浓度条件下岩表地衣中的放线菌数量及种类存在差异。海拔为 1 600~2 614 m 的岩表地衣中，在正常营养条件下的放线菌数量显著高于耐不同程度瘠薄的放线菌数量（$P<0.05$）；在海拔为 2 823~3 165 m 的岩表地衣中，耐不同程度瘠薄的放线菌数量较多（$P<0.05$）；海拔为 3 424 m 的岩表地衣中，放线菌数量在不同营养浓度条件下无显著差异（$P<0.05$）。

从表 6-2 还可以看出，在不同营养浓度条件下，岩表地衣中的放线菌种类呈现出耐不同程度瘠薄的放线菌种类多于正常营养的放线菌种类的趋势，即在岩表地衣中生存的放线菌中，耐不同程度瘠薄的放线菌的生物多样性较正常营养更为丰富。这可能与岩表岩石风化释放的矿质养分随降水大量流失，导致岩表营养贫瘠，对营养要求高的放线菌不能生长，只有耐瘠薄的放线菌才能生存有关。

6.2.3　岩表地衣中的优势放线菌

从表 6-4 可以看出，在 4 种供试培养基上，岩表地衣中的优势放线菌共有 10 属 42 种，分别为链霉菌属（64.3%）、假诺卡氏菌属（9.5%）、小单孢菌属（7.1%）、拟诺卡氏菌属（4.8%）、诺卡氏菌属（2.4%）、游动放线菌属 *Actinoplanes*（2.4%）、*Kribbella*（2.4%）、*Rhodococcus*（2.4%）、*Arthrobacter*（2.4%）及 *Umezawaea*（2.4%）。不同营养条件及垂直气候带的可培养放线菌不同。

表 6-4　岩表地衣中的优势放线菌类型

| 科 | 属 | 种数/种 | 株数/株 | 营养 | | 气候带 | | |
				正常	瘠薄	高山寒温带	高山亚寒带	高山寒带
Streptomycetaceae	*Streptomyces*	27	75	17	17	18	15	5
Micromonosporaceae	*Micromonospora*	3	4	1	2	0	0	3
	Actinoplanes	1	1	0	1	1	0	0
Nocardiaceae	*Nocardia*	1	1	0	1	1	0	0
	Rhodococcus	1	1	0	1	0	0	1
Nocardiopsaceae	*Nocardiopsis*	2	2	2	0	0	1	1
Pseudonocardiaceae	*Pseudonocardia*	4	4	1	3	1	0	3
	Umezawaea	1	4	1	0	1	0	0

续表

科	属	种数/种	株数/株	种数/种					
				营养		气候带			
				正常	瘠薄	高山寒温带	高山亚寒带	高山寒带
Nocardioidaceae	*Kribbella*	1	5	1	1	1	1	0
Micrococcaceae	*Arthrobacter*	1	1	1	1	1	0	0
Total：7	10	42	98	24	27	24	17	13

6.2.3.1　正常营养培养基上的优势放线菌

从表 6-4 可以看出，在正常营养条件下，岩表地衣中的优势放线菌共有 7 属 24 种，分别为链霉菌属（70.8%）、拟诺卡氏菌属（8.3%）、小单孢菌属（4.2%）、*Kribbella*（4.2%）、*Umezawaea*（4.2%）、*Arthrobacter*（4.2%）及假诺卡氏菌属（4.2%）。

从表 6-5 可以看出，在能以淀粉作为碳源能源的放线菌类群中，*S. avidinii*、*S. cirratus*、*Umezawaea tangerina*、*S. malachitospinus* 及 *S. spororaveus* 至少分布于两个不同海拔的岩表地衣中，相对多度达到 10.3%～41.0%。

表 6-5　高氏 1 号培养基上的优势放线菌及其相对多度

海拔/m	优势菌 1			优势菌 2		
	名称	序列号	RAd%	名称	序列号	RAd%
3 491	*Streptomyces cirratus*	KF554164	29.8	*Micromonospora chaiyaphumensis*	KF554165	10.9
3 424	*S. vinaceusdrappus*	KF554162	30.1	*S. cirratus*	KF554163	13.2
3 331	*S. malachitospinus*	KF554160	27.7	*S. olivaceus*	KF554161	13.8
3 165	*S. spororaveus*	KF554158	22.2	*S. avidinii*	KF554159	19.6
3 003	*S. cirratus*	KF554156	24.3	*Kribbella endophytica*	KF554157	17.4
2 823	*Umezawaea*	KF554154	33.3	*Arthrobacter*	KF554155	15.3
2 614	*S. malachitospinus*	KF554152	36.0	*U. tangerina*	KF554153	13.6
2 252	*S. olivochromogenes*	KF554150	61.0	*S. avidinii*	KF554151	10.3
1 917	*S. setonii*	KF554148	40.7	*S. avidinii*	KF554149	16.5
1 600	*S. spororaveus*	KF554146	41.0	*S. tauricus*	KF554147	25.5

从表 6-6 可以看出，在能以腐殖酸作为碳源能源的放线菌类群中，*S. avidinii* 及 *S. cirratus* 至少分布于两个不同海拔的岩表地衣中，相对多度为 15.6%～53.3%。另外，*S. avidinii*、*S. cirratus*、*Kribbella endophytica* 及 *S. spororaveus* 能同时利用淀粉或腐殖酸作为唯一碳源能源。

表 6-6 腐殖酸培养基上的优势放线菌及其相对多度

海拔/m	优势菌1			优势菌2		
	名称	序列号	RAd%	名称	序列号	RAd%
3 491	*Nocardiopsis listeri*	KF554184	26.6	*Pseudonocardia kongjuensis*	KF554185	18.3
3 424	*S. avidinii*	KF554182	42.3	*S. viridodiastaticus*	KF554183	11.3
3 331	*S. sporoverrucosus*	KF554180	39.2	*S. avidinii*	KF554181	19.4
3 165	*S. avidinii*	KF554178	32.6	*Nocardiopsis dassonvillei subsp. albirubida*	KF554179	21.3
3 003	*S. avermitilis*	KF554176	43.8	*K. endophytica*	KF554177	29.6
2 823	*S. spororaveus*	KF554174	47.7	*S. aureus*	KF554175	22.6
2 614	*S. avidinii*	KF554172	53.3	*S. cirratus*	KF554173	15.6
2 252	*S. atroolivaceus*	KF554170	29.8	*S. avidinii*	KF554171	27.4
1 917	*S. cyaneofuscatus*	KF554168	37.6	*S. griseorubiginosus*	KF554169	35.8
1 600	*S. prunicolor*	KF554166	36.4	*S. cirratus*	KF554167	36.4

6.2.3.2 瘠薄培养基上的优势放线菌

从表 6-4 可以看出，在瘠薄营养条件下，岩表地衣中的优势放线菌共有 8 属 27 种，分别为链霉菌属（63.0%）、假诺卡氏菌属（11.1%）、小单孢菌属（7.4%）、*Kribbella*（3.7%）、*Umezawaea*（3.7%）、*Rhodococcus*（3.7%）、*Actinoplanes*（3.7%）及诺卡氏菌属（3.7%）。

从表 6-7 可以看出，在耐瘠薄的放线菌类群中，*S. avidinii*、*S. cirratus*、*S. griseorubiginosus*、*K. endophytica*、*S. niveus* 及 *S. atroolivaceus* 分布较为广泛，且相对多度达到 8.2%～43.6%。

表 6-7 高氏 1 号瘠薄培养基上的优势放线菌及其相对多度

海拔/m	优势菌1			优势菌2		
	名称	序列号	RAd%	名称	序列号	RAd%
3 491	*S. cirratus*	KF554204	43.6	*M. citrea*	KF554205	23.3
3 424	*S. cirratus*	KF554202	36.7	*S. cyaneofuscatus*	KF554203	20.1
3 331	*S. spiroverticillatus*	KF554200	33.6	*S. cirratus*	KF554201	25.2
3 165	*S. niveus*	KF554198	19.3	*S. cirratus*	KF554199	14.7
3 003	*K. endophytica*	KF554196	39.8	*S. griseorubiginosus*	KF554197	31.0
2 823	*S. cirratus*	KF554194	39.2	*S. pactum*	KF554195	19.6
2 614	*S. niveus*	KF554192	23.5	*K. endophytica*	KF554193	19.9
2 252	*S. avidinii*	KF554190	29.3	*Actinoplanes regularis*	KF554191	16.4
1 917	*S. avidinii*	KF554188	30.2	*S. griseorubiginosus*	KF554189	13.4
1 600	*S. cirratus*	KF554186	21.6	*S. avidinii*	KF554187	13.7

海拔/m	优势菌 3			优势菌 4		
	名称	序列号	RAd%	名称	序列号	RAd%
3 491	*M. coxensis*	KF554223	19.1	—	—	—
3 424	*P. alaniniphila*	KF554221	18.9	*Rhodococcus qingshengii*	KF554222	11.0
3 331	*S. stramineus*	KF554219	13.3	*S. vinaceus*	KF554220	10.7
3 165	*S. hypolithicus*	KF554217	12.5	*S. avidinii*	KF554218	9.7
3 003	*S. niveus*	KF554215	11.1	*S. cirratus*	KF554216	9.8
2 823	*P. zijingensis*	KF554213	18.4	*U. tangerina*	KF554214	16.7
2 614	*S. avidinii*	KF554211	10.3	*S. laculatispora*	KF554212	9.6
2 252	*S. yokosukanensis*	KF554209	10.3	*S. atroolivaceus*	KF554210	8.2
1 917	*S. niveus*	KF554208	9.9	—	—	—
1 600	*S. atroolivaceus*	KF554206	11.8	*Nocardia iowensis*	KF554207	10.3

从表 6-8 可以看出，在耐极瘠薄的放线菌类群中，*S. avidinii*、*S. cirratus* 及 *S. spiroverticillatus* 分布较为广泛，相对多度达 19.5%～73.6%。另外，*S. avidinii*、*S. cirratus*、*S. niveus*、*S. cyaneofuscatus*、*Kribbella endophytica*、*S.spiroverticillatus*、*M. citrea* 及 *Umezawaea tangerina* 在 2 种供试瘠薄条件下均可生长。

表 6-8　水琼脂培养基上的优势放线菌及其相对多度

海拔/m	优势菌 1			优势菌 2		
	名称	序列号	RAd%	名称	序列号	RAd%
3 491	*S. cirratus*	KF554242	73.6	*M. citrea*	KF554243	26.4
3 424	*S. avidinii*	KF554240	61.7	*P. xinjiangensis*	KF554241	19.5
3 331	*S. atrovirens*	KF554238	46.3	*S. sporoverrucosus*	KF554239	32.8
3 165	*S. niveus*	KF554236	40.0	*S. spiroverticillatus*	KF554237	26.8
3 003	*K. endophytica*	KF554234	33.9	*S. vinaceusdrappus*	KF554235	29.8
2 823	*S. avidinii*	KF554232	42.6	*U. tangerina*	KF554233	18.3
2 614	*S. cirratus*	KF554230	36.5	*S. spiroverticillatus*	KF554231	21.3
2 252	*S. cirratus*	KF554228	41.3	*S. avidinii*	KF554229	19.5
1 917	*S. cirratus*	KF554226	39.6	*S. cyaneofuscatus*	KF554227	27.8
1 600	*S. avidinii*	KF554224	53.2	*S. rishiriensis*	KF554225	17.6

6.2.3.3　不同气候带

从表 6-4 可以看出，不同气候带的岩表地衣中的优势放线菌不同。其中，高山寒温带放线菌的多样性最丰富，共有 7 属 24 种，仅链霉菌就有 18 种（75.0%）；高山亚寒带及高山寒带分别为 3 属 17 种及 5 属 13 种，*Actinoplanes*、*Nocardia*、*Umezawaea*、*Kribbella* 及 *Arthrobacter* 在高山亚寒带及寒带均未发现。

通过比较表 6-5～表 6-8 可以看出，有的放线菌在垂直方向上分布很广，在所有海拔高度的岩表地衣中均可分离到，而有的放线菌仅生存在某种海拔高度的岩表地衣中。例如，*S. cirratus* 在不同海拔的岩表地衣中均有分布，在 10 个供试样品中均为优势种，相对多度达到 9.8%～73.6%；*S. avidinii* 在 8 个样品中（海拔为 3 003 m 及 3 491 m 的 2 个样品除外）均为优势种，相对多度达到 9.7%～61.7%；*S. niveus* 在 4 个样品中均为优势种；*S. spiroverticillatus*、*S. spororaveus* 在 3 个样品中均为优势种；*S. griseorubiginosus*、*S. cyaneofuscatus*、*S. vinaceusdrappus*、*S. malachitospinus*、*S. atroolivaceus*、*S. pactum*、*Kribbella endophytica* 及 *Umezawaea tangerina* 仅在 2 个样品中为优势种。

通过比较表 6-5～表 6-8 不同营养条件下的分离结果可以看出，在分离到的岩表地衣放线菌中，有 9 种放线菌对营养条件要求不严格，在正常营养及瘠薄营养条件下均可生长。这些对营养要求低、对环境有广泛适应性的放线菌主要为链霉菌属，也有少数其他属，分别为 *S. cirratus*、*S. avidinii*、*S. cyaneofuscatus*、*S. sporoverrucosus*、*S. griseorubiginosus*、*S. atroolivaceus*、*S. vinaceusdrappus*、*Kribbella endophytica* 及 *Umezawaea tangerina*。

6.2.4 优势放线菌的抗菌活性

6.2.4.1 广泛分布的活性优势放线菌

活性优势放线菌指有抗菌活性的岩表优势放线菌。从表 6-9 可以看出，在垂直方向上分布范围较广的岩表地衣优势放线菌中，能产生活性物质的菌种所占比例很高。分布在两个以上海拔高度的岩表地衣中的优势放线菌共有 13 种，有 12 种（92.3%）检测出抗菌活性，其中 10 种（83.3%）为链霉菌属，1 种（8.3%）为 Kribbella 属，1 种（8.3%）为 *Umezawaea* 属；有 9 种（69.2%）已报道具有抗生或其他生物活性。

表 6-9 不同海拔高度的岩表地衣中分布广泛的优势放线菌来源及生物活性

样品编号	优势种	培养基				拮抗靶标菌	已报道生物活性
		营养正常		营养贫瘠			
		G	H	1/50 G	W		
1-10	*S. cirratus*	+	+	+	+	a、b、d、e、i～l、o	抗肿瘤（Mizutani et al., 1989）
2-4、6-10	*S. avidinii*	+	+	+	+	a、b、d～g、i、j、l、o	—
4、6、10	*S. spororaveus*	+	+	—	—	a、d、g、i、j、o	抗真菌（Al-Askar et al., 2011）

样品编号	优势种	培养基				拮抗靶标菌	已报道生物活性
		营养正常		营养贫瘠			
		G	H	1/50 G	W		
5，9	S. griseorubiginosus	−	+	+	−	a、b、d、e、g、n	抗生素（Tatsuta et al., 2011）
2，5	S. vinaceusdrappus	+	−	−	+	a～d、i、o	友霉素（Zhang et al., 2012）
4，5，7，9	S. niveus	−	−	+	+	a、b	新生霉素（Tambo-ong et al., 2011）
2，9	S. cyaneofuscatus	−	−	+	+	a、d	缬氨霉素（Telesnina et al., 1986）
8，10	S. atroolivaceus	−	−	+	−	a、b	抗肿瘤（Cheng et al., 2002）
5，6	S. pactum	−	−	+	−	a、b	密旋霉素（Almabruk et al., 2013）
3，6	S. malachitospinus	+	−	−	−	a、g	
5，7	K. endophytica	+	+	+	+	d	
5，6	U. tangerina	+	−	+	+	e、i、o	
3，4，7	S. spiroverticillatus	−	−	+	−		变构霉素（Li et al., 2006）
种数（种）Species No.	13	7	7	10	8	12	9

注：+代表某种优势放线菌存在、−代表某种优势放线菌不存在。表 6-10 中相同。

从表 6-9、表 6-10 可以看出，在营养适应性较强的优势放线菌中，能产生活性物质的菌种所占比例也很高。在分离自 2 种及 2 种以上培养基的 13 种放线菌中，有 12 种（92.3%）检测到抗菌活性，其中链霉菌属有 10 种（83.3%），Kribbella 属、小单孢菌属及 Umezawaea 属各有 1 种（8.3%）；另有 10 种（76.9%）已报道具有抗生或其他生物活性。

表 6-10 局部分布的活性优势放线菌来源及其生物活性

样品编号	优势种	培养基				拮抗靶标菌	已报道生物活性
		营养正常		营养贫瘠			
		G	H	1/50 G	W		
1	M. chaiyaphumensis	+	−	−	−	−	−
	M. citrea	−	−	+	+	a	抗生素（Carter et al., 1990）
	M. coxensis	−	−	+			
	Nocardiopsis listeri	−	+	−	−	a、d	−
	P. kongjuensis	−	+	−	−	−	−
2	S. viridodiastaticus	−	+	−	−		抗生素（Singh et al., 1994）
	P. alaniniphila	−	+	−	−	−	−

续表

样品编号	优势种	培养基				拮抗靶标菌	已报道生物活性
		营养正常		营养贫瘠			
		G	H	1/50 G	W		
2	*P. xinjiangensis*	−	−	−	+	−	−
	R. qingshengii	−	−	+	−	−	降解多菌灵（Xu et al., 2007）
3	*S. sporoverrucosus*	−	+	−	+	a、b、c、d、e、i、j、o	抗生素（Pathania et al., 2013）
	S. olivaceus	+	−	−	−	b	抗肿瘤（Blanco et al., 2001）
	S. stramineus	−	−	+	−	b	−
	S. vinaceus	−	−	+	−	−	紫霉素（Yin et al., 2003）
	S. atrovirens	−	−	−	+	−	抗细菌（Cho and Kim, 2012）
4	*Nocardiopsis dassonvillei subsp. Albirubida*	−	+	−	−	a、b、g、j	−
	S. hypolithicus	−	−	+	−	−	−
5	*S. avermitilis*	−	+	−	−	−	阿维菌素（Schulman et al., 1986）
Σa	17	2	6	7	3	6	8
6	*Arthrobacter nitroguajacolicus*	+	−	−	−	a、b、f、g、i、j、l、o	腈水解酶（Shen et al., 2009）
	S. aureus	−	+	−	−	−	降解氯氟菊酯（Chen et al., 2012）
	P. zijingensis	−	−	+	−	−	−
7	*S. laculatispora*	−	−	+	−	a、b	−
8	*S. yokosukanensis*	−	−	+	−	−	−
	Actinoplanes regularis	−	−	+	−	b	−
9	*S. setonii*	+	−	−	−	a、b、e、f、h、n	降解阿魏酸（Max et al., 2012）
10	*S. olivochromogenes*	+	−	−	−	a、b、h	磷脂酶（Simkhada et al., 2010）
	S. tauricus	+	−	−	−	g、j、o	−
	S. prunicolor	−	+	−	−	a、b、h	抗氧化剂（Shin-Ya et al., 1993）
	S. rishiriensis	−	−	−	+	a、b、f、g、i、j、o	莱克霉素（Matsumoto et al., 1999）
	Nocardia iowensis	−	−	+	−	−	−
Σb	12	4	2	5	1	8	6
Σa+Σb	29	6	8	12	4	14	14

注：Σa 代表海拔＞3 000 m 的 5 个样品中的放线菌种数之和，Σb 代表海拔＜3 000 m 的 5 个样品中的放线菌种数之和。

6.2.4.2　局部分布的活性优势放线菌

局部分布的活性优势放线菌是指仅从某 1 个海拔高度的岩表地衣中分离到的优势活性放线菌。

从表 6-10 可以看出，从 1 个岩表地衣中分离到的优势放线菌中，能产生活性物质的菌种所占比例较低。在 29 种放线菌中，仅 14 种（48.3%）表现出抗菌活性，其中链霉菌属有 9 种（64.3%），为主要的活性优势放线菌；拟诺卡氏菌属有 2 种（14.3%），小单孢菌属、Arthrobacter 属及 Actinoplanes 属各有 1 种（7.2%）；已报道具有抗生或其他生物活性的放线菌有 14 种（48.3%）。

从表 6-10 可以看出，低海拔岩表地衣的优势放线菌中，活性物质产生菌比例较高，而高海拔岩表地衣与之相反。有 12 种放线菌分布在海拔为 3 000 m 以下的岩表地衣中，其中 8 种（66.7%）表现出抗菌活性，6 种（50.0%）已报道具有抗生或其他生物活性；17 种分布在海拔为 3 000 m 以上的岩表地衣中，其中 6 种（35.3%）表现出抗菌活性，8 种（47.1%）已报道具有抗生或其他生物活性。

从表 6-10 可以看出，仅分布于局部岩表地衣中的活性优势放线菌有 30 种，其营养适应性较差，其中 29 种放线菌仅分离自 1 种培养基，这些放线菌中有 15 种（44.8%）检测到抗菌活性，其中链霉菌属有 10 种（71.4%），拟诺卡氏菌属有 2 种（14.3%），Arthrobacter 属及 Actinoplanes 属各有 1 种（7.2%）；有 13 种（44.8%）已报道具有抗生或其他生物活性。

从表 6-9、表 6-10 可以看出，从供试岩表地衣中共分离到 42 种优势放线菌。其中，有 26 种（61.9%）检测到抗菌活性，链霉菌属为 19 种，占 73.1%；拟诺卡氏菌属有 2 种，占 7.7%；小单孢菌属 Kribbella 属、Actinoplanes 属、Umezawaea 属、Arthrobacter 属均有 1 种，各占 3.8%。另外，在本次分离到的 42 种优势放线菌中，有 23 种（54.8%）已报道具有抗生或其他生物活性。

从表 6-11 可以看出，在检测到有抗菌活性的 26 株放线菌中，对革兰氏阳性、阴性代表靶标细菌有抗菌活性的放线菌分别为 20 株、18 株，分别占活性物质产生菌株的 76.9%、69.2%；对丝状、单细胞代表靶标真菌有抗菌活性的放线菌分别为 1 株、9 株，分别占活性物质产生菌株的 3.8%、34.6%；对 11 种常见农作物病原菌有抗菌活性的放线菌有 15 株，占活性物质产生菌株的 57.7%。这说明岩表地衣是抗生活性物质产生菌的重要分离源，从中可筛选到较多到对革兰氏阳性、阴性细菌有较强拮抗作用的活性物质产生菌，也能筛选到较多对农作物常见病原菌有较强抗性的活性物质产生菌，是新的医用和农用抗生素及其他活性物质开发的重要菌种资源库。

表 6-11 岩表地衣中的拮抗放线菌株数及相对多度

海拔/m	高氏 1 号		腐殖酸		高氏瘠薄		水琼脂		总计	
	株数/株	RAaa%	株数/株	RAaa%	株数/株	RAaa%	株数/株	RAaa%	株数/株	RAaa%
3 491	1	50.0	2	66.7	2	66.7	1	100.0	6	66.7
3 424	2	50.0	3	60.0	2	50.0	2	50.0	9	52.9
3 331	2	66.7	1	50.0	1	33.3	3	100.0	7	63.6
3 165	3	50.0	4	80.0	4	44.4	4	80.0	15	60.0
3 003	5	83.3	4	80.0	5	71.4	3	75.0	17	77.3
2 823	4	50.0	1	25.0	2	50.0	5	100.0	12	57.1
2 614	5	83.3	2	33.3	3	42.9	3	60.0	13	54.2
2 252	6	75.0	6	75.0	7	100.0	4	80.0	23	82.1
1 917	4	66.7	7	77.8	6	85.7	6	85.7	23	79.3
1 600	13	72.2	2	28.6	4	66.7	4	66.7	23	62.2
Total	45	67.2	32	59.3	36	63.2	35	77.8	148	66.4

6.2.5 岩表地衣中拮抗放线菌株数及相对多度

从供试岩表地衣中共分离到 223 株放线菌, 其中 148 株（66.4%）对 15 株靶标菌具有抗性。从表 6-11 可以看出, 不同供试岩表地衣中的拮抗放线菌株数随海拔的升高呈现出减少的趋势: 海拔为 1 600～2 252 m 的岩表地衣中均有 23 株, 海拔为 2 614～3 165 m 的岩表地衣中有 12～17 株, 而海拔为 3 331～3 491 m 的岩表地衣中仅有 6～9 株。不同营养类型的拮抗放线菌株数也不同, 其中能以淀粉为唯一碳源能源的拮抗放线菌最多, 有 45 株; 而能以腐殖酸为唯一碳源能源的拮抗放线菌最少, 仅有 32 株, 前者较后者高 40.6%。另外, 海拔为 1 600 m 的岩表地衣中正常营养的拮抗放线菌株数（15 株）明显高于瘠薄营养的拮抗放线菌株数（8 株）, 其余 9 个样品中两种营养类型的拮抗放线菌株数无明显差异。

从表 6-11 可以看出, 不同海拔的岩表地衣中的拮抗放线菌相对多度存在差异, 其中海拔为 2 252 m 的样品中的拮抗放线菌相对多度最高, 为 82.1%; 而海拔为 3 424 m 的样品中最低, 仅为 52.9%。不同营养类型的放线菌类群中, 拮抗放线菌相对多度也不同, 其中耐极瘠薄类群中的拮抗放线菌相对多度最高, 为 77.8%; 而能以腐殖酸为唯一碳源能源的放线菌类群中的拮抗放线菌相对多度最低, 仅为 59.3%。

6.2.6 岩表地衣中放线菌的拮抗潜势

从表 6-12 可以看出, 供试岩表地衣中的强、中、弱拮抗性放线菌对靶标菌的拮抗株次分别为 104 株次、247 株次、181 株次, 强拮抗菌株次占 19.5%。不同海拔的岩表地衣中放线菌的拮抗潜势不同。海拔为 1 917 m 的岩表地衣中放线菌的拮抗潜势最大,为 20.9%；海拔为 2 252 m 及 2 614 m 的岩表地衣中强拮抗放线菌的拮抗潜势最大，为 18.3%；而海拔为 3 491 m 的岩表地衣中放线菌的拮抗潜势及强拮抗放线菌的拮抗潜势均最小，分别仅为 2.6%、1.9%。这表明低海拔岩表地衣中的拮抗性放线菌及强拮抗性放线菌的蕴藏量较大。

表 6-12　不同海拔的岩表地衣中放线菌的拮抗潜势

拮抗潜势		海拔/m										合计
		3 491	3 424	3 331	3 165	3 003	2 823	2 614	2 252	1 917	1 600	
强	An/株次	2	4	10	12	10	5	19	19	16	7	104
	APSLA/%	1.9	3.8	9.6	11.5	9.6	4.8	18.3	18.3	15.4	6.7	100.0
中	An/株次	9	6	15	19	21	15	43	52	61	6	247
	APSLA/%	3.6	2.4	6.1	7.7	8.5	6.1	17.4	21.1	24.7	2.4	100.0
弱	An/株次	3	5	21	24	11	10	32	28	34	13	181
	APSLA/%	1.7	2.8	11.6	13.3	6.1	5.5	17.7	15.5	18.8	7.2	100.0
总	An/株次	14	15	46	55	42	30	94	99	111	26	532
	APSLA/%	2.6	2.8	8.6	10.3	7.9	5.6	17.7	18.6	20.9	4.9	100.0

从表 6-13 可以看出，岩表地衣中不同营养类型的放线菌的拮抗潜势也不同。能以淀粉为唯一碳源能源的放线菌的拮抗潜势为 40.0%，较其他 3 种营养类型的放线菌高 18.8%~21.0%；营养正常的放线菌的拮抗潜势较营养瘠薄类群高 22.5%；4 种营养类型的强拮抗性放线菌的拮抗潜势为 23.1%~27.9%。这表明岩表地衣中能以淀粉为唯一碳源能源的类群中拮抗性放线菌的蕴藏量较大。

表 6-13　不同培养基分离到的放线菌的拮抗潜势

培养基	强		中		弱		总	
	An/株次	APSLA/%	An/株次	APSLA/%	An/株次	APSLA/%	An/株次	APSLA/%
高氏 1 号	26	25.0	110	44.5	77	42.5	213	40.0
腐殖酸	24	23.1	46	18.6	43	23.8	113	21.2
高氏瘠薄	29	27.9	40	16.2	36	19.9	105	19.7
水琼脂	25	24.0	51	20.6	25	13.8	101	19.0

6.2.7　不同海拔的岩表地衣中拮抗不同靶标菌的放线菌株数

从表 6-14 可以看出，不同海拔的岩表地衣中拮抗同一靶标菌的放线菌株数不同。对同一靶标菌而言，拮抗放线菌最多的岩表地衣主要分布在较低海拔。海拔为 1 917 m 的岩表地衣中拮抗革兰氏阳性细菌、革兰氏阴性细菌、单细胞真菌、腐皮镰刀菌及棉花枯萎病菌的放线菌株数分别较其余海拔多 2~16 株、2~15 株、1~7 株、1~6 株及 3~5 株；海拔为 1 600 m 的岩表地衣中拮抗青霉、尖孢镰刀菌、茄病镰刀菌、硫色镰刀菌及甜瓜蔓枯菌的放线菌株数分别较其余海拔多 1~7 株、1~4 株、1~9 株、6~12 株及 3~10 株；海拔为 1 917 m 及 2 823 m 的岩表地衣中拮抗魔芋软腐病菌的放线菌株数较其余海拔多 2~3 株；海拔为 1 600 m 及 2 252 m 的岩表地衣中拮抗黄瓜枯萎病菌的放线菌株数较其余海拔多 3~4 株；海拔为 2 252 m 的岩表地衣中拮抗西瓜枯萎病菌的放线菌株数较其余海拔多 1~6 株；海拔为 3 003 m 的岩表地衣中拮抗沙雷氏菌的放线菌株数较其余海拔多 1~7 株；海拔为 3 165 m 的岩表地衣中拮抗大丽轮枝菌的放线菌株数较其余海拔多 1~7 株。这表明对大多数靶标菌而言，从低海拔岩表地衣中可分离筛选到更多的拮抗菌。

表 6-14　不同海拔的岩表地衣中拮抗 15 株供试靶标菌的放线菌株数

海拔/m	靶标菌															Σ
	代表性细菌真菌				植物病原菌											
	a	b	c	d	e	f	g	h	i	j	k	l	m	n	o	
3 491	5	2	0	0	1	0	2	0	1	2	1	1	0	0	0	8
3 424	5	5	1	0	4	1	4	0	0	1	0	1	0	2	2	10
3 331	4	3	0	0	3	0	2	0	1	1	0	0	0	0	0	6
3 165	9	11	3	2	2	0	9	0	4	2	1	0	0	0	1	11
3 003	11	8	3	2	8	1	6	1	3	3	1	2	1	0	5	14
2 823	9	7	2	2	3	3	2	0	4	3	0	0	0	5		11
2 614	6	9	1	2	2	0	2	0	2	3	0	0	1	0	0	10
2 252	13	15	6	6	5	0	8	3	8	7	4	6	5	2	7	14
1 917	20	17	4	7	5	3	5	2	6	7	1	5	6	5	6	15
1 600	18	13	8	6	7	1	8	4	9	13	5	5	3	2	10	15
总	100	90	28	27	40	9	48	10	38	42	12	26	15	12	36	15

注：Σ 为总抗菌谱，表示某岩表地衣中所有拮抗放线菌能拮抗的靶标菌的总数。

从表 6-14 可以看出，同一海拔的岩表地衣中拮抗不同靶标菌的放线菌株数不同。10 个供试样品中均表现为拮抗革兰氏阳性细菌及革兰氏阴性细菌的放线菌株数高于其余靶标菌。其中，海拔为 1 600 m、1 917 m、2 823 m、3 003 m、3 331 m 及 3 491 m 的岩表地衣中抗革兰氏阳性细菌的放线菌有 5~20 株，高于其余靶标菌；海拔为 2 252 m、2 614 m 及 3 165 m 的岩表地衣中抗革兰氏阴性细菌的放线菌有 9~15 株，高于其余靶标菌；海拔为 3 424 m 的样品中，抗革兰氏阳性及阴性细菌的放线菌株数均为 5 株，高于其他靶标菌。这表明岩表地衣中蕴藏着丰富的拮抗革兰氏阳性细菌及革兰氏阴性细菌的放线菌资源。

从表 6-14 还可以看出，不同海拔的岩表地衣中筛选到的放线菌的总抗菌谱不同。

海拔为 1 600 m 及 1 917 m 的岩表地衣中分离到的放线菌的总抗菌谱为 15 株靶标菌,能拮抗全部供试靶标菌;而海拔为 3 331 m 及 3 491 m 的岩表地衣中分离到的放线菌的总抗菌谱较窄,仅分别能拮抗 6 株、8 株靶标菌。

6.2.8　拮抗性放线菌对不同靶标菌的拮抗强度

从表 6-15 可以看出,岩表地衣中拮抗不同靶标菌的放线菌株数有明显差异。其中,拮抗革兰氏阳性细菌的放线菌株数最多,占所有拮抗菌的 67.6%;革兰氏阴性细菌拮抗放线菌次之,占 60.8%;拮抗沙雷氏菌的放线菌株数最少,仅占 6.1%;拮抗其余靶标菌的放线菌占 8.1%～32.4%。

表 6-15　148 株拮抗菌对不同靶标菌的拮抗性

靶标菌	强		中		弱		合计	
	株数/株	R/%	株数/株	R/%	株数/株	R/%	株数/株	R/%
代表性细菌、真菌								
Staphylococcus aureus（G⁺）	35	23.6	48	32.4	17	11.5	100	67.6
Escherichia coli（G⁺）	30	20.3	35	23.6	25	16.9	90	60.8
Penicillium sp.（丝状真菌 Filamentous fungi）	0	0.0	16	10.8	12	8.1	28	18.9
Candida tropicalis（单细胞真菌 Single-cell fungi）	3	2.0	10	6.8	14	9.5	27	18.2
植物病原菌								
Serratia sp.	0	0.0	6	4.1	3	2.0	9	6.1
Dickeya dadantii subsp. *Dadantii*	6	4.1	19	12.8	15	10.1	40	27.0
Fusarium oxysporum	0	0.0	4	2.7	6	4.1	10	6.8
F. oxysporum f.sp. *cucumerinum*	0	0.0	3	2.0	9	6.1	12	8.1
F. oxysporum f. sp. *niveum*	0	0.0	18	12.2	8	5.4	26	17.6
F. oxysporum f.sp. *vasinfectum*	0	0.0	5	3.4	7	4.7	12	8.1
F. sulphureum	13	8.8	24	16.2	5	3.4	42	28.4
F. solani（Mart.）*Sacc*	4	2.7	16	10.8	18	12.2	38	25.7
F. solani	0	0.0	6	4.1	9	6.1	15	10.1
Verticillium dahliae	9	6.1	26	17.6	13	8.8	48	32.4
Didymella bryoniae	4	2.7	12	8.1	20	13.5	36	24.3

注: R 表示对某一靶标菌具有不同强度拮抗性的放线菌株数占拮抗放线菌总株数 148 株的百分比。

从表 6-15 可知,岩表地衣中不同靶标菌的强拮抗放线菌株数也不同。其中,革兰氏阳性细菌及阴性细菌的强拮抗放线菌株数分别为 35 株、30 株,占所有拮抗菌的 23.6%、20.3%,高于其余靶标菌;热带假丝酵母、魔芋软腐病菌、硫色镰刀菌、茄饼镰刀菌、大丽轮枝菌及甜瓜蔓枯菌的强拮抗放线菌有 3～13 株,占所有拮抗菌的 2.0%～8.8%;

未发现其余靶标菌的强拮抗放线菌。

6.2.9 42株广谱拮抗放线菌的抗菌谱及拮抗圈直径

由表 6-16 可知，在 148 株拮抗性放线菌中，有 8 株能拮抗 10 种以上的靶标菌，拮抗圈直径为 8～30 mm；10 株能拮抗 7～9 种靶标菌，拮抗圈直径为 8～20 mm；24 株能拮抗 5～6 种靶标菌，拮抗圈直径为 8～30 mm。

表 6-16　42 株广谱拮抗放线菌的拮抗性

编号	靶标菌															抗菌谱/种
	a	b	c	d	e	f	g	h	i	j	k	l	m	n	o	
3G5	11	12	11	14	12	–	24	10	10	15	11	12	13	12	16	14
5G12	10	10	12	9	8	–	11	8	10	10	9	8	8	9	9	14
5G6	9	10	9	–	8	–	12	8	10	15	–	11	10	–	8	11
3G6	11	10	–	9	–	–	10	9	8	10	9	8	–	–	8	10
3G1	–	8	8	8	8	–	12	–	9	10	8	10	–	–	8	10
4G3	15	11		–	12	–	10	10	–	12	–	10	13	9	8	10
3H8	–	20	10		–	–	30	11	–	11	8	8	9	9	9	10
7g12	17	20	11	9	10	–	10	–	8	15	–	10	–	–	10	10
4G6	12	15	–	10	–	9	13	–	–	11	–	13	9	–	8	9
4H2	9	9	–	–	–	–	20	–	8	13	9	12	12	9	–	9
5g1	14	13	–	10	10	–	–	–	13	18	9	12	–	–	9	9
1G2	10	9	10	–	–	–	16	–	10	14	–	10	–	–	8	8
9G1	10	10	–	–	8	8	9	–	–	9	–	9	–	8	–	8
4W4	16	13	11	10	10	–	–	10	10	–	–	–	–	–	9	8
4W1	11	–	13	13	–	–	–	11	14	–	–	8	10	13		8
5W4	15	15	9	10	–	–	–	–	8	16	–	–	–	–	10	8
5G3	15	12	10	–	–	–	11	–	12	13	–	–	–	–	11	7
3W1	–	11	9	9	–	–	–	15	15	–	10	–	–	10		7
2G5	13	9	–	–	–	–	12	–	8	14	–	9	–	–	–	6
5G1	17	–	–	–	18	–	10	–	8	10	–	–	–	8	–	6
5G3	11	8	–	–	–	–	12	–	–	11	–	–	12	–	9	6
5G17	12	–	–	8	–	12	9	–	–	10	–	–	8	–	6
6G6	9	–	8	–	–	–	25	–	9	–	–	–	8	–	20	6
10G5	26	18	–	–	–	–	13	–	8	11	–	10	–	–	–	6
3H12	12	11	–	12	–	–	9	–	9	–	–	–	–	9	6
4H12	18	15	–	16	9	–	9	–	–	–	–	–	–	10	–	6

续表

编号	靶标菌 a	b	c	d	e	f	g	h	i	j	k	l	m	n	o	抗菌谱/种
1W3	9	–	9	–	–	–	–	15	13	–	11	–	–	10		6
5W5	13	10	9	–	–	–	–	–	11	17	–	10	–	–		6
6W8	11	20	–	–	20	11	–	–	9	–	–	–	–	–	10	6
3g8	11	20	11	9	–	–	–	–	13	–	–	–	–	–	9	6
4g1	11	14	9	10	–	–	8	–	–	–	–	–	–	10	–	6
5G8	13	11	–	–	12	–	–	–	10	–	10	–	–	–	–	5
5G16	12	–	–	–	–	–	–	8	10	8	–	–	–	–	8	5
7G3	18	17	–	8	–	–	10	–	8	–	–	–	–	–	–	5
4H6	17	18	–	–	–	–	12	–	–	–	–	–	9	–	10	5
6H4	–	–	8	–	–	–	30	14	15	–	–	–	–	–	16	5
6H1	15	–	–	–	–	–	9	–	–	13	8	–	–	–	–	5
7H3	–	–	12	–	–	–	15	–	13	–	10	–	–	–	–	5
8H1	11	–	–	–	10	–	11	–	8	12	–	–	–	–	–	5
4g5	14	16	–	–	–	–	–	–	12	12	–	–	8	–	–	5
4g7	23	16	–	–	10	9	–	–	10	–	–	–	–	–	–	5
6g3	11	9	–	8	10	–	8	–	–	–	–	–	–	–	–	5
株数 Numbers	37	32	19	18	17	5	28	7	19	31	11	21	12	10	26	–

从表 6-17 可以看出，42 株广谱拮抗放线菌在不同海拔的岩表地衣中均有分布，其中海拔为 1 600 m 及 1 917 m 的岩表地衣中最多，分别有 11 株、10 株；其次，海拔为 2 252 m 的岩表地衣中有 7 株；其余海拔的岩表地衣中有 1～5 株。另外，不同营养类型的广谱拮抗放线菌的株数不同，其中能以淀粉为唯一碳源能源的最多，有 19 株，为其他 3 种营养类群的 2.1～2.7 倍；营养正常的广谱拮抗放线菌有 28 株，是营养瘠薄类群的 2.0 倍。

表 6-17　42 株广谱拮抗放线菌的分布

海拔/m	广谱拮抗放线菌 株数/株	百分比/%	海拔/m	广谱拮抗放线菌 株数/株	百分比/%	培养基	广谱拮抗放线菌 株数/株	百分比/%
3 491	1	2.4	2 823	2	4.8	G	19	45.2
3 424	1	2.4	2 614	1	2.4	HV	9	21.4
3 331	1	2.4	2 252	7	16.7	1/50G	7	16.7
3 165	3	7.1	1 917	10	23.8	W	7	16.7
3 003	5	11.9	1 600	11	26.2			

6.2.10　13 株广谱拮抗放线菌的鉴定

表 6-18 为 13 株广谱拮抗放线菌的 16S rRNA 序列的比对结果。从表 6-18 可以看出，13 株广谱拮抗放线菌定为 8 个种，其中 7 种为链霉菌属，分别为 *Streptomyces griseorubiginosus* 3 株，*Streptomyces avidinii* 3 株，*Streptomyces cirratus* 2 株，*Streptomyces vinaceusdrappus*、*Streptomyces sporoverrucosus*、*Streptomyces rishiriensis* 及 *Streptomyces scopuliridis* 各 1 株，另外 1 种为 *Arthrobacter nitroguajacolicus*。图 6-5 为 13 株放线菌的系统进化树。

表 6-18　13 株广谱拮抗放线菌的序列比对结果

广谱拮抗菌		相似度最高菌株		
编号	序列号	名称	序列号	相似度/%
4H2	KF554173	*Streptomyces griseorubiginosus*	AB184276	100.0
4g5	KF554199	*Streptomyces griseorubiginosus*	AB184276	100.0
6g3	KF554206	*Streptomyces griseorubiginosus*	AB184276	100.0
4G3	KF554153	*Streptomyces avidinii*	AB184395	99.9
7g12	KF554212	*Streptomyces avidinii*	AB184395	99.7
5W5	KF554232	*Streptomyces avidinii*	AB184395	99.7
10G5	KF554164	*Streptomyces cirratus*	AY999794	100.0
5g1	KF554201	*Streptomyces cirratus*	AY999794	100.0
1G2	KF554147	*Arthrobacter nitroguajacolicus*	AJ512504	99.7
9G1	KF554162	*Streptomyces vinaceusdrappus*	AY999929	99.9
8H1	KF554180	*Streptomyces sporoverrucosus*	AB184684	100.0
5G3	KF554233	*Streptomyces rishiriensis*	AB184383	99.4
3H8	KF600747	*Streptomyces scopuliridis*	EF657884	99.5

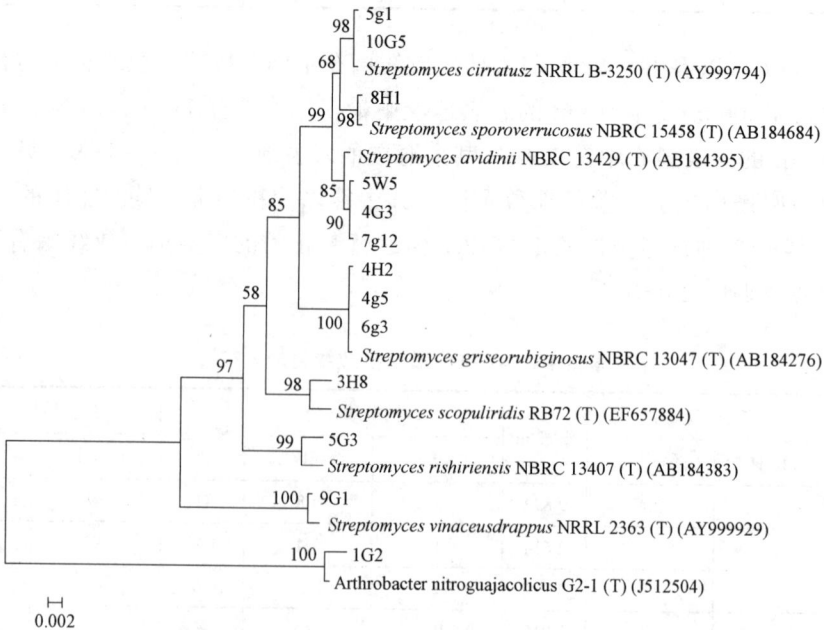

图 6-5　基于 16S rRNA 序列构建的 13 株广谱拮抗放线菌的系统发育树

6.3　小结与讨论

本章研究了秦岭主峰太白山北坡海拔较高的高山寒温带（1 500～3 000 m）、高山亚寒带（3 000～3 350 m）及高山寒带（3 350 m 以上）岩表地衣中放线菌的多样性及抗菌活性。

本研究发现，在供试的 3 个气候带的岩表地衣中有大量放线菌生存。优势放线菌共有 10 属 42 种，呈现出丰富的生物多样性，有 5 个属为初次发现。其中，高山寒温带岩表地衣中的放线菌有 7 个属：链霉菌属、假诺卡氏菌属、诺卡氏菌属、游动放线菌属 *Actinoplanes*、*Kribbella*、*Arthrobacter* 及 *Umezawaea*；高山亚寒带仅有 3 个属：链霉菌属、拟诺卡氏菌属及 *Kribbella*；高山寒带有 5 个属：链霉菌属、小单孢菌属、假诺卡氏菌属、拟诺卡氏菌属及 *Rhodococcus*。在上述 10 个属中，链霉菌属在 3 个气候带均存在，且种类最多，其中 *S. cirratus* 及 *S. avidinii* 在不同海拔的岩表地衣中均有分布；诺卡氏菌属、拟诺卡氏菌属、*Kribbella*、*Arthrobacter* 及 *Umezawaea* 5 个属在已有的岩表地衣放线菌研究（González et al.，2005）中未见报道。

岩石表面营养贫瘠，因此岩表地衣中必然存在大量的耐瘠薄放线菌。采用瘠薄培养基可以分离到这一特殊类群的放线菌，反映了岩表地衣放线菌的真实生物多样性。但已有研究采用的培养基均为正常营养条件，难以发现岩表地衣放线菌中的耐瘠薄类群，因此尚无对岩表地衣中耐瘠薄放线菌的研究。

本研究发现，不同海拔的岩表地衣中生存着大量的耐瘠薄放线菌，优势放线菌共有 8 个属：链霉菌属、假诺卡氏菌属、小单孢菌属、诺卡氏菌属、游动放线菌属 *Actinoplanes*、*Kribbella*、*Rhodococcus* 及 *Umezawaea*，其中诺卡氏菌属、游动放线菌属 *Actinoplanes* 及 *Rhodococcus* 为瘠薄条件下的特有属。另外，不同气候带中不同营养类型的放线菌数量不同，在高山寒温带岩表地衣中，正常营养条件下生长的放线菌多于瘠薄条件下生长的放线菌；在高山寒带及高山亚寒带岩表地衣中，耐瘠薄营养的放线菌多于正常营养的放线菌，且随着海拔升高，放线菌的耐瘠薄能力增强。本研究采用瘠薄培养所得结果为放线菌在不同海拔的岩表地衣中的生态分布研究提供了新的资料。

本研究还发现，不同海拔的岩表地衣中优势放线菌的相对多度存在很大差异，反映出岩表地衣中的优势放线菌对岩表环境的适应性不同，高山寒温带岩表地衣中的放线菌数量及种类数均多于高山亚寒带及高山寒带。

放线菌是生物活性物质的主要产生菌，广泛存在于各种不同的生态环境中。土壤及水体中已分离到许多具有应用价值的活性物质产生放线菌。其他特殊的生态环境也逐渐引起各国学者的注意。Verma 等（2009）从 20 颗印度苦楝中分离到 55 株放线菌，其中 60% 对细菌或真菌具有抗性。Kumar 等（2012）研究发现独居的黄蜂巢及燕子窝中的放线菌主要为链霉菌属，且其中 46.8% 具有抗菌活性。Jiang 等（2013）从 31 种动物的粪便中分离到 35 个属的放线菌，并从中获得大量的具有抗肿瘤及抗菌活性的放线菌。

Bensultana 等（2010）从不同深度的污水过滤渗透系统中分离到 122 株放线菌，其中 44 株具有抗细菌活性。

自然界存在的岩表地衣生境特殊，目前对其中有无微生物及有何种微生物缺乏研究，对其中的放线菌种类及其生物活性的了解更少，仅有 1 篇论文涉及岩表地衣放线菌。González 等（2005）在对热带及寒带的地衣放线菌进行研究时，从夏威夷及阿拉斯加地区的岩表地衣中分离到 6 个放线菌属，其中除 *Actinomadura* 外的 5 个属与本研究相同；在其分离到的岩表地衣放线菌中，65%以上的菌株检测出抗菌功能基因，但仅有 27% 的放线菌表现出抗菌活性。由于抗菌功能基因存在并不意味有活性物质表达，仅有理论上的预测作用，故该研究通过抗菌功能基因分析推测出的抗性菌比例与抗菌活性实际检测结果差距很大，影响了该研究对岩表地衣中拮抗性放线菌资源预测的可靠性。另外，该研究仅选用了白色念珠酵母菌、金黄色葡萄球菌及大肠杆菌 3 株靶标菌，靶标菌中无丝状真菌及具体的农作物病原菌，也影响了该研究在农用抗生素研究及应用上的针对性。

本研究对岩表地衣中优势放线菌的抗菌活性采用 15 种供试靶标菌进行了实际检测，其中除 4 种可以代表所有微生物的代表性靶标菌外，还特意选择了 11 种农作物常见病原真菌及细菌，提高了对岩表地衣中放线菌的抗菌活性潜势的评价的可靠性及在新农用抗生素开发中应用的针对性。因此，本研究为岩表地衣中活性物质产生菌的资源评价提供了更为直接的新证据。

我们通过研究太白山北坡不同海拔、不同气候带的岩表地衣中从 4 种培养基上分离的 223 株放线菌对 15 种靶标菌的拮抗性，发现岩表地衣中存在大量有重要开发价值的放线菌，有 66.4%的菌株具有抗菌活性，包括 42 株（18.8%）广谱拮抗放线菌及较多的革兰氏阳性、阴性细菌的强拮抗放线菌，但并未发现青霉、沙雷氏菌、茄病镰刀菌、黄瓜枯萎病菌、西瓜枯萎病菌、棉花枯萎病菌及腐皮镰刀菌的强拮抗放线菌。

本研究发现，不同海拔的岩表地衣中拮抗性放线菌的抗菌特性不同。海拔为 1 600～2 252 m 的岩表地衣中拮抗性放线菌株数最多；海拔为 2 252 m 的样品中拮抗放线菌的相对多度最高；海拔为 1 917 m 的岩表地衣中放线菌的拮抗潜势最大；海拔为 2 252 m 及 2 614 m 的岩表地衣中强拮抗放线菌的拮抗潜势最大；海拔为 1 600 m 及 1 917 m 的岩表地衣中广谱拮抗放线菌最多。这表明低海拔岩表地衣中拮抗性放线菌的蕴藏量较大，从低海拔岩表地衣中获得优良拮抗性放线菌的概率较大。

本研究发现，岩表地衣中不同营养类型的放线菌的抗菌特性不同。能以淀粉为唯一碳源能源的类群中拮抗放线菌株数、广谱拮抗放线菌株数最多，拮抗潜势最大；耐极瘠薄类群中拮抗放线菌的相对多度最高。这表明岩表地衣中能以淀粉为唯一碳源能源的类群中拮抗性放线菌的资源蕴藏量较大，而耐极瘠薄类群中获得拮抗性放线菌的概率较大。

另外，本研究以岩表地衣中放线菌的拮抗潜势 APSLA 为指标对供试岩表地衣中拮抗放线菌的蕴藏量进行了定量评价，该方法对有潜在价值的拮抗性放线菌分离源的确定具有重要意义。

本研究中鉴定了 13 株广谱拮抗放线菌，定为 8 个种，其中 *S. griseorubiginosus*、*S. cirratus*、*Streptomyces vinaceusdrappus*、*Streptomyces sporoverrucosus*、*Streptomyces rishiriensis*、*Streptomyces scopuliridis* 及 *Arthrobacter nitroguajacolicus* 已报道能代谢产生生物活性物质；而 *Streptomyces avidinii* 未见报道具有抗菌或其他生物功能，所产活性物质尚不清楚。这些菌株具有重要的潜在应用价值。

本研究表明，岩表地衣中蕴藏着大量待开发利用的拮抗放线菌资源，是目前尚未引起研究者高度重视的抗菌活性物质产生放线菌的重要分离源。加强对岩表地衣中拮抗放线菌的研究，对新医药、新农用抗生素的研发及农作物常见病害生防菌剂的研制均具有十分重要的意义。本研究所得结果为拮抗放线菌新分离源的发现提供了科学依据，并为从岩表地衣中分离筛选不同种类的抗菌活性物质产生放线菌提供了样品采集思路。根据该研究结果，可以减少分离源采集的盲目性，提高工作效率。

第7章

苔藓土壤中放线菌区系及拮抗性研究

　　放线菌是抗生素的主要产生菌，临床医学和农业中已投入使用的抗生素中约有70%是由放线菌产生的（Bérdy，2005）。放线菌中筛选抗生素产生菌是新型医用及农用抗生素研发的基础。抗生素产生放线菌的筛选具有随机性、偶然性及盲目性，探明抗生素产生放线菌的生态分布规律可以提高新抗生素研发的效率，具有重要的理论及应用意义。土壤是放线菌的天然生存场所，从土壤中筛选活性物质产生放线菌已成为研究热点。目前国内外学者对植物根际（蔡艳等，2003；Khamna et al.，2009）、森林（Thakur et al.，2007；肖静等，2008）、草甸（王启兰等，2004）、高盐环境（Sajid et al.，2009；关统伟等，2010）及农田（Oskay et al.，2004）等生态条件下的土壤已经有了较多研究，并从中获得许多活性物质产生放线菌。但是随着研究的深入，土壤中未知放线菌的分离难度也愈来愈大。为了避免已知放线菌的重复分离，研究新的生态环境下的土壤已成为必然趋势。苔藓是一种低等植物，一般生长在裸露的石壁上，或潮湿的森林和沼泽地，是各种恶劣生境的拓荒者（侯宽昭，1998）。目前关于苔藓微生物的研究主要集中在苔藓内生菌（Spiess et al.，1981；Tani1 et al.，2011）以及苔藓与土壤形成的苔藓结皮方面（吉雪花等，2013）。尚未发现苔藓土壤中放线菌的多样性及抗菌活性的相关研究。

　　本章以秦岭主峰太白山北坡的高山寒温带、高山亚寒带及高山寒带3个垂直气候植被带上的苔藓土壤为材料，研究不同海拔高度的苔藓土壤中放线菌的数量、种类、优势种以及其分布与海拔高度的关系，并以4种代表性细菌、真菌及11种常见植物病原菌为靶标菌，检测所分离到的放线菌的抗菌活性，旨在了解苔藓土壤中放线菌的生态分布特征及拮抗性放线菌的生态分布规律，为放线菌的生态研究以及拮抗性放线菌的筛选利用提供科学依据。

7.1　材料与方法

7.1.1　材料

7.1.1.1　供试样品

采样点位于陕西省太白山北坡（33°57′～34°58′N，107°45′～107°53′E），海拔高度为 1 600～3 491 m。样品采集点分布于 3 个气候带：高山寒带（Alpine Frigid Zone，AFZ）、高山亚寒带（Alpine Subfrigid Zone，ASZ）及高山寒温带（Alpine Cold Temperate Zone，ACTZ）。样品采集：用无菌铲子取苔藓及苔藓下层 0～3 cm 处的土样置于无菌自封袋中，带回实验室 4 ℃保存。样品编号及采集点位置见表 7-1。

表 7-1　苔藓土样编号及采集点位置

编号	海拔/m	气候带	编号	海拔/m	气候带
1	3 491	高山寒带	6	2 614	高山寒温带
2	3 331	高山亚寒带	7	2 252	高山寒温带
3	3 165	高山亚寒带	8	1 917	高山寒温带
4	3 003	高山亚寒带	9	1 600	高山寒温带
5	2 765	高山寒温带	10	1 200	高山寒温带

7.1.1.2　培养基

放线菌分离采用高氏 1 号培养基（G）、高氏 2 号培养基（G2）、PDA 培养基、BPA 培养基（程丽娟等，2000）；几丁质培养基（J）及海藻糖-脯氨酸培养基（Z）（彭云霞等，2007）。

7.1.1.3　靶标菌

靶标菌同 5.1.1.3。

7.1.2　方法

7.1.2.1　放线菌分离

采用稀释平皿涂抹法。称取 5 g 样品加入装有 45 mL 无菌水的灭菌水瓶，160 rmp 振荡 10 min，吸取 1 mL 振荡悬液加入 9 mL 无菌水管稀释，共稀释 4 次。分别吸取 0.05 mL 10^{-2}～10^{-4} 稀释度的样品悬液涂布于 4 种供试培养基上，28 ℃培养 10 d。

7.1.2.2 放线菌拮抗性测定

放线菌拮抗性的测定方法同 5.1.2.3。

7.1.2.3 放线菌鉴定

放线菌的鉴定方法同 5.1.2.4。

7.1.2.4 相对多度

相对多度的计算方法同 5.1.2.5。

7.1.2.5 苔藓土壤放线菌拮抗潜势

苔藓土壤放线菌拮抗潜势的计算方法同 5.1.2.6。

7.1.2.6 数据处理

数据处理方法同 5.1.2.7。

7.2 结果与分析

7.2.1 苔藓土壤中可培养的放线菌种类及数量

从表 7-2、表 7-3 可以看出,苔藓土壤中生存着大量的放线菌,不同海拔高度及不同气候带的苔藓土壤中放线菌的数量、种类及链霉菌数量不同,放线菌数量及链霉菌数量整体表现为低海拔高于高海拔,高山寒温带高于高山亚寒带及高山寒带;能利用不同碳源的放线菌数量及种类也存在差异。

表 7-2 苔藓土壤中放线菌的数量及种类数

气候带	海拔/m	数量（10^5 CFU/g 干土）				种类数/种			
		G	G2	J	Z	G	G2	J	Z
ACTZ	3 491	0.2±0.03d（c）	3.0±0.5ef（a）	2.0±0.7f（b）	0.06±0.03c（c）	13	9	9	3
ASZ	3 331	0.3±0.09d（c）	5.3±4.5d（b）	3.8±0.4f（b）	12.0±3.1a（a）	10	8	8	10
	3 165	0.1±0.03d（d）	1.7±4.5fg（b）	2.3±0.04f（b）	4.2±0.5b（a）	8	10	8	8
	3 003	0.09±0.03d（d）	3.5±0.3e（b）	1.9±0.5f（c）	6.4±0.6b（a）	10	11	8	9
	$\overline{Xs}±SD$	0.2±0.1	3.5±1.8	2.7±1.0	7.6±4.0	9.3	9.7	8.0	9.0
	2 765	33.9±11.6bc（a）	1.5±0.5fg（b）	29.8±6.3e（a）	6.0±1.5b（b）	10	16	8	5
	2 614	23.8±4.1c（b）	1.4±0.2g（c）	38.1±3.7d（a）	0.08±0.01c（c）	11	13	6	4

续表

气候带	海拔/m	数量（10⁵CFU/g 干土）				种类数/种			
		G	G2	J	Z	G	G2	J	Z
AFZ	2 252	49.0±19.8ab（a）	7.8±0.8c（b）	50.3±7.9c（a）	10.3±4.1a（b）	11	18	10	4
	1 917	51.4±1.7a（b）	2.0±0.4fg（c）	62.3±4.4b（a）	0±0c（c）	10	17	9	0
	1 600	65.6±17.6a（a）	10.6±1.9b（b）	61.4±5.6b（a）	0.2±0.06c（b）	11	25	10	7
	1 200	60.1±3.4a（b）	18.9±20.9a（c）	78.4±2.6a（a）	1.3±0.2c（d）	14	20	10	4
	$\overline{Xf}\pm SD$	47.3±15.8	7.0±6.9	53.4±17.7	3.0±4.3	11.2	18.2	8.8	4.0

注：同列所标（括号外）及同行所标（括号内）的不同小写字母表示差异显著（$P<0.05$）；$\overline{Xs}\pm SD$ 代表高山亚寒带样品的平均值±标准差，$\overline{Xf}\pm SD$ 代表高山寒温带样品的平均值±标准差；ACTZ 代表高山亚寒带，ASZ 代表高山寒带，AFZ 代表高山寒温带。本章其他表格中相同。

表 7-3　苔藓土壤中链霉菌的数量及相对多度

气候带	海拔/m	培养基							
		高氏 1 号		高氏 2 号		几丁质		海藻糖-脯氨酸	
		数量（10⁵CFU/g 干土）	RAs%	数量（10⁵CFU/g 干土）	RAs%	数量（10⁵CFU/g 干土）	RAs%	数量（10⁵CFU/g 干土）	RAs%
ACTZ	3 491	0.2±0.02e	78.7	2.4±0.5e	81.0	1.7±0.6f	83.1	0.05±0.0d	75.0
ASZ	3 331	0.2±0.07e	69.6	4.6±0.2d	87.2	3.1±0.3f	80.5	9.9±2.9a	82.9
	3 165	0.08±0.01e	60.9	1.2±0.3ef	68.8	1.9±0.3f	83.0	3.3±0.5bc	78.1
	3 003	0.06±0.02e	64.7	2.4±0.1e	68.5	1.4±0.3f	70.8	5.0±0.5b	78.4
	$\overline{Xs}\pm SD$	0.1±0.07	65.1	2.7±1.7	74.8	2.1±0.9	78.1	6.1±3.4	79.8
AFZ	2 765	28.4±10.8cd	83.9	1.2±0.5ef	78.2	22.8±6.5e	76.7	5.1±1.5b	85.0
	2 614	16.1±2.4de	67.5	1.0±0.9f	70.5	29.9±3.3d	78.5	0.06±0.05d	71.4
	2 252	37.2±16.2bc	75.9	7.1±0.6c	91.0	43.5±7.4c	86.5	9.1±4.3a	87.6
	1 917	43.8±2.5abc	85.2	1.7±0.4ef	82.2	49.7±3.8bc	79.8	0±0d	—
	1 600	57.3±19.9a	87.4	9.9±2.0b	93.5	52.6±4.1ab	85.7	0.2±0.06d	77.3
	1 200	49.7±4.2ab	82.7	16.8±0.3a	88.9	56.7±1.2a	72.3	1.0±0.2cd	82.3
	$\overline{Xf}\pm SD$	38.8±14.9	80.4	6.3±6.3	84.1	42.5±13.4	79.9	2.6±3.7	80.7

7.2.1.1 以淀粉为唯一碳源能源的放线菌

高氏 1 号培养基上生长的放线菌是能以淀粉为唯一碳源能源的类群。从表 7-2、表 7-3 可以看出，在高氏 1 号培养基上，海拔为 1 200～2 252 m 的苔藓土壤中的放线菌数量为 4.9×10^6～6.6×10^6 CFU/g 干土，显著高于其余海拔（$P < 0.05$）；海拔为 1 600 m 的苔藓土壤中的链霉菌数量为 5.7×10^6 CFU/g 干土，显著高于其余土样（$P < 0.05$）；海拔为 3 003～3 491 m 的苔藓土壤中的放线菌、链霉菌数量分别为 0.9×10^2～3×10^2 CFU/g、0.6×10^2～2×10^2 CFU/g 干土，显著低于其余海拔（$P < 0.05$）。海拔为 1 200 m 及 3 491 m 的苔藓土壤中的该类群放线菌种类最多，分别有 14 种及 13 种；而海拔为 3 165 m 的苔藓土壤中最少，仅有 8 种。

7.2.1.2 以葡萄糖为唯一碳源能源的放线菌

高氏 2 号培养基上生长的放线菌是能以葡萄糖为唯一碳源能源的类群。从表 7-2、表 7-3 可以看出，在高氏 2 号培养基上，海拔为 1 200 m 的苔藓土壤中的放线菌、链霉菌数量分别为 1.9×10^6 CFU/g、1.7×10^6 CFU/g 干土，显著高于其余海拔（$P < 0.05$）；而海拔为 2 614 m 的苔藓土壤中的放线菌及链霉菌数量最少，分别为 1.4×10^5 CFU/g 干土、1.0×10^5 CFU/g 干土。海拔为 1 600 m 及 1 200 m 的苔藓土壤中的该类群放线菌种类最多，分别有 25 种及 20 种；而海拔为 3 331 m 的苔藓土壤中最少，仅有 8 种。

7.2.1.3 以几丁质为唯一碳源能源的放线菌

几丁质培养基上生长的放线菌是能以几丁质为唯一碳源能源的类群。从表 7-2、表 7-3 可以看出，在几丁质培养基上，海拔为 1 200 m 的苔藓土壤中的放线菌、链霉菌数量分别为 7.8×10^6 CFU/g 干土、5.7×10^6 CFU/g 干土，显著高于其余海拔（$P < 0.05$）；而海拔为 3 003～3 491 m 的苔藓土壤中的放线菌、链霉菌数量分别为 1.9×10^5～3.8×10^5 CFU/g 干土、1.4×10^5～3.1×10^5 CFU/g 干土，显著低于其余海拔（$P < 0.05$）。海拔为 1 200 m、1 600 m 及 2 252 m 的苔藓土壤中的该类群放线菌种类最多，均有 10 种；而海拔为 2 614 m 的苔藓土壤中最少，仅有 6 种。

7.2.1.4 以海藻糖为唯一碳源能源的放线菌

海藻糖-脯氨酸培养基上生长的放线菌是能以海藻糖为唯一碳源能源的类群。由表 7-2、表 7-3 可知，在海藻糖-脯氨酸培养基上，海拔为 3 331 m 及 2 252 m 的苔藓土壤中的放线菌数量分别为 1.2×10^6 CFU/g、1.0×10^6 CFU/g 干土，链霉菌数量分别为 9.9×10^5 CFU/g、9.1×10^5 CFU/g 干土，均显著高于其余海拔（$P < 0.05$）。海拔为 3 331 m 的苔藓土壤中的该类群放线菌种类最多，有 10 种；而海拔为 1 917 m 的苔藓土壤中未分离到该类群放线菌。

从表 7-2、表 7-3 可以看出，苔藓土壤中不同营养类型的放线菌数量及种类存在差异。海拔<3 000 m 的苔藓土壤中的几丁质利用型及淀粉利用型放线菌数量显著高于其余两种放线菌类群（$P<0.05$）；海拔为 3 003～3 331 m 的苔藓土壤中的海藻糖利用型放线菌数量最多（$P<0.05$）；而海拔为 3 491 m 的苔藓土壤中的葡萄糖利用型放线菌数量最多（$P<0.05$）。这表明在不同海拔高度及气候条件下的苔藓土壤中，放线菌对碳源的利用类型存在差异。高山寒温带的苔藓土壤中的放线菌以几丁质及淀粉利用型为主，高山亚寒带苔藓土壤中以海藻糖利用型为主，高山寒带苔藓土壤中以葡萄糖利用型为主。链霉菌数量也呈现出类似的趋势。海拔为 1 200～3 165 m 的苔藓土壤中的放线菌种类均表现为葡萄糖利用型多于其他 3 种类群；海拔为 3 331 m 的淀粉利用型及海藻糖利用型放线菌种类多于其他 2 种类群；海拔为 3 491 m 的淀粉利用型放线菌种类最多。

7.2.2　苔藓土壤中的优势放线菌

从表 7-4 可以看出，供试苔藓土壤中的优势放线菌共有 2 属 28 种，分别为链霉菌属（89.3%）及 *Kribbella* 属（10.7%）。从不同碳源培养基上分离的优势放线菌不同，高氏 1 号培养基及几丁质培养基上的优势种分布于 2 个属，而高氏 2 号培养基及海藻糖-脯氨酸培养基上的优势种全部为链霉菌属。不同气候带下苔藓土壤中的优势放线菌也不同，高山寒温带仅分离到链霉菌属，高山亚寒带及高山寒带分离到 2 个属。

表 7-4　苔藓土壤中的优势放线菌类型

科	属	种数/种	株数/株	种数/种						
				培养基				气候带		
				G	G2	J	Z	ACTZ	ASZ	AFZ
Streptomycetaceae	*Streptomyces*	25	73	8	12	10	13	5	8	18
Nocardioidaceae	*Kribbella*	3	3	2	0	1	0	0	1	2
Total: 2	2	28	76	10	12	11	13	5	9	20

7.2.2.1　不同营养条件下优势放线菌的种类及相对多度

从表 7-5 可以看出，在能以淀粉为唯一碳源能源的放线菌类群中，*Streptomyces avidinii*、*S. spororaveus* 及 *S. cirratus* 分别分布于 6 个、4 个、3 个不同海拔的苔藓土壤中，相对多度达到 8.9%～34.7%。

表 7-5　高氏 1 号培养基上的优势放线菌及相对多度

海拔/m	优势菌 1			优势菌 2		
	名称	序列号	RAd%	名称	序列号	RAd%
3 491	*Streptomyces avidinii*	KF620261	34.7	*S. cirratus*	KF620262	11.1
3 331	*S. avidinii*	KF620263	23.6	*S. cirratus*	KF620264	8.9
3 165	*S. avidinii*	KF620265	21.6	*S. cyaneofuscatus*	KF620266	10.2
3 003	*S. avidinii*	KF620267	18.7	*S. fildesensis*	KF620268	16.2
2 765	*S. spororaveus*	KF620269	19.6	*S. umbrinus*	KF620270	10.7
2 614	*S. avidinii*	KF620271	18.8	*Kribbella flavida*	KF620272	13.5
2 252	*S. spororaveus*	KF620273	26.7	*K. antibiotica*	KF620274	19.3
1 917	*S. spororaveus*	KF620275	21.0	*S. avidinii*	KF620276	14.7
1 600	*S. spororaveus*	KF620277	20.4	*S. anulatus*	KF620278	12.2
1 200	*S. cirratus*	KF620279	30.7	*S. clavifer*	KF620280	14.3

从表 7-6 可以看出，在能以葡萄糖为唯一碳源能源的放线菌类群中，*S. avidinii*、*S. cirratus* 及 *S. spiroverticillatus* 分别分布于 4 个、4 个、2 个不同海拔的苔藓土壤中，相对多度达到 11.2%～42.3%。

表 7-6　高氏 2 号培养基上的优势放线菌及相对多度

海拔/m	优势菌 1			优势菌 2		
	名称	序列号	RAd%	名称	序列号	RAd%
3 491	*S. avidinii*	KF620281	30.9	*S. spiroverticillatus*	KF620282	13.3
3 331	*S. avidinii*	KF620283	31.1	*S. cirratus*	KF620284	11.2
3 165	*S. avidinii*	KF620285	42.3	–	–	–
3 003	*S. vinaceus*	KF620286	19.3	*S. cirratus*	KF620287	16.5
2 765	*S. spiroverticillatus*	KF620288	39.8	*S. yokosukanensis*	KF620289	14.7
2 614	*S. cirratus*	KF620290	28.9	*S. scopuliridis*	KF620291	10.6
2 252	*S. ederensis*	KF620292	24.0	*S. xanthophaeus*	KF620293	13.8
1 917	*S. avidinii*	KF620294	33.1	*S. galilaeus*	KF620295	17.6
1 600	*S. cacaoi subsp. asoensis*	KF620296	29.1	*S. cirratus*	KF620297	20.2
1 200	*S. anulatus*	KF620298	40.8	*S. clavifer*	KF620299	9.4

从表 7-7 可以看出，*S. spororaveus*、*S. avidinii*、*S. cirratus*、*S. cyaneofuscatus*、*S. olivochromogenes* 及 *S. anulatus* 至少分布于两个不同海拔的苔藓土壤中，相对多度达到 9.9%～44.7%。

表 7-7 几丁质培养基上的优势放线菌及相对多度

海拔/m	优势菌 1			优势菌 2		
	名称	序列号	RAd%	名称	序列号	RAd%
3 491	*S. cirratus*	KF620300	33.4	*S. diastatochromogenes*	KF620301	18.9
3 331	*S. avidinii*	KF620302	44.7	–		–
3 165	*S. cyaneofuscatus*	KF620303	29.8	*S. cirratus*	KF620304	13.6
3 003	*S. prunicolor*	KF620305	31.4	*K. ginsengisoli*	KF620306	17.5
2 765	*S. olivochromogenes*	KF620307	20.0	*S. spororaveus*	KF620308	11.7
2 614	*S. spororaveus*	KF620309	40.6	*S. anulatus*	KF620310	23.3
2 252	*S. avidinii*	KF620311	28.5	*S. spororaveus*	KF620312	10.8
1 917	*S. olivochromogenes*	KF620313	38.8	*S. anulatus*	KF620314	10.9
1 600	*S. spororaveus*	KF620315	38.9	*S. cyaneofuscatus*	KF620316	9.9
1 200	*S. vinaceus*	KF620317	25.3	*S. rishiriensis*	KF620318	22.3

从表 7-8 可以看出，*S. avidinii*、*S. spiroverticillatus*、*S. cirratus* 及 *S. cyaneofuscatus* 至少分布于两个不同海拔的苔藓土壤中，相对多度达到 10%～43.2%。

表 7-8 海藻糖-脯氨酸培养基上的优势放线菌及相对多度

海拔/m	优势菌 1			优势菌 2		
	名称	序列号	RAd%	名称	序列号	RAd%
3 491	*S. spiroverticillatus*	KF620319	35.3	*S. rishiriensis*	KF620320	9.8
3 331	*S. sporoverrucosus*	KF620321	31.6	*S. avidinii*	KF620322	10.0
3 165	*S. avidinii*	KF620323	43.2	*S. cyaneofuscatus*	KF620324	11.4
3 003	*S. niveus*	KF620325	30.3	*S. vinaceus*	KF620326	13.6
2 765	*S. cyaneofuscatus*	KF620327	21.6	*S. cirratus*	KF620328	17.7
2 614	*S. cirratus*	KF620329	29.2	*S. spiroverticillatus*	KF620330	26.4
2 252	*S. clavifer*	KF620331	28.7	*S. yokosukanensis*	KF620332	10.3
1 917	–		–	–		–
1 600	*S. avidinii*	KF620333	35.8	*S. flavovirens*	KF620334	10.9
1 200	*S. brevispora*	KF620335	33.6	*S. tauricus*	KF620336	14.7

7.2.2.2 优势放线菌的分布

从表 7-9 可以看出，苔藓土壤中不同优势种的垂直分布广度不同。在 28 种优势放线菌中，共有 11 种（39.3%）至少分布于两个不同海拔，其中 *S. avidinii* 及 *S. cirratus* 分布最广，在 8 个海拔中均有分布；*S. spororaveus* 及 *S. anulatus* 分布于 4 个不同海拔；*S. cyaneofuscatus* 及 *S. spiroverticillatus* 分布于 3 个海拔；*S. vinaceus*、*S. rishiriensis*、

S. clavifer、*S. yokosukanensis* 及 *S. olivochromogenes* 分布于 2 个海拔；其余 17 种（60.7%）优势种仅分布于一个海拔。另外，6 种优势放线菌分布于不同气候带，其中 *S. avidinii* 及 *S. cirratus* 在 3 个气候带中均有分布；*S. spiroverticillatus* 及 *S. rishiriensis* 在高山寒带及高山寒温带均有分布；*S. cyaneofuscatus* 及 *S. vinaceus* 在高山亚寒带及高山寒温带均有分布。

表 7-9　苔藓土壤中优势种的海拔及营养类型的分布

优势种	样品分布		培养基分布			
	来源样品数（个）	编号	G	G2	J	Z
Streptomyces avidinii	8	1, 2, 3, 4, 6, 7, 8, 9	+	+	+	+
S. cirratus	8	1, 2, 3, 4, 5, 6, 9, 10	+	+	+	+
S. spororaveus	4	5, 6, 7, 8, 9	+	−	+	+
S. anulatus	4	6, 8, 9, 10	+	+	+	−
S. cyaneofuscatus	3	3, 5, 9	+	+	+	+
S. spiroverticillatus	3	1, 5, 6	−	+	−	+
S. vinaceus	2	4, 10	−	+	+	+
S. rishiriensis	2	1, 10	−	−	+	+
S. clavifer	2	7, 10	−	+	+	+
S. yokosukanensis	2	5, 7	−	+	+	−
S. olivochromogenes	2	5, 8	−	−	+	−
S. diastatochromogenes	1	1	−	−	+	−
S. sporoverrucosus	1	2	−	−	−	+
S. niveus	1	4	−	−	−	+
S. prunicolor	1	4	−	−	+	−
S. fildesensis	1	4	+	−	−	−
K. ginsengisoli	1	4	−	−	+	−
S. umbrinus	1	5	+	−	−	−
Kribbella flavida	1	6	+	−	−	−
S. scopuliridis	1	6	−	+	−	−
S. xanthophaeus	1	7	−	+	−	−
S. ederensis	1	7	−	+	−	−
K. antibiotica	1	7	+	−	−	−
S. galilaeus	1	8	−	+	−	−
S. cacaoi subsp. asoensis	1	9	−	+	−	−
S. flavovirens	1	9	−	−	−	+
S. tauricus	1	10	−	−	−	+
S. brevispora	1	10	−	−	−	+

注：+代表存在，−代表不存在。

从表 7-9 还可以看出，从不同营养条件下的分离情况来看，不同优势种对营养条件的要求不同。在分离到的优势放线菌中，有 11 种（39.3%）至少可以从两种培养基上分离到，分别为 *S. avidinii*、*S. cirratus*、*S. spororaveus*、*S. anulatus*、*S. cyaneofuscatus*、*S. spiroverticillatus*、*S. vinaceus*、*S. rishiriensis*、*S. clavifer*、*S. yokosukanensis* 及 *S. olivochromogene*。这些放线菌的垂直分布也较广泛，表明其对营养条件要求不严格且对环境具有广泛适应性。

7.2.3　苔藓土壤中拮抗放线菌的株数及相对多度

从表 7-10 可以看出，从供试苔藓土壤中分离到的 395 株放线菌中，193 株（48.9%）对 15 种靶标菌有抗性。不同气候带的苔藓土壤中拮抗放线菌的株数整体表现为高山寒温带＞高山亚寒带＞高山寒带。从高山寒温带 6 个供试样品中平均分离到 22.3 株拮抗放线菌，分别较高山亚寒带、高山寒带高 45.8%、71.5%。在高氏 1 号、高氏 2 号及几丁质培养基上，高山寒温带苔藓土壤中拮抗放线菌的平均株数分别为 6.5 株、8.7 株及 5.7 株，均高于高山亚寒带及高山寒带，而高山亚寒带及高山寒带无明显差异；在海藻糖-脯氨酸培养基上，高山亚寒带苔藓土壤中拮抗放线菌的株数为 3 株，是高山寒温带的 2 倍，从高山寒带苔藓土壤中未分离到拮抗放线菌。

表 7-10　苔藓土壤中拮抗放线菌的株数及相对多度

| 气候带 | 海拔/m | 培养基 | | | | | | | | 合计 | |
| | | 高氏 1 号 | | 高氏 2 号 | | 几丁质 | | 海藻糖-脯氨酸 | | | |
		株数	RAaa%	株数	RAaa%	株数	RAaa%	株数	RAaa%	株数	RAaa%
AFZ	3 491	3	23.1	5	55.6	5	55.6	0	0.0	13	38.2
ASZ	3 331	5	50.0	3	37.5	4	50.0	3	30.0	15	41.7
	3 165	2	25.0	7	70.0	4	50.0	1	12.5	14	41.2
	3 003	1	10.0	5	45.5	6	75.0	5	55.6	17	44.7
	$\overline{X}s$	2.7	29.0	5.0	51.5	4.7	58.8	3.0	33.3	15.3	42.6
ACTZ	2 765	6	60.0	9	56.3	4	50.0	1	20.0	20	51.3
	2 614	4	36.4	5	53.8	5	83.3	2	50.0	5	52.9
	2 252	5	45.5	6	33.3	7	70.0	1	25.0	19	44.2
	1 917	7	70.0	9	52.9	5	55.6	0	–	21	58.3
	1 600	6	54.5	10	40.0	6	60.0	3	42.9	25	47.2
	1 200	11	78.6	11	55.0	7	70.0	2	50.0	31	64.6
	$\overline{X}c$	6.5	58.0	8.7	47.8	5.7	64.8	1.5	37.5	22.3	52.9
合计		50	46.3	72	49.0	53	61.6	18	33.3	193	48.9

从表 7-10 可以看出，不同营养条件下分离到的拮抗放线菌株数不同，高氏 2 号培养基上共分离到 72 株拮抗放线菌，较其余 3 种培养基高 35.8%～300%。在高山寒温带及高山亚寒带苔藓土壤中，从高氏 2 号培养基上分别分离到 8.7 株、5.0 株拮抗放线菌，较其余 3 种培养基高 33.8%～480%、6.4%～85.2%；在高山寒带苔藓土壤中，高氏 2 号及几丁质培养基上均分离到 5 株拮抗放线菌，较高氏 1 号培养基高 66.7%，而海藻糖-脯氨酸培养基上未分离到拮抗放线菌。

从表 7-10 还可以看出，不同气候带的苔藓土壤中拮抗放线菌的相对多度整体表现为高山寒温带＞高山亚寒带＞高山寒带，高山寒温带 6 个供试样品中拮抗放线菌的平均相对多度为 52.9%，分别较高山亚寒带、高山寒带高 10.3%、14.7%。在高氏 1 号、几丁质及海藻糖-脯氨酸 3 种培养基上，高山寒温带苔藓土壤中拮抗放线菌的相对多度分别为 58.0%、64.8%及 37.5%，均高于高山亚寒带及高山寒带；而在高氏 2 号培养基上呈现出相反的趋势。另外，不同营养条件下分离到的拮抗放线菌的相对多度不同，几丁质培养基上拮抗放线菌的相对多度为 61.6%，较其余 3 种培养基高 12.6%～28.3%。

7.2.4　苔藓土壤中放线菌的拮抗潜势

从表 7-11 可以看出，供试苔藓土壤中的强、中、弱拮抗放线菌对靶标菌的总拮抗株次分别为 126 株次、253 株次、181 株次，强拮抗放线菌的株次占 22.5%。不同气候带的苔藓土壤中放线菌的拮抗潜势存在差异。高山寒带、高山亚寒带、高山寒温带苔藓土壤中放线菌的拮抗潜势 APAMS 分别为 6.8%、6.0%、12.6%，其中强、中、弱拮抗放线菌的 APAMS 均表现为高山寒温带高于高山亚寒带及高山寒带，表明高山寒温带中拮抗放线菌的总蕴藏量及强拮抗放线菌的蕴藏量均大于高山亚寒带及高山寒带。

表 7-11　不同海拔的苔藓土壤中放线菌的拮抗潜势

气候带	海拔/m	拮抗潜势							
		强		中		弱		总	
		An/株次	APAMS/%	An/株次	APAMS/%	An/株次	APAMS/%	An/株次	APAMS/%
AFZ	3 491	11	8.7	15	5.9	12	6.6	38	6.8
ASZ	3 331	8	6.3	16	6.3	17	9.4	41	7.3
	3 165	1	0.8	8	3.2	13	7.2	22	3.9
	3 003	6	4.8	16	6.3	15	8.3	37	6.6
	$\bar{x}_S$	5.0	4.0	13.3	5.3	15.0	8.3	33.3	6.0
ACTZ	2 765	15	11.9	22	8.7	24	13.3	61	10.9
	2 614	13	10.3	28	11.1	16	8.8	57	10.2
	2 252	18	14.3	15	5.9	13	7.2	46	8.2

续表

气候带	海拔（m）	拮抗潜势							
		强		中		弱		总	
		An/株次	APAMS/%	An/株次	APAMS/%	An/株次	APAMS/%	An/株次	APAMS/%
ACTZ	1 917	17	13.5	36	14.2	14	7.7	67	12
	1 600	12	9.5	48	19	25	13.8	85	15.2
	1 200	25	19.8	49	19.4	32	17.7	106	18.9
	$\bar{x}_c$	16.7	13.2	33.0	13.0	20.7	11.4	70.3	12.6
合计		126	100	253	100	181	100	560	100

从表 7-11 还可以看出，不同海拔的苔藓土壤中放线菌的拮抗潜势也存在差异。海拔为 1 200 m 的苔藓土壤中的强、中、弱拮抗放线菌的拮抗潜势分别为 19.8%、19.4%、17.7%，均高于其余海拔，表明海拔为 1 200 m 的苔藓土壤中拮抗放线菌的蕴藏量最大。

另外，不同营养类型的放线菌的拮抗潜势也存在差异。从表 7-12 可以看出，高氏 2 号培养基上分离到的拮抗放线菌的拮抗株次、拮抗潜势最高，分别为 208 株次、37.1%，其中强、中、弱拮抗放线菌的拮抗株次及拮抗潜势也均高于其他 3 种培养基，表明苔藓土壤中能以葡萄糖为唯一碳源能源的类群中拮抗放线菌的蕴藏量最大。

表 7-12　不同营养条件下放线菌的拮抗潜势

培养基	拮抗潜势							
	强		中		弱		总	
	An/株次	APAMS/%	An/株次	APAMS/%	An/株次	APAMS/%	An/株次	APAMS/%
高氏 1 号	39	31.0	78	30.8	48	26.5	165	29.5
高氏 2 号	42	33.3	88	34.8	78	43.1	208	37.1
几丁质	41	32.5	64	25.3	36	19.9	141	25.2
海藻糖-脯氨酸	4	3.2	23	9.1	19	10.5	46	8.2

7.2.5　不同气候带的苔藓土壤中拮抗放线菌的数量差异

从表 7-13 可以看出，高山寒带、高山亚寒带及高山寒温带苔藓土壤中拮抗同一靶标菌的放线菌株数有明显差异。对同一靶标菌而言，从高山寒温带苔藓土壤中分离到的拮抗放线菌较多。除沙靶标菌雷氏菌、魔芋软腐病菌及硫色镰刀菌外，高山寒温带土壤中分离到的拮抗其余靶标菌的放线菌株数均高于高山寒带及高山亚寒带，其中拮抗革兰氏阳性细菌、革兰氏阴性细菌及丝状真菌的放线菌平均株数较高山寒带高 4.8~8.3 株，拮抗其余靶标菌的放线菌株数较高山寒带高 0.2~2.7 株；拮抗革兰氏阳性细菌、革兰氏阴性细菌及甜瓜蔓枯菌的放线菌株数较高山亚寒带高 5.9～7 株，拮抗其余靶标菌的放线菌株数较高山亚寒带高 0.7～3.1 株。拮抗沙雷氏菌的放线菌株数表现为高山亚寒带与高山寒温带持平，均较高山寒带高 0.3 株。拮抗魔芋软腐病菌的放线菌株数表现为高山亚寒带分别较高山寒带、高山寒温带高 2.3 株、0.3 株。拮抗硫色镰刀菌的放线菌株数表现为高山寒温带与高山寒带持平，较高山亚寒带高 2.3 株。

表 7-13　不同海拔的苔藓土壤中拮抗 15 株靶标菌的放线菌株数

气候带	海拔/m	靶标菌															Σ
		代表性细菌真菌				植物病原菌											
		a	b	c	d	e	f	g	h	i	j	k	l	m	n	o	
AFZ	3 491	7	5	0	0	0	3	4	1	5	4	1	3	0	1	4	11
ASZ	3 331	9	4	4	1	1	7	3	2	4	1	1	1	0	2	1	14
	3 165	7	6	0	1	0	4	2	0	1	0	0	1	0	0	0	7
	3 003	12	3	1	0	0	5	4	1	4	4	0	2	1	0	0	10
	$\overline{X}_s$	9.3	4.3	1.7	0.7	0.3	5.3	3.0	1.0	3.0	1.7	0.3	1.3	0.3	0.7	0.3	15
ACTZ	2 765	14	7	4	2	0	4	0	5	3	2	6	2	3	5	5	13
	2 614	9	7	4	1	1	7	3	4	4	1	4	2	2	2	5	15
	2 252	15	7	4	3	1	0	2	1	0	0	1	0	3	3		13
	1 917	16	15	5	2	0	4	3	0	6	6	0	2	0	0	8	10
	1 600	17	12	6	4	0	5	3	3	9	5	4	5	4	2	7	14
	1 200	21	20	7	0	5	9	4	7	3	5	3	4	4	3	9	14
	$\overline{X}_c$	15.3	11.3	4.8	2.7	0.3	5.0	4.2	1.7	5.5	4.0	1.7	3.5	2.2	2.2	6.2	15

注：Σ 为总抗菌谱，代表某岩表地衣中所有拮抗放线菌能拮抗的靶标菌的总数。

由表 7-13 可知，同一海拔的苔藓土壤中拮抗不同靶标菌的放线菌株数不同，如在 1 200 m 高度的苔藓土壤中，拮抗供试靶标菌的拮抗菌株数为 0～21 株。此外，不同海拔的苔藓土壤中拮抗同一靶标菌的放线菌株数也不同，如 10 个海拔的供试苔藓土壤中拮抗革兰氏阳性细菌的放线菌株数为 7～21 株，均高于其余靶标菌。拮抗革兰氏阳性细菌、革兰氏阴性细菌、单细胞真菌、丝状真菌、大丽轮枝菌、尖孢镰刀菌及甜瓜蔓枯菌的放线菌株数在海拔为 1 200 m 的苔藓土壤中高于其余海拔；拮抗沙雷氏菌及魔芋软腐病菌的放线菌株数在海拔为 3 331 m、2 614 m 及 2 252 m 的苔藓土壤中最多；拮抗茄病镰刀菌及黄瓜枯萎菌的放线菌株数在海拔为 1 600 m 的苔藓土壤中最多；拮抗硫色镰刀菌的放线菌株数在海拔为 1 917 m 的苔藓土壤中最多；拮抗西瓜枯萎菌的放线菌株数在海拔为 2 765 m 的苔藓土壤中最多；拮抗腐皮镰刀菌的放线菌株数在海拔为 1 600 m 及 1 200 m 的苔藓土壤中最多；拮抗棉花枯萎菌的放线菌株数在海拔为 2 765 m、2 252 m 及 1 200 m 的苔藓土壤中最多。

由表 7-13 可知，不同海拔的苔藓土壤中筛选到的拮抗放线菌的总抗菌谱不同。高山寒带中，海拔为 3 491 m 的苔藓土壤中分离到的所有拮抗放线菌的总抗菌谱为 11 种靶标菌。在高山亚寒带中，从海拔为 3 165 m、3 331 m 的苔藓土壤中分离到的放线菌的总抗菌谱分别为 7 种、14 种靶标菌。在高山寒温带各海拔的苔藓土壤中分离到的放线菌的总抗菌谱为 10～15 种靶标菌，其中从海拔为 2 614 m 的苔藓土壤中分离到的所有放线菌能拮抗 15 种靶标菌，而从海拔为 1 917 m 的苔藓土壤中分离到的所有放线菌仅能拮抗 10 种靶标菌。

从表 7-14 可以看出，不同营养类型的放线菌对同一靶标菌的拮抗性不同。拮抗革兰氏阳性细菌、革兰氏阴性细菌、丝状真菌、尖孢镰刀菌、硫色镰刀菌、黄瓜枯萎菌、西瓜枯萎菌及棉花枯萎菌的放线菌株数在葡萄糖利用型的类群中最多；拮抗单细胞真菌、大丽轮枝菌、腐皮镰刀菌及甜瓜蔓枯菌的放线菌株数在淀粉利用型的类群中最多；拮抗沙雷氏菌及魔芋软腐病菌的放线菌株数在几丁质利用型的类群中最多；拮抗茄病镰刀菌的放线菌株数在淀粉及葡萄糖利用型的类群中最多。

由表 7-14 可知，苔藓土壤中筛选到的不同营养类型的放线菌的总抗菌谱不同。能以葡萄糖为唯一碳源能源的放线菌类群的总抗菌谱为 15 种靶标菌，可拮抗所有供试靶标菌，而能以海藻糖为唯一碳源能源的放线菌类群仅能拮抗 13 种靶标菌。

表 7-14　不同营养条件下分离到的拮抗 15 株靶标菌的放线菌株数

培养基	靶标菌															Σ
	代表性细菌真菌				植物病原菌											
	a	b	c	d	e	f	g	h	i	j	k	l	m	n	o	
高氏 1 号	32	19	13	3	0	14	19	5	15	7	4	9	6	4	15	14
高氏 2 号	52	34	10	10	1	12	6	15	16	7	13	4	8	14	15
几丁质	32	27	8	3	2	19	12	1	14	7	0	3	2	1	10	14
海藻糖-脯氨酸	11	6	3	2	0	4	3	2	3	3	1	3	2	3	13

注：Σ 为总抗菌谱，代表某培养基上所有拮抗放线菌能拮抗的靶标菌的总数。

7.2.6　拮抗性放线菌对不同靶标菌的拮抗性

从表 7-15 可以看出，苔藓土壤中拮抗不同靶标菌的放线菌株数有明显差异。其中，拮抗革兰氏阳性细菌的放线菌最多，占所有拮抗菌的 65.8%，高于其余靶标菌；对革兰氏阴性细菌、魔芋软腐病菌及茄病镰刀菌具有拮抗性的放线菌分别达到 44.6%、25.4%、24.4%；拮抗沙雷氏菌的放线菌种类最少，仅占 1.6%。

表 7-15 193 株拮抗菌对不同靶标菌的拮抗性

靶标菌	强		中		弱		合计	
	株数/株	R/%	株数/株	R/%	株数/株	R/%	株数/株	R/%
代表性细菌、真菌								
Staphylococcus aureus（G⁺）	47	24.4	47	24.4	33	17.1	127	65.8
Escherichia coli（G⁻）	27	14.0	28	14.5	31	16.1	86	44.6
Penicillium sp.（丝状真菌 Filamentous fungi）	3	1.6	19	9.8	12	6.2	34	17.6
Candida tropicalis（单细胞真菌 Single-cell fungi）	2	1.0	6	3.1	10	5.2	18	9.3
植物病原菌								
Serratia sp.	2	1.0	1	0.5	0	0	3	1.6
Dickeya dadantiisubsp. Dadantii	3	1.6	26	13.5	20	10.4	49	25.4
Fusarium oxysporum	2	1.0	6	3.1	6	3.1	14	7.3
F. oxysporum f.sp. *cucumerinum*	0	0.0	6	3.1	6	3.1	12	6.2
F. oxysporum f. sp. *niveum*	0	0.0	17	8.8	11	5.7	28	14.5
F. oxysporum f.sp. *vasinfectum*	1	0.5	6	3.1	7	3.6	14	7.3
F. sulphureum	11	5.7	17	8.8	5	2.6	33	17.1
F. solani（Mart.）*Sacc*	9	4.7	22	11.4	16	8.3	47	24.4
F. solani	1	0.5	9	4.7	6	3.1	16	8.3
Verticillium dahliae	14	7.3	19	9.8	5	2.6	38	19.7
Didymella bryoniae	4	2.1	25	13.0	13	6.7	42	21.8

注：R 代表对某一靶标菌具有不同强度拮抗性的放线菌株数占拮抗放线菌总株数 193 株的百分比。

从表 7-15 还可以看出，苔藓土壤中不同靶标菌的强拮抗放线菌株数也不同。其中，革兰氏阳性细菌及革兰氏阴性细菌的强拮抗放线菌占 24.4%、14%，高于其余靶标菌；未分离到黄瓜枯萎菌及西瓜枯萎菌的强拮抗放线菌；其余靶标菌的强拮抗放线菌占 0.5%～7.3%。

7.2.7 39 株广谱拮抗放线菌的抗菌谱及来源

从表 7-16 可以看出，在 39 株广谱拮抗放线菌中，有 6 株放线菌能拮抗 10 种以上靶标菌，拮抗圈直径为 8～23 mm；18 株能拮抗 7～9 种靶标菌，拮抗圈直径为 8～30 mm；15 株能拮抗 5～6 种靶标菌，拮抗圈直径为 8～21 mm。

表 7-16　39 株广谱拮抗放线菌的抗菌谱

编号	靶标菌															抗菌谱/种
	a	b	c	d	e	f	g	h	i	j	k	l	m	n	o	
E2G8	20	11	14	8	–	10	21	10	16	20	10	10	16	12	12	14
TX3S1	16	23	10	12	12	13	15	10	15	18	13	11	–	11	11	14
T2G9	16	9	11	–	–	11	20	10	15	19	12	–	12	13	12	12
T2G11	19	9	13	–	9	18	10	17	18	10	–	13	12	12		12
H2Z1	11	12	10	13	–	–	–	8	–	10	–	10	8	8	10	10
H2S30	13	11	11	–	–	–	–	12	11	12	10	11	8	–	12	10
T2Z2	9	11	–	13	–	–	–	9	–	–	8	8	8	8	8	9
TX4S1	21	30	–	–	–	12	9	11	17	–	9	–	–	9		8
TX4S7	–	13	–	–	–	–	14	–	10	16	10	–	11	8		8
T2G6	22	10	12	–	10	15	–	10	–	–	10	–	–	10		8
D2G3	22	10	–	–	–	11	11	–	10	12	–	8	–	–	10	8
F2J1	12	15	–	8	–	8	10	–	–	16	–	–	9	–	13	8
E2G7	–	10	8	–	–	–	13	–	10	9	–	10	–	–	12	7
E2G3	–	–	9	–	–	9	9	10	–	–	–	10	9	9		7
D2G7	16	12	11	–	–	12	–	10	10	–	–	–	–	10		7
T2J1	–	9	8	–	–	–	13	–	11	10	–	10	–	–	12	7
T2J3	–	11	8	9	–	11	–	12	–	–	–	10	–	15		7
D2S10	13	16	9	9	–	8	–	–	9	–	–	–	–	9		7
D2S16	13	13	10	9	–	–	–	10	10	–	–	–	11			7
H2S27	14	13	12	14	–	–	–	–	9	–	9	–	–	10		7
H2S5	11	10	–	–	–	–	14	15	22	–	–	12	–	10		7
TX4S8	23	30	–	–	–	12	–	11	16	–	10	–	–	8		7
B1S3	10	–	9	–	–	–	–	13	8	10	–	8	9		7
B2S3	–	–	9	–	–	–	15	9	–	9	9	9	9		7
F2J8	10	18	21	–	–	–	18	–	–	–	–	10	11	6
H2J2	12	–	10	–	8	11	–	10	11	–	–	–	–		6
H2J5	–	14	12	–	11	13	–	14	–	–	–	–	14	6
TX1S10	11	–	–	–	9	10	–	9	–	–	8	8	–	6
E2S2	9	–	9	–	10	–	–	15	–	10	–	8	6
T2G7	–	9	–	–	17	9	9	–	8	–	10	6
B2G4	–	–	9	–	10	–	–	–	9	9	9	5
D2G3	18	–	–	9	–	13	–	–	11	–	9	5
H2G5	–	–	12	–	20	–	9	–	10	–	12	5
TX1J2	–	–	–	8	10	–	9	11	–	8	–	5
TX1J6	11	–	–	9	9	–	10	12	–	–	–	5
H2J1	8	10	–	8	–	–	13	–	13	–	–	5

续表

编号	靶标菌															抗菌谱/种
	a	b	c	d	e	f	g	h	i	j	k	l	m	n	o	
E2Z2	–	9	–	–	–	–	–	–	12	10	–	10	–	–	10	5
TX1S1	13	9	–	–	–	10	–	8	10	–	–	–	–	–	5
H2S9	15	–	–	–	–	–	–	9	13	8	9	–	–	–	5
Σ（株）	27	27	22	11	1	16	24	10	31	27	10	15	13	11	32	–

从表 7-17 可以看出，39 株广谱拮抗放线菌在不同海拔的苔藓土壤中分布不同。高山寒温带的苔藓土壤中平均筛选到 5.2 株广谱拮抗菌，高于高山寒带及高山亚寒带。高山寒温带中，海拔为 1 600 m 的苔藓土壤中筛选到 9 株广谱拮抗菌，而海拔为 1 917 m 的苔藓土壤中仅有 2 株；高山亚寒带中，海拔为 3 003 m 的苔藓土壤中筛选到 4 株广谱拮抗菌，而海拔为 3 165 m 的苔藓土壤中未筛选到。

表 7-17 39 株广谱拮抗放线菌的样品来源

来源		广谱拮抗菌		来源		广谱拮抗菌	
气候带	海拔/m	株数/株	比例/%	气候带	海拔/m	株数/株	比例/%
AFZ	3 491	3	7.7	ACTZ	2 765	3	7.7
					2 614	5	12.8
ASZ	3 331	1	2.6		2 252	5	12.8
	3 165	0	0.0		1 917	2	5.1
	3 003	4	10.3		1 600	9	23.1
	$\bar{X}s$	1.7	4.4		1 200	7	17.9
					$\bar{X}c$	5.2	13.3

从表 7-18 可以看出，广谱拮抗放线菌在不同营养类群中的分布不同。在能以葡萄糖为唯一碳源能源的放线菌类群中，广谱拮抗菌有 15 株，较其余 3 种类群高 7.7%～30.8%。

表 7-18 39 株广谱拮抗放线菌的培养基来源

来源	广谱拮抗菌		来源	广谱拮抗菌	
	株数/株	比例/%		株数/株	比例/%
高氏 1 号	12	30.8	几丁质	9	23.1
高氏 2 号	15	38.5	海藻糖-脯氨酸	3	7.7

7.2.8 12 株广谱拮抗菌的鉴定

表 7-19 为 12 株广谱拮抗放线菌的序列比对结果。从表 7-19 可以看出，12 株广谱拮抗放线菌定为 8 个种，其中 7 种为链霉菌属，分别为 *Streptomyces avidinii*、*Strep.*

cirratus、*Strep. spororaveus* 及 *Strep. vinaceus* 各 2 株，*Strep. tauricus*、*Strep. cacaoi subsp.*
asoensis 及 *Strep. spiroverticillatus* 各 1 株。另外 1 种为 *Kitasatospora gansuensis*。图 7-1
为 12 株放线菌的系统进化树。

表 7-19　12 株广谱拮抗放线菌的序列比对结果

广谱拮抗菌		相似度最高菌株		
编号	序列号	名称	序列号	相似度/%
TX3S1	KF620283	*Streptomyces avidinii*	AB184395	99.7
TX4S1	KF620281	*Strep. avidinii*	AB184395	99.9
E2Z2	KF620329	*Strep. cirratus*	AY999794	99.6
H2S9	KF620297	*Strep. cirratus*	AY999794	99.4
F2J1	KF620312	*Strep. spororaveus*	AJ781370	99.9
H2J1	KF620315	*Strep. spororaveus*	AJ781370	99.7
T2Z2	KF620336	*Strep. tauricus*	AB045879	98（6）.9
T2J1	KF620317	*Strep. vinaceus*	AB184394	99.7
TX1S1	KF620286	*Strep. vinaceus*	AB184394	99.7
H2S5	KF620296	*Strep. cacaoi subsp. asoensis*	DQ026644	99.7
B2S3	KF620288	*Strep. spiroverticillatus*	AB249921	99.0
B2G4	KJ508091	*Kitasatospora gansuensis*	AY442265	99.9

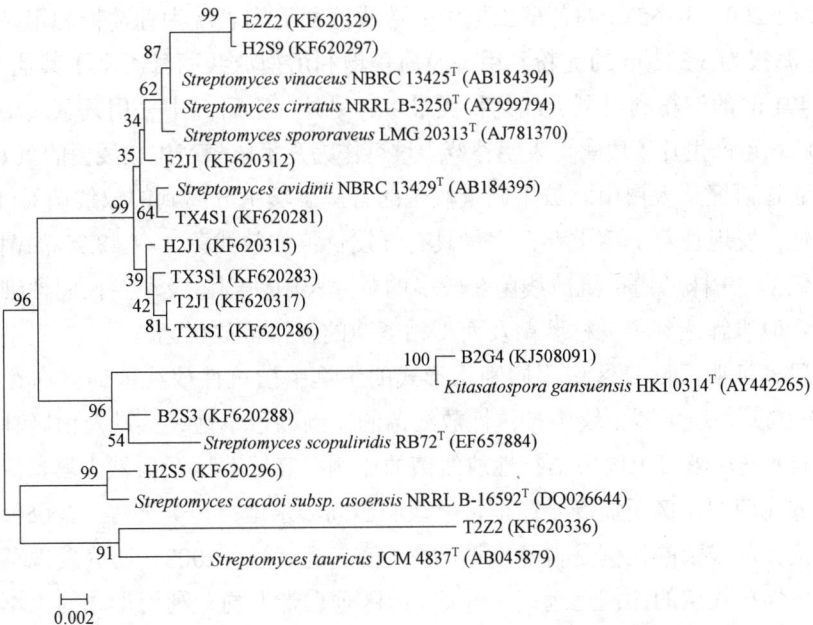

图 7-1　基于 16S rRNA 序列构建的 12 株广谱拮抗放线菌的系统发育树

7.3 小结与讨论

土壤是放线菌生长的良好场所。已有研究发现，不同生态条件下的土壤中均有多种放线菌生存。王启兰等（2004）研究了采自青海的草甸土，从中分离到 300 余株放线菌，经鉴定分别为链霉菌属、小单孢菌属、诺卡氏菌属、糖多孢菌属及原小单孢菌属（*Promicromonospora*）；肖静等（2008）研究了红树林土壤中的放线菌，发现其中主要为链霉菌属，还有少数小单孢菌属、糖单孢菌属、马杜拉放线菌属和拟诺卡氏菌属；Khamna 等（2009）研究发现从 16 种药用植物根际土壤分离到的放线菌主要为链霉菌属，非链霉菌属包括马杜拉放线菌属、小单孢菌属、诺卡氏菌属、小双孢菌属及野野村菌属；Sajid 等（2009）从高盐土壤中分离到 110 株链霉菌；但是尚无苔藓土壤中放线菌的报道。

本研究发现，分布于 3 个气候带的苔藓土壤中有大量放线菌生存，优势放线菌共有2 属 28 种，其中主要为链霉菌属。高山寒带苔藓土壤中的优势放线菌全部为链霉菌属，高山亚寒带及高山寒温带苔藓土壤中的优势放线菌有链霉菌属及 *Kribbella* 属。*S. avidinii* 及 *S. cirratus* 在不同海拔的苔藓土壤中分布最广。上述结果为放线菌在不同气候带的苔藓土壤中的生态分布研究提供了新的资料。

本研究还发现分布于不同海拔高度及气候带的苔藓土壤中的放线菌呈现出不同的营养类型。高山寒温带苔藓土壤中的几丁质及淀粉利用型放线菌数量较多，高山亚寒带苔藓土壤中的海藻糖利用型放线菌最多，高山寒带苔藓土壤中的葡萄糖利用型放线菌最多。海拔为 1 200～3 165 m 的苔藓土壤中的放线菌种类均表现为葡萄糖利用型多于其他3 种类群；海拔为 3 331 m 的淀粉利用型及海藻糖利用型放线菌种类多于其他 2 种类群；海拔为 3 491 m 的淀粉利用型放线菌种类最多。另外，本研究中采用几丁质培养基筛选到的放线菌均可产生几丁质酶，表明苔藓土壤可作为几丁质酶产生放线菌的重要分离源。

我们通过研究从太白山北坡不同气候带的苔藓土壤中分离到的放线菌对 15 种靶标菌的拮抗性，发现苔藓土壤中存在大量具有开发价值的放线菌，有 48.9% 的菌株具有抗菌活性，包括 39 株广谱拮抗放线菌及较多的革兰氏阳性细菌及革兰氏阴性细菌的强拮抗放线菌。但未筛选到黄瓜枯萎菌及西瓜枯萎菌的强拮抗放线菌。

已有研究证明，同一区域不同利用形式的土壤中拮抗性放线菌的分布存在差异。Lee 等（2002）发现果园土壤中拮抗性放线菌的比例高于草地、菜地及山区林地；薛泉宏等（2004）发现粮田土壤中拮抗性放线菌的比例略高于菜地及自然土壤，保护地土壤中拮抗性放线菌的比例明显高于露地，旱地明显高于水地；司美茹等（2005）发现耕作土壤中拮抗性放线菌的比例是自然土壤的 3.5 倍；杨斌等（2008）研究发现草地及林地土壤中拮抗性放线菌的比例远远高于沙地。山区垂直带上同一利用形式的土壤中拮抗性放线菌的分布也有差异，何娜等（2008）研究了海南五指山海拔为 700～1 900 m 的瀑布边、溪边及路边自然土壤中的拮抗性放线菌，发现 1/2 以上的菌株分布在海拔 1 000 m

以下；朱文杰等（2011）研究了太白山北坡表层土壤中的拮抗性放线菌，发现海拔为 1 800 m 以下及 3 400 m 以上的土壤中的拮抗菌比例及广谱强拮抗放线菌株数高于海拔为 1 800～3 400 m 的土壤。本研究也发现太白山北坡不同海拔的苔藓土壤中拮抗性放线菌的抗菌特性不同。低海拔（高山寒温带）苔藓土壤中拮抗性放线菌的株数、相对多度、拮抗潜势、强拮抗菌的拮抗潜势及广谱拮抗放线菌株数均高于高海拔地区（高山亚寒带及高山寒带），表明低海拔苔藓土壤中拮抗性放线菌资源的蕴藏量最大。

　　本研究还发现，不同营养类型的放线菌中拮抗性放线菌的抗菌特性也不同。能以葡萄糖为唯一碳源能源的放线菌类群中，拮抗性放线菌株数、拮抗潜势、强拮抗性放线菌的拮抗潜势及广谱拮抗放线菌株数均高于其余 3 种放线菌类群；能以几丁质为唯一碳源能源的放线菌类群中拮抗性放线菌的相对多度最大。这表明苔藓土壤中葡萄糖利用型放线菌类群中拮抗性放线菌资源的蕴藏量最大，而几丁质利用型放线菌类群中获得拮抗性放线菌的概率较大。

　　本研究中鉴定了 12 株广谱拮抗放线菌，结果定为 8 个种。其中，*Strep. cirratus*（Mizutani et al.，1989）、*Strep. vinaceus*（Zhang et al.，2012）、*Strep. spororaveus*（Al-Askar et al.，2011）、*Strep. cacaoi subsp. asoensis*（Li et al.，2009）、*Strep. spiroverticillatus*（Chen et al.，2010）已报道具有抗菌活性；而 *Strep. avidinii*、*Strep. tauricus* 及 *Kitasatospora gansuensis* 未见报道具有抗菌或其他生物功能，所产活性物质尚不清楚。这些菌株具有重要的潜在应用价值。另外，本研究中采用几丁质培养基筛选到的放线菌均可产生几丁质酶，表明苔藓土壤可作为几丁质酶产生放线菌的重要分离源。本研究所得结果为从苔藓土壤中分离筛选不同种类的抗菌活性物质产生放线菌提供了样品采集思路。根据该研究结果，可以减少分离源采集的盲目性，提高工作效率。

第 8 章

6 种高山草甸植物根区土壤放线菌区系及拮抗性研究

　　土壤是放线菌生存的良好场所。放线菌对土壤中的有机物降解及腐殖质形成等起着十分重要的作用，如可以分解角蛋白、木质纤维素及几丁质等稳定的高分子聚合物（Stach and Bull，2005）。放线菌是一类宝贵的微生物资源，是抗生素的主要产生菌，从中筛选抗生素产生菌是新药研发的基础工作。不同类型土壤的养分、湿度、耕作方式及所处生态环境不同，导致土壤中放线菌的数量及种类存在差异（Hedlund，2002；Allen and Schlesinger，2004）。探索不同类型土壤中放线菌的生态分布可以为放线菌资源的开发利用提供理论依据，国内外学者已经从土壤中筛选到大量具有应用价值的放线菌（Crawford et al.，1993；Inahashi et al.，2011；徐路明等，2011；曹桂阳等，2013）。但是近年来，从中获得新抗生素产生菌的难度愈来愈大。为了避免已知抗生素产生菌的重复筛选，探索不同类型土壤中拮抗性放线菌的生态分布规律十分必要。

　　目前国内外对草本植物根区土壤中的放线菌已有研究，并从中获得了一些具有抗菌活性的优良菌株及新的分类单元（张晓琳等，1997；Lee et al.，2002；王启兰等，2004；Zhang et al.，2009）。研究区域主要集中在青藏高原（王启兰等，2007）、呼伦贝尔（文都日乐等，2010）、西藏（岳海梅等，2012）、台湾塔塔加高原（Cho et al.，2008）及美国撒佩罗岛（Buchan et al.，2003）等，尚未发现对秦岭地区的高山草甸植物根区土壤放线菌区系及拮抗性放线菌生态分布的研究。

　　本章对秦岭主峰太白山北坡高山草甸带的 6 种高山草甸植物根区土壤中的放线菌数量、种类及优势菌进行研究，并检测所分离到的放线菌对 15 种靶标菌的抗菌活性，旨在为秦岭高山草甸植物根区土壤中放线菌的生态分布规律探索及放线菌资源开发提供基础资料。

8.1　材料与方法

8.1.1　材料

8.1.1.1　供试样品

采样点位于陕西省太白山北坡高山草甸带（33°57′~34°58′N，107°45′~107°53′E），海拔高度为 3 419~3491 m。样品采集：用无菌采样铲连根采集 6 种草甸植株及根系黏附土样置于无菌自封袋中，带回实验室 4 ℃保存。样品代号缩写及采集点位置见表 8-1。

表 8-1　样品代号及采集点位置

样品代号	植物	海拔/m	样品代号	植物	海拔/m
KG	禾叶蒿草（*Kobresia graminifolia*）	3 419	PM	马先蒿（*Pedicularis plicata Maxim*）	3 424
AP	太白韭（*Allium prattii*）	3 419	DG	翠雀（*Delphinium grandiflorum*）	3 421
SJ	风毛菊（*Saussurea japonica*）	3 491	TC	金莲花（*Trollius chinensis*）	3 491

8.1.1.2　培养基

培养基同 7.1.1.2。

8.1.1.3　靶标菌

靶标菌同 5.1.1.3。

8.1.2　方法

8.1.2.1　土壤养分测定

土壤中的全氮用凯氏定氮法测定，速效磷用硫酸钼锑抗比色法测定，速效钾用火焰光度计测定，有机质含量用重铬酸钾容重法测定，pH 用 pH 计测定（鲍士旦，2000）。

8.1.2.2　放线菌分离

采用稀释平皿涂抹法。称取根系附着的自然抖落土壤样品 5 g，加入装有 45 mL 无菌水的灭菌水瓶，160 rmp 振荡 10 min，吸取 1 mL 振荡悬液加入 9 mL 无菌水管稀释，共稀释 3 次。分别吸取 0.05 mL10^{-1}~10^{-3}稀释度的样品悬液涂布于 4 种供试培养基上，28 ℃培养 10 d。

8.1.2.3 放线菌拮抗性测定

放线菌拮抗性的测定方法同 5.1.2.3。

8.1.2.4 放线菌鉴定

放线菌的鉴定方法同 5.1.2.4。

8.1.2.5 相对多度

相对多度的计算方法同 5.1.2.5。

8.1.2.6 植物根区土壤放线菌拮抗潜势

植物根区土壤中放线菌拮抗潜势的计算方法同 5.1.2.6。

8.1.2.7 数据处理

数据处理方法同 5.1.2.7。

8.2 结果与分析

8.2.1 高山草甸植物根区土壤的基本化学性质

从表 8-2 可以看出，不同草甸植物根区土壤的化学性质不同。供试土壤中全氮含量为 1~2.7 g/kg，其中禾叶蒿草及金莲花根区土壤中的全氮含量显著高于其他植物（$P<0.05$），马先蒿根区土壤中全氮含量最低（$P<0.05$）。供试土壤中速效磷含量为 4.8~13 mg/kg，其中翠雀及金莲花根区土壤中的速效磷含量显著高于太白韭及马先蒿（$P<0.05$）。供试土壤中速效钾含量为 131.7~313.2 mg/kg，不同草甸植物的含量按金莲花＞风毛菊＞太白韭＞翠雀＞禾叶蒿草＞马先蒿排序，不同草甸植物之间的差异均达到显著水平（$P<0.05$）。供试土壤中有机质含量为 42.9~166.2 g/kg，不同草甸植物的含量按禾叶蒿草＞金莲花＞太白韭＞翠雀＞风毛菊＞马先蒿排序，不同草甸植物之间的差异均达到显著水平（$P<0.05$）。供试土壤的 pH 为 5.9~6.5，其中风毛菊根区土壤的 pH 值显著高于其余草种（$P<0.05$）。综合各种指标可知，金莲花及禾叶蒿草根区的土壤肥力较高，而马先蒿根区的土壤肥力最低。

表 8-2 6 种草甸植物根区土样的基本化学性质

样品	全氮/（g/kg）	速效磷/（mg/kg）	速效钾/（mg/kg）	有机质/（g/kg）	pH
禾叶蒿草 KG	2.7±0.02a	11.4±0.3ab	158.8±0.0e	166.2±3.0a	6.1±0.1b

续表

样品	全氮/（g/kg）	速效磷/（mg/kg）	速效钾/（mg/kg）	有机质/（g/kg）	pH
太白韭 AP	2.1±0.01b	8.5±0.2c	192.5±8.2c	120.6±5.3c	5.9±0.0c
风毛菊 SJ	1.5±0.04d	10.2±0.6bc	201.5±4.0b	81.6±1.5e	6.5±0.1a
马先蒿 PM	1.0±0.05e	4.8±0.8c	131.7±0.0f	42.9±0.8f	6.0±0.1bc
翠雀 DG	1.8±0.01c	12.8±3.9a	166.7±0.0d	109.3±4.2d	6.0±0.1bc
金莲花 TC	2.7±0.08a	13.0±0.6a	313.2±2.4a	148.2±2.4b	6.0±0.0bc

注：同列所标的不同小写字母表示差异显著（$P<0.05$）。

8.2.2　高山草甸植物根区土壤中的放线菌数量及种类

从表 8-3、表 8-4 可以看出，太白山北坡高山草甸带的草本植物根区土壤中生存着大量放线菌。不同草甸植物根区土壤中的放线菌数量及种类存在差异，4 种供试培养基上的金莲花根区土壤放线菌数量及链霉菌数量均显著高于其余草种（$P<0.05$）；能利用不同碳源的放线菌数量及种类不同。

表 8-3　6 种草甸植物根区土壤中的放线菌数量及种类

样品	数量（10^4 CFU/g 干土）				种类数/种			
	高氏 1 号（G）	高氏 2 号（G2）	几丁质（J）	海藻糖-脯氨酸（Z）	G	G2	J	Z
禾叶蒿草 KG	0.5±0.2c（c）	6.2±0.5d（b）	8.1±2.1e（b）	14.7±0.8d（a）	8	7	7	5
太白韭 AP	2.5±0.6b（c）	44.4±5.0b（a）	27.7±3.3c（b）	25.1±4.8c（b）	13	13	10	5
风毛菊 SJ	2.5±0.5b（c）	34.5±1.3bc（a）	23.7±1.0c（b）	1.5±0.9e（c）	14	11	9	2
马先蒿 PM	1.1±0.1c（b）	20.9±2.9cd（a）	16.7±0.3d（a）	5.1±3.4e（b）	10	11	5	4
翠雀 DG	3.2±0.6b（d）	47.4±1.1b（b）	34.2±5.0b（c）	53.0±1.1b（a）	17	12	8	12
金莲花 TC	5.8±0.4a（c）	87.0±20.0a（a）	55.6±4.5a（b）	70.7±8.3a（ab）	18	9	9	10

注：同列所标（括号外）及同行所标（括号内）的不同小写字母表示差异显著（$P<0.05$）。本章其他表格中相同。

表 8-4　6 种高山草甸植物根区土壤中的链霉菌数量及相对多度

编号	培养基							
	高氏 1 号		高氏 2 号		几丁质		海藻糖-脯氨酸	
	数量（10^4 CFU/g 干土）	RAs %	数量（10^4 CFU/g 干土）	RAs %	数量（10^4 CFU/g 干土）	RAs %	数量（10^4 CFU/g 干土）	RAs %
KG	0.3±0.1c（c）	73.5	4.0±0.4d（b）	65.2	5.6±1.8e（b）	70.0	9.3±1.8d（a）	63.3
AP	2.1±0.6b（c）	83.7	39.3±5.2b（a）	88.4	21.1±0.9c（b）	76.2	15.8±2.9c（b）	62.9
SJ	2.0±0.4b（c）	80.2	29.4±0.6bc（a）	85.3	19.3±1.3c（b）	81.3	0.9±0.8e（c）	58.3
PM	0.9±0.1c（b）	83.0	15.6±2.6cd（a）	74.4	13.1±1.5d（a）	78.8	3.4±2.8e（b）	66.7
DG	2.6±0.6b（c）	83.1	42.3±2.4b（a）	89.2	28.1±5.1b（b）	82.1	39.1±1.7b（b）	73.7
TC	5.1±0.5a（c）	87.2	78.7±25.2a（a）	90.4	47.7±4.9a（b）	85.8	52.3±5.3a（b）	74.0

8.2.2.1　以淀粉为唯一碳源能源的放线菌

高氏 1 号培养基上生长的放线菌是能以淀粉为碳源能源物质的生理类群。从表 8-3、表 8-4 可以看出，在高氏 1 号培养基上，金莲花根区土壤中的放线菌及链霉菌数量分别为 5.8×10^4 CFU/g、5.1×10^4 CFU/g，是其余草甸植物的 $1.8 \sim 11.6$ 倍、$2 \sim 17$ 倍；禾叶蒿草根区土壤中的放线菌及链霉菌最少，分别为 0.5×10^4 CFU/g、0.3×10^4 CFU/g。放线菌及链霉菌数量与土样速效钾含量呈正相关关系（$P < 0.05$），相关系数分别为 0.900、0.905。放线菌种类也表现为金莲花根区土壤中最多（18 种），而禾叶蒿草根区土壤中最少（8 种）。

8.2.2.2　以葡萄糖为唯一碳源能源的放线菌

高氏 2 号培养基上生长的放线菌是能以葡萄糖为唯一碳源能源的生理类群。从表 8-3、表 8-4 可以看出，在高氏 2 号培养基上，金莲花根区土壤中的放线菌及链霉菌数量分别为 87.0×10^4 CFU/g、78.7×10^4 CFU/g，是其余草甸植物的 $1.8 \sim 14$ 倍、$1.9 \sim 19.7$ 倍；禾叶蒿草根区土壤中的放线菌及链霉菌最少，分别为 6.2×10^4 CFU/g、4.0×10^4 CFU/g。放线菌及链霉菌数量与土样速效钾含量呈正相关关系（$P < 0.05$），相关系数分别为 0.882、0.884。太白韭根区土壤中的放线菌种类最多，有 13 种，而禾叶蒿草根区土壤中仅有 7 种。

8.2.2.3　以几丁质为唯一碳源能源的放线菌

几丁质培养基上生长的放线菌是能以几丁质为唯一碳源能源的生理类群。从表 8-3、表 8-4 可以看出，在几丁质培养基上，金莲花根区土壤中的放线菌及链霉菌数量分别为 55.6×10^4 CFU/g、47.7×10^4 CFU/g，是其余草甸植物的 $1.6 \sim 6.9$ 倍、$1.7 \sim 8.5$ 倍；禾叶蒿草根区土壤中的放线菌及链霉菌最少，分别为 8.1×10^4 CFU/g、5.6×10^4 CFU/g。放线菌及链霉菌数量与土样速效钾含量呈正相关关系（$P < 0.05$），相关系数分别为 0.864、0.871。太白韭根区土壤中的放线菌种类最多，有 10 种，而马先蒿根区土壤中最少，仅有 5 种。

8.2.2.4　以海藻糖为唯一碳源能源的放线菌

海藻糖-脯氨酸培养基上生长的放线菌是能以海藻糖为唯一碳源能源物质的生理类群。从表 8-3、表 8-4 可以看出，在海藻糖-脯氨酸培养基上，金莲花根区土壤中的放线菌及链霉菌数量分别为 70.7×10^4 CFU/g、52.3×10^4 CFU/g，是其余草种的 $1.3 \sim 47.1$ 倍、$1.3 \sim 58.1$ 倍；风毛菊根区土壤中的放线菌及链霉菌最少，分别为 1.5×10^4 CFU/g、0.9×10^4 CFU/g。翠雀根区土壤中的放线菌种类最多，有 12 种，而风毛菊根区土壤中仅分离到 2 种。

从表 8-3、表 8-4 可以看出，高山草甸草本植物根区土壤中不同营养类型的放线菌数量及种类存在差异。禾叶蒿草及翠雀根区土壤中海藻糖利用型放线菌的数量显著多于其他 3 种类群（$P<0.05$）；太白韭及风毛菊根区土壤中葡萄糖利用型放线菌的数量最多（$P<0.05$）；马先蒿根区土壤中葡萄糖利用型及几丁质利用型放线菌的数量显著多于其他 2 种类群（$P<0.05$）；金莲花根区土壤中葡萄糖利用型、几丁质利用型及海藻糖利用型放线菌的数量均多于淀粉利用型（$P<0.05$）。链霉菌数量也呈现出类似的趋势。马先蒿根区土壤中葡萄糖利用型放线菌的种类最多；太白韭根区土壤中葡萄糖利用型及淀粉利用型放线菌的种类数持平，高于其余 2 种类群；其余 4 种草本根区土壤中淀粉利用型放线菌的种类最多。

8.2.3　高山草甸植物根区土壤中的优势放线菌

从表 8-5 可以看出，6 种供试草本植物根区土壤中的优势放线菌共有 3 属 17 种，分别为链霉菌属（88.2%）、小单孢菌属（5.9%）及伦茨菌属（5.9%）。不同优势放线菌的分布广度不同。在 17 种优势放线菌中，共有 4 种（23.5%）至少分布于 2 种高山草甸植物，其中 *Streptomyces avidinii* 分布最广，在 6 个供试高山草甸植物根区土壤中均有分布；*S. cirratus* 分布于 3 种高山草甸植物；*S. humidus* 及 *S. spiroverticillatus* 分布于 2 种高山草甸植物；其余 13 种（76.5%）优势菌仅分布于 1 种高山草甸植物。另外，不同优势放线菌对营养条件的需求不同，有 3 种（17.6%）优势菌至少可在 2 种培养基上生长，其中 *S. avidinii* 在 4 种培养基上均有生长，*S. humidus* 在几丁质培养基及海藻糖-脯氨酸培养基上均有生长，*S. spiroverticillatus* 在高氏 1 号及海藻糖-脯氨酸培养基上均有生长，表明这 3 种放线菌对营养环境的适应能力较强，能利用不同的物质作为碳源能源。

表 8-5　6 种高山草甸植物根区土壤中的优势放线菌类型及分布

科	属	种	优势菌的分布									
			草种						培养基			
			KG	AP	SJ	PM	DG	TC	G	G2	J	Z
Streptomycetaceae	*Streptomyces*	*S. avidinii*	+	+	+	+	+	+	+	+	+	+
		S. cirratus	–	+	+	+	–	–	–	+	–	–
		S. humidus	–	–	–	–	–	+	–	+	+	+
		S. spiroverticillatus	–	–	–	+	+	–	+	–	–	+
		S. yanii	–	–	–	–	+	–	–	–	–	+
		S. vinaceusdrappus	–	–	–	–	–	–	–	–	+	–
		S. silaceus	–	–	+	–	–	–	–	–	–	–
		S. rochei	–	–	–	–	+	–	–	–	+	–
		S. polyantibioticus	–	–	–	–	–	+	–	–	+	–
		S. olivochromogenes	+	–	–	–	–	–	–	–	–	+
		S. niveus	–	–	–	–	+	–	–	–	+	–
		S. glomeroaurantiacus	–	+	–	–	–	–	+	–	–	–

科	属	种	优势菌的分布									
			草种						培养基			
			KG	AP	SJ	PM	DG	TC	G	G2	J	Z
		S. cyaneofuscatus	−	+	−	−	−	−	−	−	+	−
		S. brevispora	−	−	−	−	+	−	−	−	−	+
		S. avermitilis	−	+	−	−	−	−	−	−	−	+
Micromonosporaceae	*Micromonospora*	*M. saelicesensis*	−	−	−	−	−	+	+	−	−	−
Pseudonocardiaceae	*Lentzea*	*L. violacea*	−	+	−	−	−	−	+	−	−	−
Total: 3	3	17	2	6	3	6	4	5	6	2	7	7

注: +代表存在, −代表不存在。

不同营养条件下分离到的优势放线菌存在差异。从表 8-6 可以看出，在能以淀粉为唯一碳源能源的放线菌类群中，优势菌共有 3 属 6 种，其中 *Streptomyces avidinii* 在禾叶蒿草、风毛菊、翠雀及金莲花根区土壤中均为优势菌，相对多度达到 22.3%～47.1%。

表 8-6　高氏 1 号培养基上的优势放线菌及相对多度

样品	优势菌 1			优势菌 2		
	名称	序列号	RAd%	名称	序列号	RAd%
禾叶蒿草 KG	*Streptomyces avidinii*	KJ531596	47.1	−	−	−
太白韭 AP	*S. glomeroaurantiacus*	KJ531597	30.8	*Lentzea violacea*	KJ531598	12.6
风毛菊 SJ	*S. avidinii*	KJ531599	44.6	*S. silaceus*	KJ531600	11.6
马先蒿 PM	*S. spiroverticillatus*	KJ531601	56.3	−	−	−
翠雀 DG	*S. avidinii*	KJ531602	30.8	−	−	−
金莲花 TC	*S. avidinii*	KJ531603	22.3	*Micromonospora saelicesensis*	KJ531604	12.5

从表 8-7 可以看出，在能以葡萄糖为唯一碳源能源的放线菌类群中，优势菌仅有 2 种，且全部为链霉菌属，其中 *S. avidinii* 在 6 种高山草甸植物根区土壤中均为优势菌，相对多度达到 18.4%～40.5%，*S. cirratus* 在太白韭、风毛菊及马先蒿根区土壤中为优势菌，相对多度达到 14.5%～33.1%。

表 8-7　高氏 2 号培养基上的优势放线菌及相对多度

样品	优势菌 1			优势菌 2		
	名称	序列号	RAd%	名称	序列号	RAd%
禾叶蒿草 KG	*S. avidinii*	KJ531605	32.1	−	−	−
太白韭 AP	*S. cirratus*	KJ531606	25.3	*S. avidinii*	KJ531607	22.1

样品	优势菌 1			优势菌 2		
	名称	序列号	RAd%	名称	序列号	RAd%
风毛菊 SJ	*S. cirratus*	KJ531608	33.1	*S. avidinii*	KJ531609	18.4
马先蒿 PM	*S. avidinii*	KJ531610	54.1	*S. cirratus*	KJ531611	14.5
翠雀 DG	*S. avidinii*	KJ531612	39.1	–	–	–
金莲花 TC	*S. avidinii*	KJ531613	40.5	–	–	–

从表 8-8 可以看出，在能以几丁质为唯一碳源能源的放线菌类群中，优势菌共有 7 种，全部为链霉菌属，其中 *S. avidinii* 在禾叶蒿草、太白韭、风毛菊及翠雀根区土壤中均为优势菌，相对多度达到 16.1%～53.6%。

表 8-8　几丁质培养基上的优势放线菌及相对多度

样品	优势菌 1			优势菌 2		
	名称	序列号	RAd%	名称	序列号	RAd%
禾叶蒿草 KG	*S. avidinii*	KJ531614	37.6	–	–	–
太白韭 AP	*S. cyaneofuscatus*	KJ531615	33.7	*S. avidinii*	KJ531616	16.1
风毛菊 SJ	*S. avidinii*	KJ531617	53.6	–	–	–
马先蒿 PM	*S. vinaceusdrappus*	KJ531618	29.6	*S. rochei*	KJ531619	11.3
翠雀 DG	*S. avidinii*	KJ531620	27.9	*S. niveus*	KJ531621	24.6
金莲花 TC	*S. polyantibioticus*	KJ531622	30.7	*S. humidus*	KJ531623	19.5

从表 8-9 可以看出，在能以海藻糖为唯一碳源能源的放线菌类群中，优势菌共有 7 种，全部为链霉菌属，其中 *S. avidinii* 在风毛菊及马先蒿根区土壤中均为优势菌，相对多度达到 13.4%～50.3%。这表明不同种高山草甸植物根区土壤中淀粉利用型的放线菌的种类差异最大，而葡萄糖利用型的放线菌的种类差异最小。

表 8-9　海藻糖培养基上的优势放线菌及相对多度

样品	优势菌 1			优势菌 2		
	名称	序列号	RAd%	名称	序列号	RAd%
禾叶蒿草 KG	*S. olivochromogenes*	KJ531624	41.6	–	–	–
太白韭 AP	*S. avermitilis*	KJ531625	49.2	–	–	–
风毛菊 SJ	*S. avidinii*	KJ531626	50.3	–	–	–
马先蒿 PM	*S. humidus*	KJ531627	31.2	*S. avidinii*	KJ531628	13.4
翠雀 DG	*S. brevispora*	KJ531629	19.1	*S. spiroverticillatus*	KJ531630	14.3
金莲花 TC	*S. yanii*	KJ531631	38.7	–	–	–

8.2.4 拮抗放线菌的株数及相对多度

从表 8-10 可以看出，从供试土样中分离到的 229 株放线菌中，107 株（46.7%）有抗菌活性。不同高山草甸植物根区土壤中的拮抗放线菌株数存在差异，翠雀及风毛菊根区土壤中均分离到 21 株拮抗放线菌，较其余植物高 5.0%～61.5%；而太白韭根区分离到的拮抗放线菌株数最少，仅有 13 株。不同营养条件下分离到的拮抗放线菌株数也不同，高氏 1 号及高氏 2 号培养基分别分离到 34 株、32 株，明显高于其余 2 种培养基。

表 8-10　6 种高山草甸植物根区土壤中拮抗放线菌的株数及相对多度

样品	培养基								合计	
	高氏 1 号		高氏 2 号		几丁质		海藻糖-脯氨酸			
	株数 No.	RAaa%	株数 No.	RAaa%	株数 No.	RAaa%	株数 No.	RAaa%	株数 No.	RAaa%
禾叶蒿草 KG	5	62.5	2	28.6	4	57.1	3	60.0	14	51.9
太白韭 AP	2	15.4	7	53.8	2	20.0	2	40.0	13	31.7
风毛菊 SJ	6	42.9	8	72.7	5	55.6	2	100.0	21	58.3
马先蒿 PM	5	50.0	8	72.7	3	60.0	2	50.0	18	60.0
翠雀 DG	7	41.2	4	33.3	4	50.0	6	50.0	21	42.9
金莲花 TC	9	50.0	3	33.3	3	33.3	5	50.0	20	43.5
总	34	42.5	32	50.8	21	43.8	20	52.6	107	46.7

从表 8-10 可以看出，不同高山草甸植物根区土壤中拮抗放线菌的相对多度不同。马先蒿根区土壤中拮抗性放线菌的相对多度为 60.0%，较其余草种高 1.7%～28.3%。不同营养类型的放线菌类群中拮抗放线菌的相对多度也不同，海藻糖利用型及葡萄糖利用型放线菌类群中拮抗性放线菌的相对多度分别为 52.6%、50.8%，明显高于其余 2 种类群。

8.2.5 放线菌的拮抗潜势

从表 8-11 可以看出，供试土样中的强、中、弱拮抗性放线菌对靶标菌的总拮抗株次分别为 76 株次、90 株次、138 株次，强拮抗株次占 25%。不同高山草甸植物根区土壤中放线菌的拮抗潜势不同，风毛菊及马先蒿根区土壤中放线菌的拮抗潜势分别为 24.3%、21.4%，分别较其余植物高 53.8%～173.0%、35.4%～140.4%；风毛菊及马先蒿根区土壤中强、中拮抗放线菌的拮抗潜势也均明显高于其余植物。太白韭根区土壤中放线菌的拮抗潜势最小，仅为 8.9%；禾叶蒿草根区土壤中强拮抗放线菌的拮抗潜势最小，仅为 5.3%。以上结果表明风毛菊及马先蒿根区土壤中放线菌资源的蕴藏量最大。

表 8-11　高山草甸植物根区土壤中放线菌的拮抗潜势

样品	拮抗潜势							
	强		中		弱		总	
	An/ 株次	APAMS/ %	An/ 株次	APAMS/ %	An/ 株次	APAMS/ %	An/ 株次	APAMS/ %
禾叶蒿草 KG	4	5.3	16	17.8	28	20.3	48	15.8
太白韭 AP	6	7.9	13	14.4	8	5.8	27	8.9
风毛菊 SJ	21	27.6	24	26.7	29	21.0	74	24.3
马先蒿 PM	21	27.6	18	20.0	26	18.8	65	21.4
翠雀 DG	13	17.1	10	11.1	23	16.7	46	15.1
金莲花 TC	11	14.5	9	10.0	24	17.4	44	14.5
总	76	100	90	100	138	100	304	100

从表 8-12 可以看出，不同营养类型的放线菌的拮抗潜势也存在差异。能以葡萄糖为唯一碳源能源的放线菌类群的总拮抗潜势及强、中拮抗性放线菌的拮抗潜势分别为 30.9%、34.2%、32.2%，均高于其余 3 种类群；海藻糖利用型放线菌类群的总拮抗潜势及中拮抗性放线菌的拮抗潜势最小，分别为 17.8%、14.4%；几丁质利用型放线菌类群的强拮抗性放线菌的拮抗潜势最小，仅为 18.4%。以上结果表明，用葡萄糖作为分离培养基碳源能源物质时可获得较多的拮抗性放线菌资源。

表 8-12　不同培养基分离到的放线菌的拮抗潜势

培养基	拮抗潜势							
	强		中		弱		总	
	An/ 株次	APAMS/ %	An/ 株次	APAMS/ %	An/ 株次	APAMS/ %	An/ 株次	APAMS/ %
高氏 1 号	20	26.3	21	23.3	43	31.2	84	27.6
高氏 2 号	26	34.2	29	32.2	39	28.3	94	30.9
几丁质	14	18.4	27	30.0	31	22.5	72	23.7
海藻糖-脯氨酸	16.0	21.1	13.0	14.4	25.0	18.1	54	17.8

8.2.6　不同高山草甸植物根区土壤中拮抗放线菌数量的差异性

从表 8-13 可以看出，不同草甸根区土壤中拮抗同一靶标菌的放线菌株数存在差异。风毛菊根区土壤中拮抗革兰氏阳性细菌、单细胞真菌、尖孢镰刀菌、黄瓜枯萎菌、西瓜枯萎菌、腐皮镰刀菌、棉花枯萎菌及甜瓜蔓枯菌的放线菌有 1～14 株，较其余草种多 1～6 株；马先蒿根区土壤中拮抗革兰氏阴性细菌、丝状真菌、沙雷氏菌及魔芋软腐病菌的放线菌有 2～11 株，较其余草种多 2～7 株；翠雀根区土壤中拮抗硫色镰刀菌的放线菌有 5 株，较其余草种多 1～5 株；风毛菊及金莲花根区土壤中拮抗大丽轮枝菌的放线菌均有 10 株，较其余草种多 1～9 株；风毛菊及马先蒿根区土壤中拮抗茄病镰刀菌的放线菌均有 6 株，较其余草种多 1～6 株。以上结果表明，对大多数靶标菌而言，从风毛菊及马先蒿根区土壤中可以分离筛选到更多的拮抗菌。

表 8-13　6 种高山草甸植物根区土壤中拮抗 15 株供试靶标菌的放线菌株数

样品	靶标菌															Σ
	代表性细菌真菌				植物病原菌											
	a	b	c	d	e	f	g	h	i	j	k	l	m	n	o	
禾叶蒿草 KG	8	9	4	1	0	4	9	1	3	4	0	1	0	1	3	12
太白韭 AP	12	8	0	1	0	2	1	0	0	2	0	0	0	0	1	8
风毛菊 SJ	14	9	4	0	4	4	10	3	6	4	2	4	1	2	7	14
马先蒿 PM	9	11	7	1	2	6	9	1	6	3	1	3	0	4	4	14
翠雀 DG	13	10	2	0	0	2	7	0	2	5	0	1	0	1	3	10
金莲花 TC	9	7	3	0	1	2	10	1	5	0	0	3	0	0	4	10
总	65	54	20	7	3	20	45	6	22	18	3	12	1	7	22	15

注：Σ 为总抗菌谱，代表某草本植物根区土壤中所有拮抗放线菌能拮抗的靶标菌的总数。

由表 8-13 可以看出，同一草甸植物根区土壤中拮抗不同靶标菌的拮抗菌株数不同。禾叶蒿草根区土壤中拮抗革兰氏阴性细菌及大丽轮枝菌的放线菌株数最多；太白韭、风毛菊及翠雀根区土壤中拮抗革兰氏阳性细菌的放线菌株数最多；马先蒿根区土壤中拮抗革兰氏阴性细菌的放线菌株数最多；金莲花根区土壤中拮抗大丽轮枝菌的放线菌株数最多。另外，不同草种根区土壤中放线菌的总抗菌谱不同，风毛菊、马先蒿根区土壤中分离到的所有放线菌的总抗菌谱为 14 种靶标菌，均能拮抗 14 种靶标菌，而太白韭根区土壤中所有拮抗放线菌的总抗菌谱仅为 8 种靶标菌。

从表 8-14 可以看出，不同营养条件下分离到的拮抗同一靶标菌的放线菌株数不同。高氏 1 号培养基上分离到的拮抗魔芋软腐病菌、西瓜枯萎菌及腐皮镰刀菌的放线菌株数多于其余 3 种培养基；高氏 2 号培养基上分离到的拮抗革兰氏阳性细菌、革兰氏阴性细菌、丝状真菌、大丽轮枝菌、茄病镰刀菌及甜瓜蔓枯菌的放线菌株数多于其余培养基；几丁质培养基上分离到的沙雷氏菌及硫色镰刀菌的放线菌株数多于其余培养基。同一营养条件下分离到的拮抗不同靶标菌的放线菌株数也不同。高氏 1 号、几丁质及海藻糖-脯氨酸培养基上分离到的拮抗革兰氏阳性细菌的放线菌株数均高于其余靶标菌；高氏 2 号培养基上分离到的拮抗革兰氏阴性细菌的放线菌株数高于其余靶标菌。

表 8-14　不同营养条件下分离到的拮抗 15 株供试靶标菌的放线菌株数

培养基	靶标菌															Σ
	代表性细菌真菌				植物病原菌											
	a	b	c	d	e	f	g	h	i	j	k	l	m	n	o	
高氏 1 号	18	15	5	2	0	7	13	2	6	3	1	5	1	2	4	14

培养基	靶标菌															Σ
	代表性细菌真菌				植物病原菌											
	a	b	c	d	e	f	g	h	i	j	k	l	m	n	o	
高氏 2 号	19	20	6	2	0	4	14	2	7	4	1	4	0	2	9	13
几丁质	13	10	5	1	2	5	13	1	5	6	1	3	0	2	5	14
海藻糖-脯氨酸	15	9	4	2	1	4	5	1	3	5	0	0	0	1	4	12

注：Σ 为总抗菌谱，代表某培养基上所有拮抗放线菌能拮抗的靶标菌的总数。

8.2.7　拮抗性放线菌对不同靶标菌的拮抗性

从表 8-15 可以看出，草本植物根区土壤中拮抗不同靶标菌的放线菌株数不同，其中拮抗革兰氏阳性细菌的放线菌最多，占所有拮抗菌的 60.7%，高于其余靶标菌；其次，拮抗革兰氏阳性细菌、大丽轮枝菌的放线菌分别达到 50.5%、42.1%；拮抗尖孢镰刀菌的放线菌最少，仅占 0.9%。不同靶标菌的强拮抗性放线菌株数也不同，其中革兰氏阳性细菌及革兰氏阴性细菌的强拮抗放线菌分别占 30.8%、24.3%，明显高于其余靶标菌；丝状真菌、沙雷氏菌、尖孢镰刀菌、硫色镰刀菌、大丽轮枝菌及甜瓜蔓枯菌的强拮抗放线菌占 0.9%～7.5%；未发现拮抗其余靶标菌的强拮抗放线菌。

表 8-15　107 株拮抗放线菌对不同靶标菌的拮抗性

靶标菌	拮抗性						合计	
	强		中		弱			
	株数/株	R/%	株数/株	R/%	株数/株	R/%	株数/株	R/%
代表性细菌、真菌								
Staphylococcus aureus（G⁺）	33	30.8	18	16.8	14	13.1	65	60.7
Escherichia coli（G⁻）	26	24.3	9	8.4	19	17.8	54	50.5
Penicillium sp.（丝状真菌 Filamentous fungi）	2	1.9	3	2.8	15	14.0	20	18.7
Candida tropicalis（单细胞真菌 Single-cell fungi）	0	0.0	0	0.0	7	6.5	7	6.5
植物病原菌								
Serratia sp.	1	0.9	2	1.9	0	0.0	3	2.8
Dickeya dadantii subsp. *Dadantii*	0	0.0	12	11.2	8	7.5	20	18.7
Fusarium oxysporum	1	0.9	2	1.9	3	2.8	6	5.6
F. oxysporum f. sp. *cucumerinum*	0	0.0	0	0.0	3	2.8	3	2.8
F. oxysporum f. sp. *niveum*	0	0.0	4	3.7	8	7.5	12	11.2

续表

靶标菌	拮抗性						合计	
	强		中		弱			
	株数/株	R/%	株数/株	R/%	株数/株	R/%	株数/株	R/%
F. oxysporum f. sp. *vasinfectum*	0	0.0	1	0.9	0	0.0	1	0.9
F. sulphureum	3	2.8	8	7.5	7	6.5	18	16.8
F. solani（Mart.）*Sacc*	0	0.0	4	3.7	17	15.9	21	19.6
F. solani	0	0.0	2	1.9	5	4.7	7	6.5
Verticillium dahliae	8	7.5	20	18.7	17	15.9	45	42.1
Didymella bryoniae	2	1.9	5	4.7	15	14.0	22	20.6

注：R 代表对某一靶标菌具有不同强度拮抗性的放线菌株数占拮抗放线菌总株数（107 株）的百分比。

8.2.8 20 株广谱拮抗放线菌的抗菌谱及拮抗圈直径

在 107 株拮抗放线菌中，有 20 株能拮抗 5 种以上的靶标菌。从表 8-16 可以看出，20 株广谱拮抗菌中，有 3 株能拮抗 11 种靶标菌，拮抗圈直径为 8～23 mm；1 株能拮抗 8 种靶标菌，拮抗圈直径为 8～16 mm；16 株能拮抗 5～6 种靶标菌，拮抗圈直径为 8～29 mm。

表 8-16　20 株广谱拮抗放线菌的抗菌谱

编号	靶标菌															抗菌谱/种
	a	b	c	d	e	f	g	h	i	j	k	l	m	n	o	
CB6J1	11	11	10	–	–	8	11	9	12	9	9	9	–	10	–	11
CB6J5	16	23	12	11	9	9	18	–	9	18	–	9	–	–	8	11
CB5G6	22	–	–	–	8	15	18	11	8	–	9	10	10	9	9	11
CB5S4	16	16	–	–	–	10	10	–	8	9	–	11	–	–	8	8
CB1G3	10	8	–	9	–	–	10	–	8	–	–	–	–	8	–	6
CB1S1	12	–	–	8	–	9	10	–	10	12	–	–	–	–	–	6
CB1J1	10	9	–	–	–	–	10	–	9	–	–	8	–	–	8	6
CB1Z5	17	20	–	–	8	10	9	–	–	–	–	–	–	–	9	6
CB4G4	13	15	–	–	–	9	–	–	–	–	–	8	–	–	9	6
CB5S1	10	–	–	–	8	–	9	9	–	10	–	–	–	–	–	6
CB5S3	19	16	–	–	–	–	9	–	–	–	9	10	–	–	12	6
CB5S5	–	–	–	8	8	–	10	10	10	–	–	–	–	–	–	6
CB5S10	29	28	–	–	–	–	10	–	10	10	–	–	9	–	–	6
CB5Z2	15	15	–	–	–	8	10	–	–	13	–	–	–	–	9	6
CB6G8	14	15	–	–	–	–	9	11	–	12	–	–	–	–	8	6
CB6S4	–	–	–	8	–	9	17	–	9	–	–	–	–	10	13	6

续表

编号	靶标菌															抗菌谱/种
	a	b	c	d	e	f	g	h	i	j	k	l	m	n	o	
CB1G1	10	15	–	–	–	9	–	–	–	10	–	–	–	–	8	5
CB3S1	14	13	–	–	–	9	9	–	–	–	–	–	–	–	8	5
CB3J8	–	9	–	9	–	–	10	–	8	–	–	–	–	–	8	5
CB3Z2	–	–	–	–	–	10	16	–	–	14	–	–	–	9	11	5

　　从表 8-17 可以看出，20 株广谱拮抗放线菌分布于除太白韭外的其余 5 种供试高山草甸植物根区土壤中，其中翠雀根区土壤中最多，有 7 株。不同营养条件下分离到的广谱拮抗菌株数也不同，其中高氏 2 号培养基上最多，有 8 株；而海藻糖-脯氨酸培养基上仅有 3 株。

表 8-17　20 株广谱拮抗放线菌的分布

样品	广谱拮抗菌		培养基	广谱拮抗菌	
	株数/株	比例/%		株数/株	比例/%
禾叶蒿草 KG	5	25	高氏 1 号 G	5	25
太白韭 AP	0	0	高氏 2 号 G2	8	40
风毛菊 SJ	3	15	几丁质 J	4	20
马先蒿 PM	1	5	海藻糖-脯氨酸 Z	3	15
翠雀 DG	7	35			
金莲花 TC	4	20			

8.2.9　10 株广谱拮抗放线菌的鉴定

　　表 8-18 为 10 株广谱拮抗放线菌的 16S rRNA 序列的比对结果。从表 8-18 可以看出，10 株广谱拮抗放线菌定为 6 个种，全部为链霉菌属，其中 *Streptomyces avidinii* 有 5 株，*Streptomyces cirratus*、*Streptomyces vinaceusdrappus*、*Streptomyces rochei*、*Streptomyces silaceus* 及 *Streptomyces spiroverticillatus* 各有 1 株。10 株放线菌的系统进化树如图 8-1 所示。

表 8-18　10 株广谱拮抗放线菌的序列比对结果

广谱拮抗菌		相似度最高菌株		
编号	序列号	名称	序列号	相似度/%
CB1G1	KJ531596	*S. avidinii*	AB184395	99.7
CB4G4	KJ531603	*S. avidinii*	AB184395	99.9
CB1S1	KJ531605	*S. avidinii*	AB184395	99.8

广谱拮抗菌		相似度最高菌株		
编号	序列号	名称	序列号	相似度/%
CB5S4	KJ531609	*S. avidinii*	AB184395	99.8
CB3S1	KJ531612	*S. avidinii*	AB184395	99.7
CB5S1	KJ531608	*S. cirratus*	AY999794	99.4
CB6J1	KJ531618	*S. vinaceusdrappus*	AY999929	99.3
CB6J5	KJ531619	*S. rochei*	AB184237	100.0
CB5G6	KJ531600	*S. silaceus*	EU812170	99.3
CB3Z2	KJ531630	*S. spiroverticillatus*	AB249921	99.0

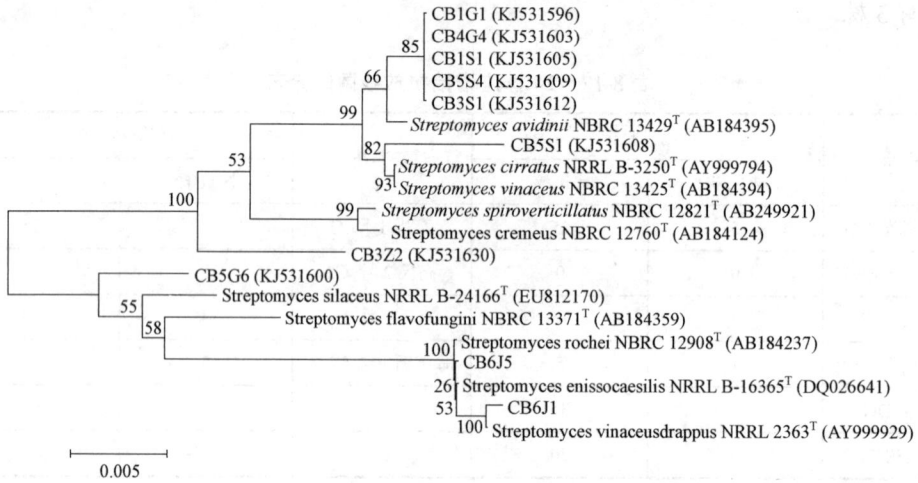

图 8-1　基于 16S rRNA 序列构建的 10 株广谱拮抗放线菌的系统发育树

8.3　小结与讨论

本研究发现，太白山北坡高山草甸带的 6 种不同高山草甸植物根区土壤中有大量放线菌生存，优势菌共有 3 属 17 种，主要为链霉菌属。在 4 种培养基上，金莲花根区土壤中的放线菌及链霉菌数量均显著高于其他草种。翠雀及金莲花根区土壤中的放线菌种类最丰富。*S. avidinii*、*S. cirratus*、*S. humidus* 及 *S. spiroverticillatus* 在不同草种根区土壤中分布较广。草本植物根区土壤中淀粉利用型放线菌的种类最丰富，且不同草种间的差异较大；海藻糖利用型的放线菌种类最少；葡萄糖利用型的放线菌种类在不同草种间差异较小。

土壤的化学性质如 pH、有机质及 N、P、K 等元素的含量均会影响放线菌的生长。研究发现不同类型的土壤中影响放线菌数量的主要因素存在差异。George 等（2012）发现高原土壤中有机质含量与放线菌数量呈显著正相关关系，湿地土壤中有机质含量及全氮含量均与放线菌数量呈显著正相关关系；Saadoun 等（1996）和 Mansour（2003）也有类似发现；王岳坤等（2005）发现红树林土壤中的 pH、有机质含量及有效钾含量明显影响放线菌的数量；赵卉琳等（2008）发现新疆盐碱荒漠化土壤中速效磷含量与放线菌数量呈显著正相关关系。本研究发现，不同高山草甸植物根区土壤中的全氮、速效磷、速效钾及有机质含量均存在差异，但放线菌及链霉菌数量仅与土壤中的速效钾含量呈正相关关系（$P<0.05$），而与其他指标无显著相关性，表明高山草甸植物根区土壤中速效钾的含量是影响其根区土壤中放线菌数量的一个重要原因。

我们通过研究从太白山北坡 6 种高山草甸植物根区土壤中分离到的 229 株放线菌对 15 种靶标菌的拮抗性，发现其中存在大量有重要开发价值的放线菌，有 46.7% 的菌株表现出抗菌活性，包括 20 株（8.7%）广谱拮抗放线菌及较多对革兰氏阳性细菌、革兰氏阴性细菌有强拮抗作用的放线菌，但未发现对单细胞真菌、魔芋软腐病菌、西瓜枯萎菌、黄瓜枯萎菌、棉花枯萎菌、茄镰刀菌及腐皮镰刀菌有强拮抗性的放线菌。

本研究发现，不同高山草甸植物根区土壤中放线菌的拮抗性不同，风毛菊及马先蒿根区土壤中能拮抗大多数靶标菌的放线菌株数高于其余植物；6 个供试高山草甸植物根区土壤中拮抗革兰氏阳性细菌、革兰氏阴性细菌及大丽轮枝菌的放线菌株数高于其余靶标菌。不同高山草甸植物根区土壤中拮抗性放线菌资源的蕴藏量也不同，其中风毛菊及马先蒿根区土壤中拮抗性放线菌资源的蕴藏量最大，翠雀根区土壤中广谱拮抗放线菌最多。此外，高山草甸植物根区土壤中不同营养类型的放线菌的拮抗性存在差异，在能以葡萄糖作为唯一碳源能源的类群中，拮抗性放线菌资源及广谱拮抗放线菌的蕴藏量均高于其余 3 种类群。

本研究中鉴定了 10 株广谱拮抗放线菌，结果定为 6 个种。其中，*Strep. cirratus*（Mizutani et al.，1989）、*S. vinaceusdrappus*（Zhang et al.，2012）、*Strep. spiroverticillatus*（Chen et al.，2010）已报道具有抗菌活性；而 *Strep. avidinii* 未见报道具有抗菌或其他生物功能，所产活性物质尚不清楚。这些菌株具有重要的潜在应用价值。本研究所得结果为从高山草甸植物根区土壤中分离筛选不同种类的抗菌活性物质产生放线菌提供了样品采集思路。根据该研究结果，可以减少选择分离源的盲目性，提高工作效率。

第9章

8种乔木根域放线菌区系及拮抗性研究

根域包括根系及根表与根区土壤。根区土壤指根系密集分布区、与根系紧密结合的根周围的土壤（周永强等，2008）。根表土壤指紧密粘附在根系表面、只能用无菌水洗掉的土壤。根表及根区土壤受根系生理活动和生化代谢影响强烈，且根表土壤受根系的影响大于根区土壤。根系分泌物可能抑制或促进根表及根区土壤中某些微生物的生长繁殖，导致根表土壤、根区土壤与远离根系的土壤中的微生物数量及种类存在差异。另外，不同植物根系分泌物的种类及浓度不同，导致不同植物根域的微生物种群结构不同（Schippers et al.，1987）。根域微生物的数量及种类直接影响植物根系吸收水分、养分及抵抗恶劣环境的能力（Gremida et al.，1996）。放线菌是抗生素的主要产生菌，广泛分布于各种生态系统中，包括植物根域。研究不同植物根域的放线菌及拮抗放线菌的生态分布可以为放线菌资源的开发利用提供理论依据。目前已有乔木林地土壤中的放线菌研究（蔡艳等，2002；Gesheva，2002；于翠等，2007），并且国内外学者已从乔木根际土壤中获得具有抗菌活性的优良放线菌（Strzelczyk et al.，1985；李蓉等，2010；朱文勇等，2010；Zhang et al.，2012；唐依莉等，2012）。但对秦岭地区主要成林树种根际的放线菌研究较少，尚无将其根域划分为根系、根表及根区土壤的系统研究，更无成林树种根域的拮抗性放线菌分布规律的报道。

本章重点研究秦岭主峰太白山北坡的8种乔木根域的放线菌数量、种类及优势种，并以11种植物常见病原菌及4种代表性细菌与真菌为靶标菌，对分离到的放线菌进行抗菌活性检测，旨在为太白山主要成林树种根域放线菌的生态分布研究及拮抗放线菌资源的开发利用提供科学依据。

9.1　材料与方法

9.1.1　材料

9.1.1.1　供试样品

采样点位于陕西省太白山北坡（33°57′～34°58′N，107°45′～107°53′E），海拔高度为 1 600～2 765 m。表 9-1 中的供试树种为 8 种乔木。样品采集：在距树干 0.5～1 m 处挖掘深度约 0.5 m 左右的土壤剖面，使附着有土壤的树木细根暴露；用采样铲同时采集紧密附着在树木细小根系上的土壤与根系并置于无菌自封袋中，带回实验室 4 ℃保存。采集点概况及样品化学性质见表 9-1。

表 9-1　样品采集点概况及样品化学性质

类型	树种	缩写	海拔/m	全氮/(g/kg)	速效钾/(mg/kg)	速效磷/(mg/kg)	有机质/(g/kg)	pH
针叶树	巴山冷杉 Abies fargesii franch	AFF	2 765	1.2	274.8	18.1	60.0	6.1
	太白红杉 Larix chinensis Beissn	LCB	2 739	1.1	213.1	12.1	60.0	5.9
	华山松 Pinus armandii Franch	PAF	2 623	1.5	188.0	15.2	88.9	6.0
	油松 P. tabulaeformis Carr	PTC	1 917	4.1	515.1	46.4	364.3	5.3
阔叶树	牛皮桦 Betula albo-sinensis var.septentrionalis	BA	2 614	1.6	289.3	16.2	102.3	6.2
	红桦 B. albo-sinensis Burk.	BAB	2 252	2.6	376.6	25.7	136.3	6.6
	辽东栎 Quercus liaotungensis Koidz	QLK	1 917	3.1	608.6	24.8	239.4	5.3
	锐齿栎 Q. aliena var. acutiserrata	QAA	1 600	1.8	278.7	14.1	99.2	6.0

9.1.1.2　培养基

培养基同 5.1.1.2。

9.1.1.3　靶标菌

靶标菌同 5.1.1.3。

9.1.2　方法

9.1.2.1　土样化学分析

土样用 H_2SO_4-H_2O_2 消解（鲍士旦，1999），N 含量用凯氏定氮仪测定，P 含量用钼锑抗比色法测定，K 含量用火焰光度法测定，pH 用 pH 计测定，水与样品比例为 10∶1。

9.1.2.2　放线菌分离

根系及根区土壤、根表土壤悬液的制备用周永强等（2008）的研究方法；放线菌分离采用稀释平板涂抹法。

9.1.2.3　放线菌拮抗性测定

放线菌拮抗性的测定方法同 5.1.2.3。

9.1.2.4 放线菌鉴定

放线菌的鉴定方法同 5.1.2.4。

9.1.2.5 相对多度

相对多度的计算方法同 5.1.2.5。

9.1.2.6 乔木根域放线菌拮抗潜势

乔木根域放线菌拮抗潜势的计算方法同 5.1.2.6。

9.1.2.7 数据处理

数据处理方法同 5.1.2.7。

9.2 结果与分析

9.2.1 乔木根域的放线菌数量及种类

从表 9-2～表 9-5 可以看出，8 种供试针、阔叶树种根域生存着大量的放线菌，且不同树种根域的放线菌及链霉菌数量存在差异。其中，不同针叶树种间差异较大，而不同阔叶树种间差异较小；阔叶树根区、根表土中的放线菌种类多于针叶树。各树种整体表现出根表土中的放线菌及链霉菌数量显著高于根区土（$P<0.05$）。能利用不同碳源能源物质的放线菌数量及种类也存在差异。

表 9-2 针、阔叶树根域的放线菌数量

类型	树种	数量/（CFU/g 干土）					
		根区土壤（10^5）Root zone soil		根表土壤（10^5）Root surface soil		根系（10^2）Root	
		高氏 1 号琼脂	腐殖酸琼脂	高氏 1 号琼脂	腐殖酸琼脂	高氏 1 号琼脂	腐殖酸琼脂
针叶树	AFF	1.1±0.2e（b）	0.3±0.02d（b）	6.9±1.0e（a）	1.0±0.3c（a）	1.6±0.7d（a）	2.8±0.7cd（a）
	LCB	5.9±5.6d（a）	1.0±0.2cd（b）	5.4±0.2e（a）	1.6±0.09bc（a）	16.1±6.7c（a）	7.3±1.5bc（a）
	PAF	8.8±0.2bc（b）	1.6±0.1bc（b）	24.5±0.9c（a）	2.2±0.1bc（a）	144.7±10.5a（a）	9.7±0.7b（b）
	PTC	31.2±3.0a（b）	10.9±1.1a（a）	65.7±2.4a（a）	16.8±4.1a（a）	7.4±4.5cd（a）	5.9±2.8bcd（a）
	$\bar{Xc}\pm SD$	11.8±13.3	3.4±5.0	25.7±28.1	5.4±7.6	42.4±68.4	6.4±2.9
阔叶树	BA	9.9±1.7bc（b）	1.6±0.7bc（b）	24.4±2.0c（a）	3.4±0.4bc（a）	16.5±5.6c（a）	6.2±3.3bcd（b）
	BAB	7.4±1.1cd（b）	1.2±0.1bc（b）	25.2±2.4c（a）	2.1±0.4bc（a）	2.9±0.5d（a）	1.1±0.5d（a）
	QLK	10.5±0.7b（b）	2.1±0.03b（b）	31.1±0.1b（a）	4.2±0.2b（a）	29.2±9.3b（a）	17.2±5.8a（a）

类型	树种	数量/（CFU/g 干土）					
		根区土壤（10^5）Root zone soil		根表土壤（10^5）Root surface soil		根系（10^2）Root	
		高氏 1 号琼脂	腐殖酸琼脂	高氏 1 号琼脂	腐殖酸琼脂	高氏 1 号琼脂	腐殖酸琼脂
阔叶树	QAA	9.4±0.8bc（b）	0.7±0.09cd（b）	14.3±0.3d（a）	2.1±0.2bc（a）	4.4±1.4d（a）	4.8±1.2bcd（a）
	$\overline{X}b±SD$	9.3±1.3	1.4±0.6	23.7±7.0	3.0±1.1	13.2±12.2	7.3±6.9

注：同列所标括号外的不同小写字母表示差异显著（$P<0.05$）；根区、根表同行所标括号内的不同小写字母表示相同培养基上根区与根表间的差异显著（$P<0.05$）；根系同行所标括号内的不同小写字母表示两种培养基间差异显著（$P<0.05$）。$\overline{X}c±SD$、$\overline{X}b±SD$ 分别指针叶树、阔叶树的平均值±标准差。本章其他表格中相同。

表 9-3　针、阔叶树根区及根表土中的链霉菌数量

类型	树种	根区土壤				根表土壤			
		高氏 1 号琼脂		腐殖酸琼脂		高氏 1 号琼脂		腐殖酸琼脂	
		数量（10^5 CFU/g 干土）	RAs%	数量（10^5 CFU/g 干土）	RAs%	数量（10^5 CFU/g 干土）	RAs%	数量（10^5 CFU/g 干土）	RAs%
针叶树	AFF	0.9±0.2e（b）	77.9	0.3±0d（b）	96.0	4.7±0.5e（a）	68.4	0.9±0.2c（a）	89.9
	LCB	4.9±0.4d（a）	82.1	0.9±0.2cd（b）	90.4	4.0±0.3e（b）	74.4	1.5±0.05bc（a）	92.9
	PAF	7.1±0.2bc（b）	80.9	1.4±0.1bc（b）	90.2	20.4±0.6c（a）	83.3	2.1±0.2bc（a）	96.2
	PTC	25.9±0.4a（b）	83.0	10.4±1.1a（a）	95.6	54.3±2.0a（a）	82.5	15.8±4.3a（a）	94.0
	$\overline{X}c±SD$	9.7±11.1	82.4	3.3±4.8	96.4	20.9±23.5	81.3	5.1±7.1	93.9
阔叶树	BA	7.1±0.7bc（b）	71.9	1.4±0.5bc（b）	89.2	20.6±1.3c（a）	84.5	3.3±0.5bc（a）	96.6
	BAB	5.6±0.5cd（b）	76.0	1.1±0.1c（b）	92.7	20.2±0.2c（a）	80.2	1.9±0.4bc（a）	92.5
	QLK	7.5±1.1b（b）	71.6	1.9±0.1b（b）	93.6	24.5±0.7b（a）	78.9	4.1±0.1b（a）	96.4
	QAA	6.5±1.8bc（b）	70.0	0.7±0.07cd（b）	92.1	9.7±0.3d（a）	67.9	1.9±0.2bc（a）	92.3
	$\overline{X}b±SD$	6.7±0.8	72.2	1.3±0.5	92.0	18.8±6.3	79.0	2.8±1.1	95.0

表 9-4　针、阔叶树根系内的链霉菌数量

类型	树种	培养基			
		高氏 1 号琼脂		腐殖酸琼脂	
		数量（10^2 CFU/g 干土）	Ras%	数量（10^2 CFU/g 干土）	Ras%
针叶树	AFF	1.2±0d（a）	75.0	2.8±0.7d（a）	100.0
	LCB	13.2±3.9c（a）	81.8	6.8±0.8bc（a）	93.3
	PAF	130.0±11.2a（a）	89.8	9.7±0.7b（b）	100.0
	PTC	6.3±3.4cd（a）	85.0	5.9±2.8bcd（a）	100.0
	$\overline{X}c±SD$	37.6±61.7	88.7	6.3±2.8	98.4
阔叶树	BA	13.6±2.5c（a）	82.5	4.9±1.2bcd（b）	80.0
	BAB	2.9±0.5d（a）	100.0	1.1±0.5d（b）	100.0

续表

类型	树种	培养基			
		高氏 1 号琼脂		腐殖酸琼脂	
		数量（10^2 CFU/g 干土）	Ras%	数量（10^2 CFU/g 干土）	Ras%
阔叶树	QLK	22.5±2.7b（a）	77.3	17.2±5.8a（a）	100.0
	QAA	4.4±1.4d（a）	100.0	4.0±1.8cd（a）	83.3
	$\overline{X}b\pm SD$	10.7±9.3	80.7	6.2±5.8	84.0

表 9-5　针、阔叶树根域的放线菌种类

类型	树种	种类/种					
		根区土壤		根表土壤		根系	
		高氏 1 号琼脂	腐殖酸琼脂	高氏 1 号琼脂	腐殖酸琼脂	高氏 1 号琼脂	腐殖酸琼脂
针叶树	AFF	7	6	7	8	2	2
	LCB	14	9	13	10	4	4
	PAF	18	7	26	6	4	2
	PTC	21	8	25	10	5	2
	$\overline{X}c$	15.0	7.5	17.8	8.5	3.8	2.5
阔叶树	BA	18	7	22	8	3	4
	BAB	29	7	31	9	1	4
	QLK	24	9	29	9	4	2
	QAA	37	8	35	7	2	6
	$\overline{X}b$	27.0	7.8	29.3	8.3	2.5	4.0

9.2.1.1　以淀粉为碳源能源物质的放线菌

从表 9-2 可以看出，在高氏 1 号培养基上，不同树种根区、根表及根内放线菌的数量存在差异。在针叶树中，油松根区土壤、根表土壤中的放线菌数量分别为 31.2×10^5 CFU/g、65.7×10^5 CFU/g 干土，显著高于其余树种（$P < 0.05$）；巴山冷杉根区土中的放线菌数量为 1.1×10^5 CFU/g 干土，显著低于其余树种（$P < 0.05$），太白红杉、巴山冷杉根表土中的放线菌数量分别为 5.4×10^5 CFU/g、6.9×10^5 CFU/g 干土，显著低于其余树种（$P < 0.05$）。华山松根内的放线菌数量为 1.4×10^4 CFU/g 干土，显著高于其余树种（$P < 0.05$）；巴山冷杉根内的放线菌数量最少，仅为 160 CFU/g 干土。在阔叶树中，辽东栎根区土壤、根表土壤、根内的放线菌数量分别为 10.5×10^5 CFU/g、31.1×10^5 CFU/g、29.2×10^5 CFU/g 干土，显著高于其余树种（$P < 0.05$）；其余 3 树种根区、根表土中的放线菌数量无显著差异，红桦、锐齿栎根内的放线菌数量显著低于牛皮桦（$P < 0.05$）。从表 9-3、表 9-4 可以看出，链霉菌数量也呈现出类似的趋势。

从表 9-5 可以看出，不同树种根域的放线菌种类不同。在高氏 1 号培养基上，阔叶树根区、根表土中平均有 27 种、29.3 种放线菌，较针叶树高 80%、64.6%。在针叶树中，油松根区土壤、根内分别有 21 种、5 种放线菌，华山松根表土壤中有 26 种放线菌，均高于其他树种；而巴山冷杉根区土壤、根表土壤、根内的放线菌种类均最少，分别有 7 种、7 种、2 种。在阔叶树中，锐齿栎根区土壤、根表土壤中分别有 37 种、35 种放线菌，高于其余树种；牛皮桦根区、根表土中的放线菌种类最少，分别为 18 种、22 种；辽东栎根内有 4 种放线菌，而红桦根内仅 1 种。

9.2.1.2 以腐殖酸为碳源能源物质的放线菌

从表 9-2 可以看出，在腐殖酸琼脂培养基上，油松根区、根表土中的放线菌数量分别为 10.9×10^5 CFU/g、16.8×10^5 CFU/g 干土，显著高于其余树种（$P < 0.05$），其数量分别为巴山冷杉的 36 倍、17 倍；辽东栎根内的放线菌数量是红桦的 16 倍，显著高于其余树种（$P < 0.05$）。从表 9-3、表 9-4 可以看出，链霉菌数量也呈现出相似的趋势。从表 9-5 可以看出，在腐殖酸琼脂培养基上，针、阔叶树种根区、根表土中的放线菌种类数无明显差异，各树种间差异也较小；阔叶树根内的放线菌种类数较针叶树高 60%。

从表 9-2~表 9-5 可以看出，各树种根区、根表土中能以淀粉为唯一碳源能源物质的放线菌数量及链霉菌数量均显著高于以腐殖酸为唯一碳源能源的放线菌类群（$P < 0.05$）；华山松、牛皮桦及红桦根内淀粉利用型放线菌的数量显著多于腐殖酸利用型（$P < 0.05$），其余树种根内两种放线菌类型的数量无显著差异（$P > 0.05$）。各树种根区、根表土中放线菌淀粉利用型放线菌的种类数明显多于腐殖酸利用型；针叶树根内淀粉利用型放线菌的种类多于腐殖酸利用型，而阔叶树根内正好相反。

9.2.1.3 根区及根表土中放线菌数量与土壤养分的相关性

从表 9-6 可以看出，在两种培养基上，乔木根区及根表土中的放线菌、链霉菌数量均与土壤中的全氮、速效磷、有机质含量呈显著（$P < 0.05$）或极显著（$P < 0.01$）正相关关系，相关系数为 0.812~0.941。

表 9-6 根区、根表土壤中的放线菌及链霉菌数量与土壤养分的相关系数

培养基	部位	指标	全氮	速效磷	有机质
高氏1号	根区土壤	放线菌数量	0.836**	0.906**	0.900**
		链霉菌数量	0.822*	0.913**	0.890**
	根表土壤	放线菌数量	0.909**	0.916**	0.941**
		链霉菌数量	0.894**	0.911**	0.929**
腐殖酸琼脂	根区土壤	放线菌数量	0.812*	0.930**	0.892**
		链霉菌数量	0.813*	0.930**	0.893**
	根表土壤	放线菌数量	0.834*	0.930**	0.913**
		链霉菌数量	0.835**	0.927**	0.915**

9.2.2 乔木根域的优势放线菌

从表 9-7 可以看出，在 2 种培养基上，供试树种根域的优势放线菌共有 4 属 21 种，分别为链霉菌属、伦茨菌属、*Kribbella* 属及 *Umezawaea* 属，其中链霉菌属占 85.7%。不同树种及样品部位可培养的优势放线菌不同。

表 9-7　乔木根域的优势放线菌类型

科	属	种数/种	不同部位的种类数/种			不同树种中的种类数/种							
			根区土壤	根表土壤	根内	AFF	LCB	PAF	PTC	BA	BAB	QLK	QAA
Streptomycetaceae	*Streptomyces*	18	9	14	9	5	3	4	5	6	4	4	7
	Lentzea	1	1	0	0	0	0	0	0	0	0	0	1
Nocardioidaceae	*Kribbella*	1	0	0	1	0	0	0	1	0	0	0	0
Pseudonocardiaceae	*Umezawaea*	1	1	0	0	1	0	0	0	0	0	0	0
总：3	4	21	11	14	10	6	3	4	6	6	4	8

9.2.2.1 根区土壤中的优势放线菌

从表 9-7 可以看出，供试树种根区土壤中的优势放线菌共有 3 属 11 种，分别为链霉菌属（81.8%）、伦茨菌属（9.1%）及 *Umezawaea* 属（9.1%）。在多种乔木根区土壤中生存着相同的优势放线菌，从表 9-8 可以看出，在高氏 1 号培养基上，*S. spiroverticillatus* 在太白红杉、华山松、油松及牛皮桦根区土中均为优势菌，相对多度为 8.2%～23.2%；*S. prunicolor* 在华山松、油松、辽东栎及锐齿栎根区土中均为优势种，相对多度为 15.7%～28.7%；*S. griseorubiginosus* 在巴山冷杉及红桦根区土中为优势种，相对多度为 26.9%、13.1%；*S. spororaveus* 在红桦及辽东栎根区土中为优势种，相对多度分别为 10.3%、11.4%。

表 9-8　高氏 1 号培养基上的放线菌数量及优势菌

树种	样品	优势菌 1			优势菌 2		
		名称	序列号	RAd%	名称	序列号	RAd%
AFF	根区土壤	*Streptomyces griseorubiginosus*	KJ572985	26.9	*S. umbrinus*	KJ572986	15.6
	根表土壤	*S. griseorubiginosus*	KJ572987	23.1	*S. umbrinus*	KJ572988	16.7
	根系	*S. mirabilis*	KJ572989	75.0	—		
LCB	根区土壤	*S. spiroverticillatus*	KJ572980	23.2	*Umezawaea tangerina*	KJ572981	11.6
	根表土壤	*S. mirabilis*	KJ572982	17.3	*S. setonii*	KJ572983	10.2
	根系	*S. mirabilis*	KJ572984	74.8	—		

树种	样品	优势菌 1			优势菌 2		
		名称	序列号	RAd%	名称	序列号	RAd%
PAF	根区土壤	*S. prunicolor*	KJ572990	26.1	*S. spiroverticillatus*	KJ572991	11.3
	根表土壤	*S. prunicolor*	KJ572992	43.6	*S. spiroverticillatus*	KJ572993	10.8
	根系	*S. setonii*	KJ572994	53.9	–	–	–
PTC	根区土壤	*S. prunicolor*	KJ572995	28.7	*S. spiroverticillatus*	KJ572996	12.0
	根表土壤	*S. prunicolor*	KJ572997	19.9	*S. tauricus*	KJ572998	11.3
	根系	*S. setonii*	KJ572999	55.0	*Kribbella flavida*	KJ573000	15.0
BA	根区土壤	*S. setonii*	KJ573001	12.7	*S. spiroverticillatus*	KJ573002	8.2
	根表土壤	*S. setonii*	KJ573003	17.3	*S. spiroverticillatus*	KJ573004	11.9
	根系	*S. avidinii*	KJ573005	47.3	–	–	–
BAB	根区土壤	*S. griseorubiginosus*	KJ573006	13.1	*S. spororaveus*	KJ573007	10.3
	根表土壤	*S. subrutilus*	KJ573008	17.0	*S. spororaveus*	KJ573009	11.1
	根系	*S. prunicolor*	KJ573010	100.0	–	–	–
QLK	根区土壤	*S. prunicolor*	KJ573011	17.0	*S. spororaveus*	KJ573012	11.4
	根表土壤	*S. pseudovenezuelae*	KJ573013	14.3	*S. spororaveus*	KJ573014	13.2
	根系	*S. yanii*	KJ573015	51.6	–	–	–
QAA	根区土壤	*S. prunicolor*	KJ573016	15.7	*Lentzea flaviverrucosa*	KJ573017	9.6
	根表土壤	*S. indigoferus*	KJ573018	14.3	*S. turgidiscabies*	KJ573019	10.2
	根系	*S. olivochromogenes*	KJ573020	54.3	*S. yanii*	KJ573021	45.7

从表 9-9 可以看出，在腐殖酸琼脂培养基上，*S. prunicolor* 在太白红杉、华山松、油松及牛皮桦根区土中均为优势种，相对多度为 27.1%～66.3%；*S. spororaveus* 在油松、红桦及辽东栎根区土中为优势种，相对多度为 43.6%～55.5%；*S. umbrinus* 在巴山冷杉、牛皮桦及锐齿栎根区土中为优势种，相对多度为 17.6%～38.7%；*S. spiroverticillatus* 在太白红杉及华山松根区土中均为优势菌，相对多度分别为 17.4%、21.4%。

表 9-9　腐殖酸培养基上的放线菌数量及优势菌

树种	样品	优势菌 1			优势菌 2		
		名称	序列号	RAd%	名称	序列号	RAd%
AFF	根区土壤	*S. umbrinus*	KJ573028	36.0	*S. griseorubiginosus*	KJ573029	19.3
	根表土壤	*S. umbrinus*	KJ573030	42.5	*S. griseorubiginosus*	KJ573031	11.7
	根系	*S. mirabilis*	KJ573032	85.7	–	–	–
LCB	根区土壤	*S. prunicolor*	KJ573022	27.1	*S. spiroverticillatus*	KJ573023	17.4
	根表土壤	*S. prunicolor*	KJ573024	25.9	*S. spiroverticillatus*	KJ573025	13.7
	根系	*S. spiroverticillatus*	KJ573026	37.4	*S. coelicoflavus*	KJ573027	33.8

续表

树种	样品	优势菌1			优势菌2		
		名称	序列号	RAd%	名称	序列号	RAd%
PAF	根区土壤	*S. prunicolor*	KJ573033	33.9	*S. spiroverticillatus*	KJ573034	21.4
	根表土壤	*S. prunicolor*	KJ573035	53.6	*S. spiroverticillatus*	KJ573036	23.9
	根系	*S. olivochromogenes*	KJ573037	87.6	—	—	—
PTC	根区土壤	*S. spororaveus*	KJ573038	43.6	*S. prunicolor*	KJ573039	31.5
	根表土壤	*S. spororaveus*	KJ573040	41.5	*S. prunicolor*	KJ573041	29.8
	根系	*S. setonii*	KJ573042	76.5	—	—	—
BA	根区土壤	*S. prunicolor*	KJ573043	66.3	*S. umbrinus*	KJ573044	17.6
	根表土壤	*S. prunicolor*	KJ573045	41.9	*S. xanthophaeus*	KJ573046	26.3
	根系	*S. prunicolor*	KJ573047	65.3			
BAB	根区土壤	*S. spororaveus*	KJ573048	55.5	*S. subrutilus*	KJ573049	34.2
	根表土壤	*S. spororaveus*	KJ573050	42.7	*S. subrutilus*	KJ573051	21.8
	根系	*S. prunicolor*	KJ573052	63.2	—	—	—
QLK	根区土壤	*S. spororaveus*	KJ573053	45.6	*S. yanii*	KJ573054	24.0
	根表土壤	*S. spororaveus*	KJ573055	54.4	*S. yanii*	KJ573056	19.0
	根系	*S. yanii*	KJ573057	81.6	—	—	—
QAA	根区土壤	*S. turgidiscabies*	KJ573058	43.4	*S. umbrinus*	KJ573059	38.7
	根表土壤	*S. turgidiscabies*	KJ573060	54.1	*S. umbrinus*	KJ573061	20.4
	根系	*S. yanii*	KJ573062	58.3	*S. pulveraceus*	KJ573063	33.4

9.2.2.2　根表土壤中的优势放线菌

从表 9-7 可以看出，供试树种根表土中的优势放线菌共有 14 种，全部为链霉菌属。不同树种根表土壤中生存着相同的优势放线菌。从表 9-8 可以看出，在高氏 1 号培养基上，*S. prunicolor* 在华山松及油松根表土中为优势种，相对多度分别为 43.6%、19.9%；*S. spiroverticillatus* 在华山松及牛皮桦根表土中为优势种，相对多度分别为 10.8%、11.9%；*S. spororaveus* 在红桦及辽东栎根表土中均为优势种，相对多度分别为 11.1% 及 13.2%。从表 9-9 可以看出，在腐殖酸琼脂培养基上，*S. prunicolor* 在太白红杉、华山松、油松及牛皮桦根表土中均为优势种，相对多度达到 25.9%～53.6%；*S. spororaveus* 在油松、红桦及辽东栎根表土中均为优势种，相对多度达到 41.5%～54.4%；*S. spiroverticillatus* 在太白红杉及华山松根表土中均为优势种，相对多度分别为 13.7% 及 23.9%；*S. umbrinus* 在巴山冷杉及锐齿栎根区土中为优势种，相对多度分别为 42.5% 及 20.4%。

9.2.2.3　根系内优势放线菌

从表 9-7 可以看出，供试树种根内的优势放线菌共有 2 属 10 种，分别为链霉菌属

（90%）及 *Kribbella* 属（10%）。针叶树与阔叶树根内的优势放线菌不同，但是不同针叶树根内存在相同的优势放线菌，不同阔叶树根内也存在相同的优势放线菌。从表 9-8 可以看出，在高氏 1 号培养基上，*S. mirabilis* 在巴山冷杉及太白红杉根内均为优势种，*S. setonii* 在华山松及油松根内均为优势种，*S. yanii* 在辽东栎及锐齿栎根内均为优势种。从表 9-9 可以看出，在腐殖酸琼脂培养基上，*S. prunicolor* 在牛皮桦及红桦根内均为优势种，*S. yanii* 在辽东栎及锐齿栎根内均为优势种。

9.2.2.4 不同优势放线菌的分布

从表 9-10 可以看出，不同优势放线菌在供试树种根域不同部位的分布广度不同，10 种（47.6%）优势菌至少分布于 2 个部位，其中 *S. prunicolor*、*S. setonii*、*S. spiroverticillatus* 及 *S. yanii* 在根区土壤、根表土壤、根系内均有分布；*S. umbrinus*、*S. turgidiscabies*、*S. subrutilus*、*S. spororaveus* 及 *S. griseorubiginosus* 在根区及根表土壤中均有分布；*S. mirabilis* 在根表土壤及根系内均有分布。

表 9-10 乔木根域的优势放线菌的分布

菌名	根域			树种								培养基	
	根区土壤	根表土壤	根系	AFF	LCB	PAF	PTC	BA	BAB	QLK	QAA	G	H
S. prunicolor	+	+	+	+	−	+	+	+	+	+	+	+	+
S. setonii	+	+	+	+	−	+	+	+	−	−	−	+	+
S. spiroverticillatus	+	+	+	−	−	+	+	+	−	−	+	+	+
S. yanii	+	+	+	−	−	−	−	−	+	+	+	+	+
S. umbrinus	+	+	−	−	+	−	−	−	−	−	+	+	+
S. turgidiscabies	+	+	−	−	−	−	−	−	−	+	+	+	+
S. subrutilus	+	+	−	−	−	−	−	−	+	−	+	+	+
S. spororaveus	+	+	−	−	−	−	−	+	+	−	+	+	+
S. griseorubiginosus	+	+	−	−	−	+	−	−	−	−	−	+	+
S. mirabilis	−	+	+	+	−	−	−	−	−	−	−	+	+
S. olivochromogenes	−	−	+	−	−	+	−	−	−	+	+	+	+
S. xanthophaeus	−	+	−	−	−	−	−	+	−	−	−	+	+
S. tauricus	−	+	−	−	−	+	−	−	−	−	+	+	−
S. pulveraceus	−	+	−	−	−	−	−	−	−	+	−	+	+
S. pseudovenezuelae	−	−	−	−	−	−	−	−	+	+	−	+	−
S. indigoferus	−	−	−	−	−	−	−	−	−	+	+	+	−
S. coelicoflavus	−	−	+	−	−	−	−	−	−	−	−	−	+
S. avidinii	−	−	+	−	−	−	−	+	−	−	−	+	−
Lentzea flaviverrucosa	+	−	−	−	−	−	−	−	−	−	+	+	−
Kribbella flavida	−	−	−	−	−	−	+	−	−	−	−	−	−
Umezawaea tangerina	+	−	−	+	−	−	−	−	−	−	−	+	−

注：+代表存在，−代表不存在。

由表 9-10 可知，不同优势种的树种分布广度不同，9 种（42.9%）优势菌至少分布于 2 个树种，其中 *S. prunicolor* 分布最广，在 7 个树种的根域均可分离到；*S. setonii* 及 *S. spiroverticillatus* 次之，分布于 4 个树种根域；*S. umbrinus* 及 *S. spororaveus* 分布于 3 个树种根域；*S. yanii*、*S. griseorubiginosus*、*S. mirabilis* 及 *S. olivochromogenes* 分布于 2 个树种根域。不同优势种的营养需求也存在差异，11 种（52.4%）优势菌在 2 种培养基上均有分布，分别为 *S. prunicolor*、*S. setonii*、*S. spiroverticillatus*、*S. yanii*、*S. umbrinus*、*S. turgidiscabies*、*S. subrutilus*、*S. spororaveus*、*S. griseorubiginosus*、*S. mirabilis* 及 *S. olivochromogenes*，表明这些放线菌均能以淀粉或腐殖酸为碳源能源物质，在营养生理上具有相似性。

9.2.3 乔木根域的拮抗放线菌株数及相对多度

从表 9-11 可以看出，从 8 种供试乔木根域分离到的 535 株放线菌中，共有 333 株（62.2%）具有抗菌活性。4 种针叶树、4 种阔叶树根域的拮抗性放线菌分别为 24～45 株、31～67 株，阔叶树较针叶树根域的拮抗放线菌株数平均多 41.4%。在针叶树中，油松根域有 45 株拮抗放线菌，而巴山冷杉根域仅有 24 株；在阔叶树中，锐齿栎根域有 67 株拮抗放线菌，而牛皮桦根域仅有 31 株。4 种针叶树根域的拮抗放线菌平均相对多度与阔叶树无明显差异，但是不同树种间存在差异。在针叶树中，巴山冷杉根域的拮抗放线菌相对多度为 75.0%，而华山松根域仅为 46.0%；在阔叶树中，锐齿栎根域的拮抗放线菌相对多度为 70.5%，而牛皮桦根域仅为 50.0%。

表 9-11　针、阔叶树种根域的拮抗放线菌株数及相对多度

树种	根区土壤 株数/株	RAaa%	根表土壤 株数/株	RAaa%	根系 株数/株	RAaa%	合计 株数/株	RAaa%
针叶树								
AFF	10	76.9	11	73.3	3	75.0	24	75.0
LCB	17	73.9	16	69.6	7	87.5	40	74.1
PAF	13	52.0	12	37.5	4	66.7	29	46.0
PTC	20	69.0	20	57.1	5	71.4	45	63.4
$\bar{X}c$	15.0	66.7	14.8	56.3	4.8	76.2	34.5	62.6
阔叶树								
BA	10	40.0	17	56.7	4	57.1	31	50.0
BAB	24	66.7	25	62.5	2	40.0	51	63.0
QLK	19	57.6	23	60.5	4	66.7	46	59.7
QAA	33	73.3	29	69.0	5	62.5	67	70.5
$\bar{X}b$	21.6	62.1	23.6	62.8	3.8	58.5	48.8	61.8
Total	146	63.8	153	60.0	34	66.7	333	62.2

注：$\bar{X}c$ 表示针叶树的平均值±标准差，$\bar{X}b$ 表示阔叶树的平均值±标准差。本章其他表格与此相同。

从表 9-11 可以看出，4 种针叶树与 4 种阔叶树的根区土壤、根表土壤及根内的拮抗放线菌株数及相对多度均存在差异。4 种阔叶树根区土、根表土中的拮抗性放线菌平均株数分别为 21.6 株、23.6 株，较针叶树高 44.0%、59.5%；阔叶树根表土中的拮抗放线菌相对多度较针叶树高 6.5%，但是根区土壤较针叶树低 4.6%。在针叶树中，油松根区土壤、根表土壤中的拮抗放线菌株数最多，均为 20 株，而巴山冷杉分别为 10 株、11 株；但巴山冷杉根区土壤、根表土壤中的拮抗放线菌相对多度最高，分别较其余树种高 3.0%～24.9%、3.7%～35.8%。在阔叶树中，锐齿栎根区土壤、根表土壤中的拮抗放线菌株数最多，分别为 33 株、29 株，而牛皮桦分别为 10 株、17 株；拮抗放线菌的相对多度也呈现出一致的趋势。4 种针叶树根内的拮抗性放线菌平均株数较阔叶树高 26.3%，拮抗放线菌相对多度较阔叶树高 17.7%。在针叶树中，太白红杉根内的拮抗放线菌株数及相对多度均高于其他树种，分别为 7 株、87.5%；巴山冷杉根内的拮抗放线菌株数最少（3 株），华山松根内的拮抗放线菌相对多度最低（66.7%）。在阔叶树中，锐齿栎根内的拮抗放线菌株数最多（5 株），辽东栎根内的拮抗放线菌相对多度最高（66.7%）；红桦根内的拮抗放线菌株数及相对多度均最低，分别为 2 株、40.0%。

从表 9-11 还可以看出，乔木根域不同部位的拮抗放线菌株数及相对多度不同。从 4 种针叶树根区土壤中筛选到的拮抗放线菌总株数与根表土壤无明显差异，但是拮抗放线菌相对多度较根表土壤高 10.4%；从 4 种阔叶树根区土壤中筛选到的拮抗放线菌总株数及相对多度均无明显差异。针叶树根内拮抗放线菌相对多度高于根区土壤及根表土壤，而阔叶树相反。

9.2.4　乔木根域放线菌的拮抗潜势

从表 9-12 可以看出，8 种供试乔木根域的强、中、弱拮抗性放线菌对靶标菌的总拮抗株次分别为 291 株次、442 株次、218 株次，强拮抗菌的株次占 30.6%。针、阔叶树根域放线菌的拮抗潜势分别为 38.3%、61.7%，其中强拮抗放线菌的拮抗潜势分别为 35%、65%，中等拮抗放线菌的拮抗潜势分别为 41.2%、58.8%。根区土壤、根表土壤中放线菌的拮抗潜势及强拮抗性放线菌的拮抗潜势也均表现为阔叶树高于针叶树。这表明阔叶树根域拮抗放线菌的总蕴藏量与强、中拮抗性放线菌的蕴藏量均高于针叶树。

表 9-12　针、阔叶树种根域土壤放线菌的拮抗潜势

样品		拮抗潜势							
		强		中		弱		总	
		An/株次	APAMS/%	An/株次	APAMS/%	An/株次	APAMS/%	An/株次	APAMS/%
根区土壤									
针叶树	AFF	7	2.4	13	2.9	6	2.8	26	2.7
	LCB	13	4.5	22	5.0	7	3.2	42	4.4
	PAF	9	3.1	13	2.9	4	1.8	26	2.7

样品		拮抗潜势							
		强		中		弱		总	
		An/株次	APAMS/%	An/株次	APAMS/%	An/株次	APAMS/%	An/株次	APAMS/%
针叶树	PTC	14	4.8	35	7.9	12	5.5	61	6.4
	Σc	43	14.8	83	18.7	29	13.3	155	16.2
阔叶树	BA	8	2.7	7	1.6	2	0.9	17	1.8
	BAB	25	8.6	24	5.4	17	7.8	66	6.9
	QLK	11	3.8	27	6.1	13	6.0	51	5.4
	QAA	39	13.4	66	14.9	25	11.5	130	13.7
	Σb	83	28.5	124	28.0	57	26.2	264	27.8
Σz		126	43.3	207	46.8	86	39.4	419	44.1
根表土壤									
针叶树	AFF	9	3.1	15	3.4	6	2.8	30	3.2
	LCB	14	4.8	14	3.2	5	2.3	33	3.5
	PAF	8	2.7	13	2.9	3	1.4	24	2.5
	PTC	18	6.2	33	7.5	14	6.4	65	6.8
	Σc	49	16.8	75	17.0	28	12.9	152	16.0
阔叶树	BA	10	3.4	16	3.6	5	2.3	31	3.3
	BAB	29	10.0	27	6.1	16	7.3	72	7.6
	QLK	18	6.2	30	6.8	17	7.8	65	6.8
	QAA	33	11.3	42	9.5	25	11.5	100	10.5
	Σb	90	30.9	115	26.0	63	28.9	268	28.2
Σs		139	47.8	190	43.0	91	41.7	420	44.2
根系									
针叶树	AFF	2	0.7	9	2.0	5	2.3	16	1.7
	LCB	3	1.0	10	2.3	6	2.8	19	2.0
	PAF	4	1.4	1	0.2	5	2.3	10	1.1
	PTC	1	0.3	4	0.9	7	3.2	12	1.3
	Σc	10	3.4	24	5.4	23	10.6	57	6.1
阔叶树	BA	6	2.1	6	1.4	3	1.4	15	1.6
	BAB	4	1.4	2	0.5	0	0.0	6	0.6
	QLK	2	0.7	4	0.9	3	1.4	9	0.9
	QAA	4	1.4	9	2.0	12	5.5	25	2.6
	Σb	16	5.6	21	4.8	18	8.3	55	5.7
Σr		26	8.9	45	10.2	41	18.8	112	11.8
根域									
针叶树	AFF	18	6.2	37	8.3	17	7.9	72	7.6
	LCB	30	10.3	46	10.5	18	8.3	94	9.9

样品		拮抗潜势							
		强		中		弱		总	
		An/株次	APAMS/%	An/株次	APAMS/%	An/株次	APAMS/%	An/株次	APAMS/%
针叶树	PAF	21	7.2	27	6.1	12	5.5	60	6.3
	PTC	33	11.3	72	16.3	33	15.1	138	14.5
	Σc	102	35.0	182	41.2	80	36.8	364	38.3
阔叶树	BA	24	8.2	29	6.6	10	4.6	63	6.7
	BAB	58	20	53	12	33	15.1	144	15.1
	QLK	31	10.7	61	13.8	33	15.2	125	13.1
	QAA	76	26.1	117	26.4	62	28.5	255	26.8
	Σb	189	65.0	260	58.8	138	63.4	587	61.7
Σf		291	100.0	442	100.0	218	100.0	951	100.0

　　注：Σc 代表针叶树之和，Σb 代表阔叶树之和；Σz 代表根区之和，Σs 代表根表之和，Σr 代表根内之和，Σf 代表根域之和。本章中其余表格与此相同。

　　从表 9-12 可以看出，不同树种根域放线菌的拮抗潜势不同。在针叶树中，油松根域放线菌的总拮抗潜势及强拮抗性放线菌的拮抗潜势分别为 14.5%、11.3%，均高于其余树种；在阔叶树中，锐齿栎根域放线菌的总拮抗潜势及强拮抗性放线菌的拮抗潜势分别为 26.8%、26.1%，均高于其余树种。根区土壤、根表土壤也均呈现出相同的趋势。以上结果表明，锐齿栎根域拮抗性放线菌的总蕴藏量及强拮抗性放线菌的蕴藏量均最大。

　　从表 9-12 还可以看出，根内放线菌的拮抗潜势在供试树种间的差异不同于根区土壤及根表土壤。针叶树根内放线菌的拮抗潜势略高于阔叶树，但强拮抗放线菌的拮抗潜势低于阔叶树。在针叶树中，太白红杉根内放线菌的拮抗潜势为 2.0%，高于其他树种，而华山松根内强拮抗性放线菌的拮抗潜势最高，为 1.4%；在阔叶树中，锐齿栎根内放线菌的拮抗潜势为 2.6%，高于其余树种，而牛皮桦根内强拮抗性放线菌的拮抗潜势最高，为 2.1%。

9.2.5　乔木根域拮抗放线菌数量的差异性

　　从表 9-13 可以看出，阔叶树根域与针叶树根域拮抗同一靶标菌的放线菌株数不同。对同一靶标菌而言，阔叶树根域筛选到的拮抗放线菌较多。除黄瓜枯萎菌外，从阔叶树根域分离到的拮抗放线菌株数较针叶树多 1～37 株，其中阔叶树根域拮抗革兰氏阳性细菌、丝状真菌、单细胞真菌、大丽轮枝菌、硫色镰刀菌及甜瓜蔓枯菌的放线菌株数较针叶树高 21～37 株，拮抗其余靶标菌的放线菌株数较针叶树多 1～16 株。拮抗黄瓜枯萎菌的放线菌株数在阔叶树根域与针叶树根域持平，均为 9 株。从根域单个部位来看，根表土壤也呈现出相同的趋势，但根区土壤及根内有所不同。阔叶树根区土壤中拮抗沙雷氏菌的放线菌株数与针叶树持平，拮抗魔芋软腐病菌、黄瓜枯萎菌及棉花枯萎菌的放线菌株数较针叶树少 1 株，拮抗其余靶标菌的放线菌株数较针叶树多 2～17 株；阔叶树根内拮抗沙雷氏菌、尖孢镰刀菌及茄病镰刀菌的放线菌株数与针叶树持平，拮抗革兰氏阳性细菌、革兰氏阴性细菌、丝状真菌及单细胞真菌的放线菌株数较针叶树少 1～5 株，拮抗其余靶标菌的放线菌株数较针叶树多 1～2 株。

表 9-13　针、阔叶树种根域土壤中拮抗 15 株供试靶标菌的放线菌株数

样品		靶标菌															Σ
		代表性细菌真菌				植物病原菌											
		1	2	3	4	5	6	7	8	9	10	11	12	13	14	15	
根区土壤																	
针叶树	AFF	6	7	1	1	0	2	1	0	1	1	2	1	0	2	1	12
	LCB	11	6	3	2	1	3	2	0	4	3	2	1	0	3	1	13
	PAF	10	5	1	1	0	2	3	1	1	0	0	1	0	0	1	10
	PTC	16	13	6	1	1	8	2	0	4	2	0	1	1	1	4	13
	Σc	43	31	11	5	2	15	8	1	10	6	4	4	1	6	7	15
阔叶树	BA	5	4	2	3	0	0	0	0	1	0	0	0	0	1	1	7
	BAB	14	10	7	4	1	3	5	2	2	6	1	4	1	2	4	15
	QLK	14	9	4	6	1	5	2	0	4	2	0	1	1	0	4	11
	QAA	27	18	11	9	0	6	12	4	10	10	2	4	1	2	14	14
	Σb	60	41	24	22	2	14	19	6	17	18	3	8	3	5	23	15
	Σz	103	72	35	27	4	29	27	7	27	24	7	12	4	11	30	15
根表土壤																	
针叶树	AFF	9	10	1	1	0	2	1	0	1	1	2	1	0	1	0	11
	LCB	9	7	2	2	1	1	1	0	4	2	1	1	0	1	1	13
	PAF	9	6	1	2	0	1	3	1	1	0	0	0	0	0	0	8
	PTC	16	12	9	2	1	8	4	0	4	2	0	2	1	1	3	13
	Σc	43	35	13	7	2	12	9	1	10	5	3	4	1	3	4	15
阔叶树	BA	11	11	3	1	1	1	0	0	1	0	0	0	0	1	1	9
	BAB	15	11	8	4	1	4	5	2	3	6	1	4	2	2	4	15
	QLK	17	11	8	5	1	9	3	0	4	3	1	1	2	1	5	14
	QAA	24	12	8	8	0	9	3	0	6	7	1	2	0	1	13	13
	Σb	67	45	24	18	3	17	17	5	14	16	3	7	4	5	23	15
	Σs	110	80	37	25	5	29	26	6	24	21	6	11	5	8	27	15
根系																	
针叶树	AFF	3	3	1	1	1	0	1	0	1	1	1	1	0	1	1	12
	LCB	6	4	1	2	0	0	1	0	2	0	1	1	0	0	1	9
	PAF	4	2	0	3	0	1	0	0	0	0	0	0	0	0	0	4
	PTC	4	4	0	0	1	0	1	0	1	0	0	0	0	0	0	5
	Σc	17	13	2	8	2	1	2	1	3	1	2	2	0	1	2	14

续表

样品		靶标菌															Σ
		代表性细菌真菌				植物病原菌											
		1	2	3	4	5	6	7	8	9	10	11	12	13	14	15	
阔叶树	BA	4	3	1	1	1	1	2	0	1	0	1	0	0	0	0	9
	BAB	2	2	0	0	0	0	0	0	0	1	0	0	0	1	0	4
	QLK	2	1	0	1	0	1	0	0	1	0	1	1	0	0	1	8
	QAA	4	3	0	3	0	1	2	1	1	2	1	2	1	1	3	13
	Σb	12	9	1	5	1	3	4	1	3	3	3	3	1	2	4	15
	Σr	29	22	3	13	2	5	6	2	6	4	5	5	1	3	6	15
根域																	
针叶树	AFF	18	20	3	3	1	4	3	0	3	3	5	3	0	4	2	13
	LCB	26	17	6	6	2	4	4	0	10	5	4	3	0	4	3	13
	PAF	23	13	2	6	0	4	6	2	0	0	1	0	0	0	1	10
	PTC	36	29	15	5	2	17	6	0	8	4	0	3	2	2	7	14
	Σc	103	79	26	20	5	29	19	2	21	12	10	9	2	10	13	15
阔叶树	BA	20	18	6	5	2	2	2	0	3	0	1	0	0	2	2	11
	BAB	31	23	15	8	2	7	10	4	5	13	3	8	3	5	8	15
	QLK	33	21	9	12	2	12	5	0	9	5	2	2	3	1	10	14
	QAA	55	33	19	20	0	13	23	8	17	19	4	8	2	4	30	14
	Σb	139	95	49	45	6	34	40	12	34	37	9	18	8	12	50	15
	Σf	242	174	75	65	11	63	59	15	57	49	18	28	10	22	63	15

注：Σ为总抗菌谱，代表某岩表地衣中所有拮抗放线菌能拮抗的靶标菌的总数。

从表 9-13 可以看出，同一树种根域拮抗不同靶标菌的放线菌株数不同。巴山冷杉根域拮抗革兰氏阴性细菌的放线菌株数最多，拮抗革兰氏阳性细菌的放线菌株数次之；其余树种根域拮抗革兰氏阳性细菌的放线菌株数最多，拮抗革兰氏阴性细菌的放线菌株数次之。从根域单个部位来看，供试树种根区土、根表土及根内均呈现出类似的趋势。以上结果表明，乔木根域的革兰氏阳性细菌及革兰氏阴性细菌的拮抗放线菌最多。

从表 9-13 还可以看出，不同树种根域拮抗同一靶标菌的放线菌株数存在差异。拮抗革兰氏阳性细菌、革兰氏阴性细菌、丝状真菌、单细胞真菌、大丽轮枝菌、尖孢镰刀菌、硫色镰刀菌、茄病镰刀菌及甜瓜蔓枯菌的放线菌株数在锐齿栎根域最多；拮抗沙雷氏菌的放线菌株数在华山松及锐齿栎根域未发现，在其余树种根域相差不大，为 1~2 株；拮抗魔芋软腐病菌的放线菌株数在油松根域最多；拮抗黄瓜枯萎菌的放线菌株数在巴山冷杉根域最多；拮抗西瓜枯萎菌的放线菌株数在红桦与锐齿栎根域最多；拮抗腐皮镰刀菌的放线菌株数在红桦与辽东栎根域最多；拮抗棉花枯萎菌的放线菌株数在红桦根域最多。根区土壤、根表土壤及根内各部分也均表现出锐齿栎根域拮抗大多数靶标菌的放线菌株数多于其他树种。

另外，不同树种根域筛选到的拮抗放线菌的总抗菌谱不同。在针叶树中，从油松根域分离到的所有拮抗放线菌的总抗菌谱为 14 种靶标菌；而从华山松根域分离到的所有放线菌的总抗菌谱较窄，仅能拮抗 10 种靶标菌。在阔叶树中，从红桦、牛皮桦根域分别分离到的所有放线菌的总抗菌谱为 15 种、11 种靶标菌。从根域单个部位来看，各树种根区土壤及根表土壤中所有放线菌的总抗菌谱也表现出类似的差异，但根内有所不同。在针叶树中，从巴山冷杉根内筛选到的所有放线菌的总抗菌谱为 12 种靶标菌，而华山松根内所有放线菌的总抗菌谱仅为 4 种靶标菌；在阔叶树中，从锐齿栎、红桦根域分别分离到的所有放线菌的总抗菌谱为 13 种、4 种靶标菌。

9.2.6　拮抗性放线菌对不同靶标菌的拮抗性

从表 9-14 可以看出，乔木根域拮抗不同靶标菌的放线菌株数不同，其中拮抗革兰氏阳性细菌的放线菌最多，占所有拮抗菌的 72.7%，高于其余靶标菌；其次，拮抗革兰氏阴性细菌的放线菌达到 52.3%，拮抗丝状真菌、单细胞真菌、魔芋软腐病菌、甜瓜蔓枯菌、大丽轮枝菌、腐皮镰刀菌及硫色镰刀菌的放线菌达到 14.7%～22.5%；拮抗其余靶标菌的放线菌仅为 3.0%～8.4%。

表 9-14　333 株拮抗放线菌对不同靶标菌的拮抗性

靶标菌	强		中		弱		合计	
	株数/株	R/%	株数/株	R/%	株数/株	R/%	株数/株	R/%
代表性细菌、真菌								
Staphylococcus aureus（G⁺）	128	38.4	75	22.5	39	11.7	242	72.7
Escherichia coli（G⁺）	72	21.6	79	23.7	23	6.9	174	52.3
Penicillium sp.（丝状真菌 Filamentous fungi）	16	4.8	39	11.7	20	6.0	75	22.5
Candida tropicalis（单细胞真菌 Single-cell fungi）	3	0.9	32	9.6	30	9.0	65	19.5
植物病原菌								
Serratia sp.	2	0.6	7	2.1	2	0.6	11	3.3
Dickeya dadantii subsp. *Dadantii*	11	3.3	37	11.1	15	4.5	63	18.9
Fusarium oxysporum	0	0.0	8	2.4	7	2.1	15	4.5
F. oxysporum f.sp. *cucumerinum*	0	0.0	12	3.6	6	1.8	18	5.4
F. oxysporum f. sp. *niveum*	0	0.0	14	4.2	14	4.2	28	8.4
F. oxysporum f.sp. *vasinfectum*	3	0.9	6	1.8	1	0.3	10	3.0
F. sulphureum	16	4.8	32	9.6	1	0.3	49	14.7
F. solani（Mart.）*Sacc*	5	1.5	29	8.7	23	6.9	57	17.1
F. solani	3	0.9	15	4.5	4	1.2	22	6.6
Verticillium dahliae	20	6.0	28	8.4	11	3.3	59	17.7
Didymella bryoniae	12	3.6	29	8.7	22	6.6	63	18.9

注：R 代表对某一靶标菌具有不同强度拮抗性的放线菌株数占拮抗放线菌总株数（333 株）的百分比。

从表 9-14 还可以看出，乔木根域不同靶标菌的强拮抗性放线菌株数也不同，其中革兰氏阳性细菌、革兰氏阴性细菌的强拮抗性放线菌分别达到 38.4%、21.6%，明显高于其余靶标菌；未发现尖孢镰刀菌、黄瓜枯萎菌及西瓜枯萎菌的强拮抗性放线菌。

9.2.7　44 株广谱拮抗放线菌的抗菌谱及拮抗圈直径

在 333 株拮抗性放线菌中，有 44 株能拮抗 5 种以上的靶标菌。从表 9-15 可以看出，44 株广谱拮抗放线菌中，有 7 株能拮抗 10 种以上的靶标菌，拮抗圈直径为 8～25 mm；7 株能拮抗 7～9 种靶标菌，拮抗圈直径为 8～34 mm；30 株能拮抗 5～6 种靶标菌，拮抗圈直径为 8～35 mm。

表 9-15　44 株广谱拮抗放线菌的抗菌谱及拮抗圈直径

编号	靶标菌															抗菌谱（种）
	a	b	c	d	e	f	g	h	i	j	k	l	m	n	o	
AHI2	22	25	10	13	15	15	13	–	12	11	11	10	–	10	10	13
HH8	12	10	10	11	–	–	14	11	13	16	10	10	11	13		13
BG1	15	16	10	11	–	12	12	–	10	11	9	8	–	9	8	12
HH14	–	15	–	11	–	10	22	9	10	9	9	10	11	9	11	12
BIH5	10	10	8	8	11	–	10	–	–	9	–	–	11	8		11
FG6	18	–	15	11	–	22	9	–	20	9	10	–	12	13		10
FG7	16	–	14	12	–	24	8	–	15	9	11	–	13	13		10
GG30	11	–	11	–	–	16	–	13	11	11	8	9	14			9
HG6	25	34	12	16	–	12	–	20	30	–	–	12	23			9
EIH4	16	19	11	11	19	22	13	–	9	–	8	–	–	–		9
HG5	9	10	11	8	–	9	–	8	8	–	–	–	10			8
HG27	11	9	11	–	–	13	–	10	13	–	10	–	8			8
EG18-3	20	13	13	–	10	13	–	–	9	–	–	–	9			7
HG36	15	16	–	–	–	17	11	–	19	–	8	–	13			7
DG11	24	10	10	–	–	12	–	10	–	–	–	–	–			6
DG23	35	10	16	–	–	13	9	–	9	–	–	–	–			6
GG2	28	9	10	–	–	12	11	–	–	–	–	–	–			6
GG7	13	10	9	10	–	–	–	8	–	–	–	–	10			6
GG34	9	12	–	–	–	20	–	–	–	10	10	–	15			6
HGS1	9	17	–	8	–	–	12	–	–	–	–	–	12			6
HG24	–	–	18	9	–	16	–	12	–	10	–	–	17			6
ASH7	–	21	–	16	–	–	–	16	18	–	–	15	13			6
AIH12	11	–	9	10	–	25	–	13	–	–	–	–	9			6
DZH8	–	12	9	–	–	13	–	9	11	–	–	–	15			6
GZH5	12	10	–	12	–	–	9	–	–	–	–	–	10			6
GHZ2	–	10	10	8	9	8	–	–	–	–	–	–	13			6
DG13-1	30	12	10	–	–	12	–	–	12	–	–	–	–			5
DG7	12	10	–	11	–	–	–	–	–	–	11	–	–			5
DG22	24	9	15	–	–	11	–	–	10	–	–	–	–			5

编号	靶标菌															抗菌谱（种）
	a	b	c	d	e	f	g	h	i	j	k	l	m	n	o	
DG25	–	–	16	–	–	–	20	–	12	16	–	11	–	–	–	5
FG19	–	–	20	–	–	–	17	–	11	13	–	–	–	–	10	5
FG25	–	–	24	–	–	14	19	–	–	15	–	–	–	–	9	5
FG4	–	10	9	–	–	–	16	–	–	14	–	–	–	–	12	5
FG32	15	19	13	–	–	–	–	–	15	–	–	–	14	–	–	5
GG6	20	16	–	–	–	9	–	–	–	–	–	11	–	–	10	5
GG18	31	11	–	–	–	13	12	–	–	–	–	–	–	–	11	5
HG14	15	–	12	–	–	13	–	–	16	–	–	–	–	–	10	5
HG16	22	14	10	–	16	–	–	–	–	–	–	–	–	–	9	5
HG18	–	–	20	11	–	–	20	–	–	12	–	–	–	–	16	5
HG28	23	10	–	–	–	12	–	–	9	10	–	–	–	–	–	5
HG31	10	–	–	–	9	10	–	–	10	–	–	–	–	–	9	5
EH6	23	22	–	10	–	–	–	–	10	–	–	–	–	–	10	5
HH4	–	10	8	11	–	–	–	–	11	–	–	–	–	–	9	5
HIH1	20	13	–	–	–	8	–	–	10	–	–	–	–	–	9	5
合计	33	33	31	21	5	18	30	6	25	24	10	13	5	10	35	–

从表 9-16 可以看出，44 株广谱拮抗放线菌在不同树种根域的分布不同，其中 32 株来源于阔叶树根域，12 株来源于针叶树根域，即从阔叶树根域获得广谱拮抗放线菌的概率更高。在针叶树中，油松根域的广谱拮抗放线菌最多，有 7 株，华山松根域未分离到广谱拮抗放线菌；在阔叶树中，锐齿栎根域有 15 株广谱拮抗放线菌，而牛皮桦根域仅有 3 株。

表 9-16　44 株广谱拮抗放线菌的来源

样品		广谱拮抗菌		样品		广谱拮抗菌	
		株数/株	比例/%			株数/株	比例/%
针叶树	AFF	3	6.8	阔叶树	BA	3	6.8
	LCB	2	4.5		BAB	6	13.6
	PAF	0	0.0		QLK	8	18.2
	PTC	7	15.9		QAA	15	34.1
	Σc	12	27.3		Σb	32	72.7

9.2.8　14 株广谱拮抗放线菌的鉴定

表 9-17 为 14 株广谱拮抗放线菌的 16S rRNA 序列的比对结果，14 株广谱拮抗放线菌全部是链霉菌属，分别为 *S. coelicoflavus*、*S. tauricus*、*S. scopuliridis*、*S. spororaveus*、*S. enissocaesilis*、*S. finlayi*、*S. olivochromogenes*、*S. indigoferus*、*S. rubiginosohelvolus*、*S. albidoflavus*、*S. griseorubiginosus*、*S. yanii*、*S. setonii* 及 *S. niveus*。图 9-1 为 14 株放线菌的系统进化树。

表 9-17　14株广谱拮抗放线菌的序列比对结果

广谱拮抗菌		相似度最高菌株		
编号	序列号	名称	序列号	相似度（%）
AHI2	KJ573027	*S. coelicoflavus*	AB184650	99.8
HH8	KJ573064	*S. tauricus*	AB045879	100
HH14	KJ573065	*S. scopuliridis*	EF657884	98.8
BIH5	KJ573066	*S. spororaveus*	AJ781370	99.6
EIH4	KJ573067	*S. enissocaesilis*	DQ026641	100
HG5	KJ573068	*S. finlayi*	AY999788	100
GG34	KJ573069	*S. olivochromogenes*	AB184737	100
HGS1	KJ573018	*S. indigoferus*	AB184214	99.3
ASH7	KJ573070	*S. rubiginosohelvolus*	AB184240	99.5
AIH12	KJ573071	*S. albidoflavus*	Z76676	99.6
GZH5	KJ573072	*S. griseorubiginosus*	AB184276	100
GHZ2	KJ573056	*S. yanii*	AB006159	100
FG32	KJ573073	*S. setonii*	AB184300	99.8
HIH1	KJ573074	*S. niveus*	DQ442532	98.2

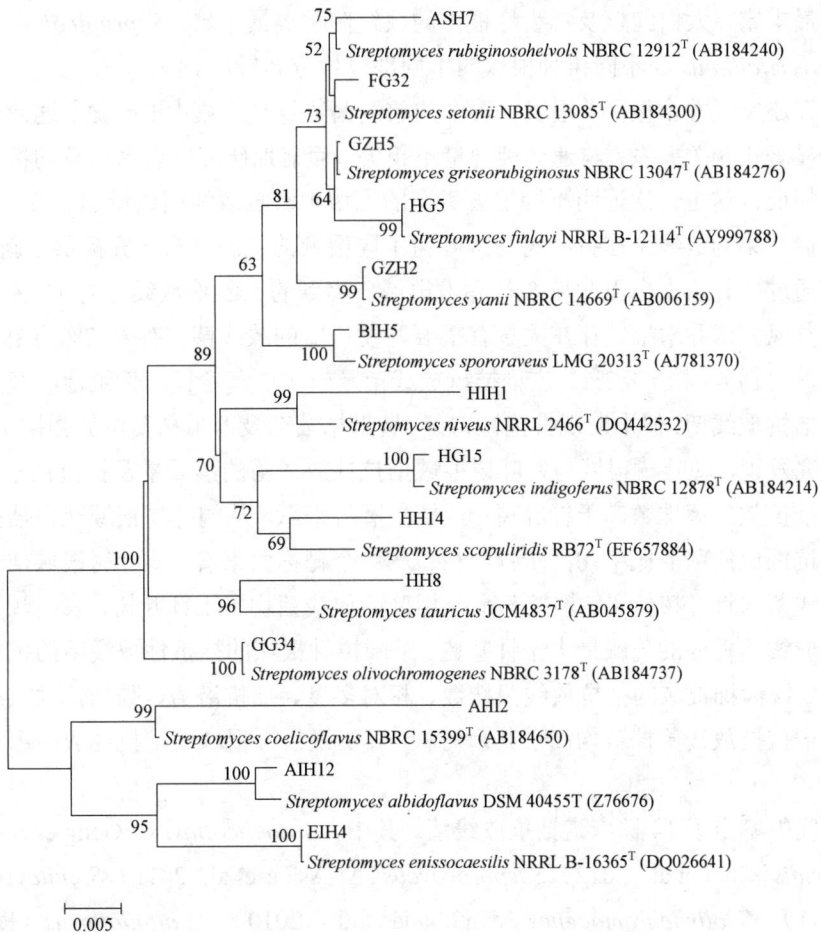

图 9-1　基于 16S rRNA 序列构建的 14 株广谱拮抗放线菌的系统发育树

9.3　小结与讨论

不同植物根域的放线菌的生态分布不同。蔡艳等（2002）研究了黄土高原柠条、沙棘、油松及侧柏根区土壤中的放线菌区系，发现柠条根区土壤中的放线菌数量最多，沙棘和侧柏根区土壤中的放线菌种类较丰富；Gesheva（2002）发现柠檬树和橙树根际的放线菌主要为链霉菌属，另外还有小单孢菌属及诺卡氏菌属；于翠等（2007）研究发现本溪山樱根际以黄色链霉菌属和白色链霉菌属为主。秦岭地区的主要树种根域的放线菌的生态分布规律尚不清楚。

本研究将根域划分为根区土壤、根表土壤及根系三个部分，对太白山北坡不同海拔高度的 8 种乔木根域的放线菌进行了系统研究，发现其中优势放线菌共有 4 属 21 种，分别为链霉菌属（85.7%）、伦茨菌属（4.8%）、*Kribbella* 属（4.8%）及 *Umezawaea* 属（4.8%）。根表土中的放线菌数量及种类均高于根区土壤及根内。油松根区土壤及根表土壤中的放线菌数量最多，华山松根内的放线菌数量最多；锐齿栎根区及根表土壤中的放线菌种类最丰富，太白红杉及锐齿栎根内的放线菌种类最丰富。*S. prunicolor*、*S. setonii* 及 *S. spiroverticillatus* 在不同树种根域的不同部位均分布较广。

本研究还发现乔木根区、根表土壤中的放线菌数量与土壤中的全氮、速效磷及有机质含量呈显著正相关关系，与速效钾含量不相关，而前期研究发现高山草甸植物根区土壤中正好相反，这再一次证明不同植被类型的土壤中影响放线菌数量的主要因素不同。本研究所得结果为放线菌在针叶树与阔叶树不同根域的生态分布研究提供了新的资料。

我们通过研究从太白山北坡 8 种乔木根域分离到的 535 株放线菌对 15 种靶标菌的拮抗性，发现供试乔木根域存在大量有重要开发价值的放线菌，有 62.2%的菌株表现出抗菌活性，包括 44 株（8.2%）广谱拮抗放线菌及较多的革兰氏阳性细菌、革兰氏阴性细菌的强拮抗放线菌；但未发现尖孢镰刀菌、黄瓜枯萎菌及西瓜枯萎菌的强拮抗放线菌。

本研究发现，阔叶树根域与针叶树根域拮抗性放线菌的蕴藏量及拮抗性不同。阔叶树根域的拮抗放线菌株数高于针叶树；从拮抗潜势来看，从阔叶树根域获得拮抗性放线菌及强拮抗性放线菌的概率均高于针叶树；从单个靶标菌来看，阔叶树根域拮抗黄瓜枯萎菌的放线菌与针叶树持平，拮抗其余靶标菌的放线菌均多于针叶树，表明阔叶树根域的拮抗性放线菌资源的蕴藏量大于针叶树。不同树种根域的拮抗性放线菌的抗菌特性也存在差异。锐齿栎根域的拮抗放线菌株数、相对多度、拮抗潜势、强拮抗性放线菌拮抗潜势及广谱拮抗放线菌株数均高于其余树种，表明锐齿栎根域的拮抗性放线菌资源的蕴藏量最大。

本研究中鉴定了 14 株广谱拮抗放线菌。其中，*S. coelicoflavus*（Geng et al.，2013）、*S. scopuliridis*（Choi et al.，2012）、*S. spororaveus*（Al-Askar et al.，2011）、*S. finlayi*（Gammal et al.，2011）、*S. olivochromogenes*（Simkhada et al.，2010）、*S. albidoflavus*（Roy et al.，2006）、*S. griseorubiginosus*（Tatsuta et al.，2011）、*S. setonii*（Max et al.，2012）及 *S. niveus*

（Tambo-ong et al.，2011）已报道具有抗菌或其他生物功能；而 *S. tauricus*、*S. enissocaesilis*、*S. indigoferus*、*S. rubiginosohelvolus* 及 *S. yanii* 未见抗菌活性报道，所产活性物质尚不清楚，从中发现新抗菌活性物质的概率较高，具有重要的潜在应用价值。

　　本研究所得结果表明，太白山北坡 8 种供试乔木根域生存着大量具有较强抗菌活性的广谱拮抗放线菌，不同树种根域的拮抗放线菌的数量、抗菌活性及抗菌谱不同，该结果可为从乔木根域分离筛选不同种类的抗菌活性物质产生放线菌提供样品采集思路。根据该研究结果，可以减少分离源采集的盲目性，提高工作效率。

第 10 章

5 种生境中的细菌研究

微生物广泛存在于各种生态系统，是生态系统中的重要成员之一，对于生态系统中的物质转化和能量流动起着十分重要的作用。细菌是各种生态系统中数量最多的微生物，而且对外界环境条件反应敏感（Elliott and Lynch，1994）。研究不同生境中细菌的区系，不仅有助于理解和认识生物间的相互作用，而且对保持生态系统的健康、可持续运行具有重要的意义。秦岭是我国气候和地理的天然分界线，蕴藏着丰富的生物资源。目前关于秦岭地区的细菌研究主要集中在乔木林地土壤的细菌数量（崔芳芳等，2008；付刚等，2008；任得元等，2009；任建宏等，2010），尚未发现对其他生境中细菌区系的研究。

本章研究秦岭主峰太白山北坡不同海拔的针阔叶树树皮、岩表地衣、苔藓土壤、草本植物根区土壤及乔木根域的细菌数量、种类及优势种，旨在为上述 5 种生境中的细菌生态分布研究提供新资料，并为太白山自然生态系统中的细菌资源利用提供科学依据。

10.1 材料与方法

10.1.1 材料

10.1.1.1 供试样品

树皮样品同 5.1.1.1，岩表地衣样品同 6.1.1.1，苔藓土壤样品同 7.1.1.1，高山草甸植物根区土壤样品同 8.1.1.1，乔木根域样品同 9.1.1.1。

10.1.1.2 培养基

牛肉膏蛋白胨培养基（程丽娟等，2000）。

10.1.2 方法

10.1.2.1 细菌分离

树皮细菌的分离方法同 5.1.2.2，岩表地衣细菌的分离方法同 6.1.2.1，苔藓土壤细菌的分离方法同 7.1.2.1，高山草甸植物根区土壤细菌的分离方法同 8.1.2.2，乔木根域细菌的分离方法同 9.1.2.2。

10.1.2.2　优势细菌鉴定

优势细菌的鉴定方法同 5.1.2.4。

10.1.2.3　优势细菌相对多度

优势细菌相对多度（Relative Abundance of dominant isolates，RAd%）的计算公式为：

$$RAd\% = \frac{Dc}{Bc} \times 100\% \qquad (10\text{-}1)$$

式中，Dc 及 Bc 分别代表优势细菌数量及细菌总数。

10.1.2.4　数据处理

数据处理方法同 5.1.2.7。

10.2　结果与分析

10.2.1　5 种生态系统中细菌的数量及种类

10.2.1.1　针、阔叶树树皮中的细菌

从表 10-1 可以看出，不同树种树皮中细菌的数量不同。针叶树、阔叶树树皮中细菌的数量分别为 $0.7 \times 10^5 \sim 7.7 \times 10^5$ CFU/g、$4.0 \times 10^5 \sim 52.3 \times 10^5$ CFU/g 干样，5 种阔叶树树皮中细菌的平均数量是 5 种针叶树平均数量的 8.1 倍。在针叶树中，油松树皮中细菌的数量显著高于其余树种（$P < 0.05$），华山松树皮中细菌的数量最少；在阔叶树中，辽东栎树皮中细菌的数量显著高于其余树种（$P < 0.05$），而牛皮桦树皮中细菌的数量显著低于其余树种（$P < 0.05$）。细菌数量与海拔呈负相关关系，相关系数为 -0.722（$P < 0.05$）。

表 10-1　针、阔叶树树皮中细菌的数量及种类

样品		数量（10^5 CFU/g 干样）	种类数/种	样品		数量（10^5 CFU/g 干样）	种类数/种
针叶树	LCBH	3.8 ± 0.1f	3	阔叶树	SAP	5.6 ± 1.0e	8
	AFF	1.0 ± 0.3g	15		BA	4.0 ± 0.3f	14
	LCBL	0.8 ± 0.1g	11		BAB	18.5 ± 0.1c	11
	PAF	0.7 ± 0.3g	14		QLK	52.3 ± 1.2a	8
	PTC	7.7 ± 1.4d	14		QAA	33.3 ± 1.3b	5
	$\bar{X}c \pm SD$	2.8 ± 3.0	11.4		$\bar{X}b \pm SD$	22.7 ± 20.3	9.2

注：同列所标的不同小写字母表示差异显著（$P < 0.05$）；$\bar{X}c \pm SD$ 表示针叶树的平均值±标准差，$\bar{X}b \pm SD$ 表示阔叶树的平均值±标准差。表 10-5 中相同。

从表 10-1 还可以看出，不同树种树皮中细菌的种类不同。在针叶树中，从巴山冷杉树皮中分离到 15 种细菌，高于其余树种，而从较高海拔的太白红杉树皮中仅分离到 3 种；在阔叶树中，牛皮桦树皮中细菌的种类最丰富，有 14 种，而锐齿栎树皮中仅有 5 种。针叶树树皮中细菌种类数的平均值较阔叶树高 23.9%。细菌种类数与树皮的全氮含量呈显著负相关关系，相关系数为 -0.647（$P<0.05$）。

10.2.1.2　岩表地衣中的细菌

从表 10-2 可以看出，不同海拔的岩表地衣中细菌的数量及种类存在差异。海拔为 3 331 m、1 917 m 的岩表地衣中细菌的数量分别为 65.1×10^5 CFU/g、62.5×10^5 CFU/g 干样，显著高于其余海拔（$P<0.05$）；海拔为 2 823 m 的岩表地衣中细菌的数量最少，仅为 2.4×10^5 CFU/g 干样。海拔为 1 600 m、3 331 m 的岩表地衣中细菌的种类最丰富，分别有 12 种、11 种，而海拔为 3 491 m 的岩表地衣中仅有 4 种。

表 10-2　岩表地衣中细菌的数量及种类

海拔/m	数量（10^5 CFU/g 干样）	种类/种	海拔/m	数量（10^5 CFU/g 干样）	种类/种
3 491	2.8±0.9c	4	2 823	2.4±0.4c	8
3 424	3.8±1.6c	5	2 614	4.8±0.6c	9
3 331	65.1±6.6a	11	2 252	5.9±1.3c	9
3 165	19.8±1.2b	8	1 917	62.5±11.0a	8
3 003	5.9±2.2c	7	1 600	23.1±3.0b	12

注：表中细菌数量后所标的不同小写字母表示差异显著（$P<0.05$）。表 10-3、表 10-4 中相同。

10.2.1.3　苔藓土壤中的细菌

从表 10-3 可以看出，不同海拔的苔藓土壤中细菌的数量及种类不同。其中，海拔为 2 252 m 的苔藓土壤中细菌的数量为 23.8×10^6 CFU/g 干样，显著高于其余海拔（$P<0.05$）；海拔为 3 491 m 的苔藓土壤中细菌的数量仅为 1.9×10^6 CFU/g 干样，显著低于其余海拔（$P<0.05$）。海拔为 1 600 m、2 614 m、1 917 m 的苔藓土壤中细菌的种类数较多，为 11～13 种，而其余海拔仅为 4～7 种。

表 10-3　苔藓土壤中细菌的数量及种类

海拔/m	数量（10^6 CFU/g 干样）	种类/种	海拔/m	数量（10^6 CFU/g 干样）	种类/种
3 491	1.9±0.5h	5	2 614	10.2±0.2b	12
3 331	3.6±0.6g	4	2 252	23.8±0.5a	7
3 165	5.5±1.0ef	6	1 917	6.4±0.6de	11
3 003	7.8±1.2c	6	1 600	7.2±0.8cd	13
2 675	4.9±1.3fg	7	1 200	11.2±0.5b	5

10.2.1.4　高山草甸植物根区土壤中的细菌

从表 10-4 可以看出，不同草种根区土壤中细菌的数量存在差异，而种类数无明显差异。太白韭根区土壤中细菌的数量为 9.6×10^6 CFU/g 干样，显著高于其余草种（$P <$ 0.05）；马先蒿根区土壤中细菌的数量为 1.6×10^6 CFU/g 干样，显著低于其余草种（$P <$ 0.05）。6 种供试高山草甸植物根区土壤中细菌的种类数为 4～5 种。

表 10-4　高山草甸植物根区土壤中细菌的数量及种类

编号	数量（10^6 CFU/g 干样）	种类/种	编号	数量（10^6 CFU/g 干样）	种类/种
KG	3.0 ± 0.7d	4	PM	1.6 ± 0.2e	5
AP	9.6 ± 0.3a	5	DG	4.5 ± 0.3c	5
SJ	6.2 ± 1.2b	4	TC	5.2 ± 0.2bc	5

10.2.1.5　8 种乔木根域的细菌

从表 10-5 可以看出，不同树种根域细菌的数量不同。在针叶树中，油松根区土、根表土中细菌的数量分别为 24.1×10^6 CFU/g、120.8×10^6 CFU/g 干样，显著高于其余树种（$P < 0.05$），但其根内细菌的数量仅为 0.7×10^4 CFU/g 干样，显著低于其余树种（$P <$ 0.05）；巴山冷杉根区土中细菌的数量最少，为 2.2×10^6 CFU/g 干样，但其根内细菌的数量显著高于其余树种（$P < 0.05$），为 5.0×10^4 CFU/g 干样；太白红杉根表土中细菌的数量为 7.4×10^6 CFU/g 干样，显著低于其余树种（$P < 0.05$）。在阔叶树中，红桦根区土、根表土中细菌的数量分别为 30.0×10^6 CFU/g、115.4×10^6 CFU/g 干样，显著高于其余树种（$P < 0.05$）；辽东栎根内细菌的数量为 20.3×10^4 CFU/g 干样，显著高于其余树种（$P <$ 0.05），但其根表土中细菌的数量最少，为 37.1×10^6 CFU/g 干样；牛皮桦根区土及根内细菌的数量均最少，分别为 6.1×10^6 CFU/g、1.3×10^4 CFU/g 干样。4 种阔叶树根区土、根表土、根内细菌的平均数量分别较 4 种针叶树的平均数量高 54.8%、27.8%、150%。

从表 10-5 还可以看出，不同树种根域细菌的种类也存在差异。在针叶树中，油松根区土中细菌的种类最丰富，有 10 种，太白红杉根表土及根内细菌的种类均多于其余树种，分别为 10 种、8 种；华山松根表土中细菌的种类最少，仅为 7 种，巴山冷杉根区土及根内细菌的种类最少，分别为 5 种、3 种。4 种阔叶树根区土、根表土、根内细菌种类的平均值分别较 4 种针叶树的平均值高 75.7%、22.7%、55.2%。

表 10-5　乔木根域细菌的数量及种类数

类型	编号	数量（CFU/g 干土）			种类/种		
		根区土壤（10^6）	根表土壤（10^6）	根系（10^4）	根区土壤	根表土壤	根系
针叶树	AFF	2.2 ± 0.2f	47.3 ± 9.2bc	5.0 ± 0.6b	5	9	3
	LCB	3.4 ± 0.8ef	7.4 ± 0.7d	2.9 ± 0.3d	7	10	8

类型	编号	数量（CFU/g 干土）			种类/种		
		根区土壤（10^6）	根表土壤（10^6）	根系（10^4）	根区土壤	根表土壤	根系
针叶树	PAF	7.5±2.1d	56.6±7.5bc	2.6±0.5d	6	7	5
	PTC	24.1±4.3b	120.8±35.7a	0.7±0.07e	10	9	7
	$\overline{Xc}±SD$	9.3±10.1	58.0±47.0	2.8±1.8	7.0	8.8	5.8
阔叶树	BA	6.1±0.9de	66.4±3.9bc	1.3±0.4e	9	9	9
	BAB	30.0±2.4a	115.4±33.2a	2.5±0.2d	15	13	8
	QLK	9.4±1.0cd	37.1±9.0cd	20.3±0.2a	11	9	8
	QAA	12.2±1.4c	77.4±5.1b	3.9±0.4c	14	12	11
	$\overline{Xb}±SD$	14.4±10.7	74.1±32.4	7.0±8.9	12.3	10.8	9.0

10.2.2　5 种生境中的优势细菌

从表 10-6 可以看出，5 种生境中的优势细菌共有 18 属 44 种，其中 *Pseudomonas* 属种类最多，占 45.5%；*Bacillus* 属及 *Flavobacterium* 属次之，分别占 11.4%、9.1%；且上述 3 属至少分布于 4 种生境。不同生境中的优势细菌存在差异。

表 10-6　5 种生境中优势细菌的类型

科	属	种类数/种	各生态系统中细菌种类数/种				
			树皮	岩表地衣	苔藓	草本根区土	乔木根域
Pseudomonadaceae	*Pseudomonas*	20	13	7	4	5	3
Bacillaceae	*Bacillus*	5	0	3	1	1	2
Flavobacteriaceae	*Flavobacterium*	4	1	1	1	1	2
Enterobacteriaceae	*Enterobacter*	1	0	0	0	1	0
	Erwinia	1	0	1	0	0	0
	Pectobacterium	1	0	1	0	0	0
	Serratia	1	0	0	1	0	0
Microbacteriaceae	*Curtobacterium*	1	0	1	0	0	0
	Plantibacter	1	1	0	0	0	0
	Leifsonia	1	1	0	0	0	0
Xanthomonadaceae	*Luteibacter*	1	0	0	1	0	0
	Stenotrophomonas	1	1	0	0	0	0
Brevibacteriaceae	*Brevibacterium*	1	1	0	0	0	0
Moraxellaceae	*Moraxella*	1	0	0	1	0	0
Oxalobacteraceae	*Janthinobacterium*	1	0	1	0	0	0
Paenibacillaceae	*Paenibacillus*	1	0	1	0	0	0
Phyllobacteriaceae	*Aminobacter*	1	0	0	0	0	1
Planococcaceae	*Psychrobacillus*	1	0	1	0	0	0
合计：12	18	44	18	17	10	8	8

10.2.2.1　针、阔叶树树皮中的优势细菌

从表 10-6、表 10-7 可以看出，9 种针、阔叶树树皮中的优势细菌共有 6 属 18 种，分别为 *Pseudomonas* 属、*Flavobacterium* 属、*Plantibacter* 属、*Leifsonia* 属、*Stenotrophomonas* 属及 *Brevibacterium* 属。其中，*Pseudomonas* 属种类最多，占 72.2%；*Plantibacter* 属、*Leifsonia* 属及 *Stenotrophomonas* 属在其余生境中未发现。另外，从多种树皮中分离到相同的优势种，如 *Pse. libanensis*、*Bre. frigoritolerans*、*F. aquidurense* 及 *Pse. costantinii* 在 2~3 种树皮中均为优势种，相对多度达到 8.2%~83%。

表 10-7　针、阔叶树树皮中的优势细菌

针叶树				阔叶树			
编号	名称	序列号	RAd%	编号	名称	序列号	RAd%
LCBH	*Pse. costantinii*	KJ589420	83.0	SAP	*Pse. costantinii*	KJ589433	48.0
	Pse. brenneri	KJ589421	12.3		*Pse. graminis*	KJ589434	16.3
	Pse. migulae	KJ589422	4.7		*Lei. kafniensis*	KJ589435	11.8
AFF	*Pse. rhizosphaerae*	KJ589423	34.4	BA	*Pse. baetica*	KJ589436	26.0
	Pse. libanensis	KJ589424	11.5	BAB	*F. aquidurense*	KJ589437	45.1
	Bre. frigoritolerans	KJ589425	9.8		*Pse. libanensis*	KJ589438	16.2
LCBL	*Pse. arsenicoxydans*	KJ589426	55.1		*Pla. flavus*	KJ589439	11.6
PAF	*Pse. agarici*	KJ589427	46.5	QLK	*Pse. mandelii*	KJ589440	63.7
	Pse. graminis	KJ589428	20.9		*Pse. mohnii*	KJ589441	10.3
	Pse. poae	KJ589429	11.6		*Bre. frigoritolerans*	KJ589442	8.2
PTC	*Ste. rhizophila*	KJ589430	28.8	QAA	*Pse. simiae*	KJ589443	90.6
	F. aquidurense	KJ589431	16.1				
	Pse. libanensis	KJ589432	15.2				

10.2.2.2　岩表地衣中的优势细菌

由表 10-6、表 10-8 可以看出，岩表地衣中的优势细菌共有 9 属 17 种，分别为 *Pseudomonas* 属、*Bacillus* 属、*Flavobacterium* 属、*Erwinia* 属、*Pectobacterium* 属、*Curtobacterium* 属、*Janthinobacterium* 属、*Paenibacillus* 属及 *Psychrobacillus* 属。其中，*Pseudomonas* 属种类最多，占 41.2%；*Erwinia* 属、*Pectobacterium* 属、*Curtobacterium* 属、*Janthinobacterium* 属、*Paenibacillus* 属及 *Psychrobacillus* 属在其余生态系统中未发现。不同海拔的岩表地衣中的优势细菌不同，仅 *Bac. mycoides*、*Pse. brenneri* 及 *Pse. orientalis* 在两个海拔的岩表地衣中均为优势种。

表 10-8　岩表地衣中的优势细菌

海拔/m	优势种			海拔/m	优势种		
	名称	序列号	RAd%		名称	序列号	RAd%
3 491	*Pse. reinekei*	KJ589444	41.3	2 614	*J. lividum*	KJ589455	34.7
	Bac. endophyticus	KJ589445	30.2		*Erw. billingiae*	KJ589456	15.7
3 424	*C. flaccumfaciens*	KJ589446	93.6	2 252	*Pse. gessardii*	KJ589457	43.4
3 331	*F. gelidilacus*	KJ589447	31.9		*Bac. mycoides*	KJ589458	20.1
	Pse. graminis	KJ589448	28.2		*Pae. castaneae*	KJ589459	19.0
3 165	*Pec. carotovorum subsp. odoriferum*	KJ589449	37.8	1 917	*Pse. poae*	KJ589460	76.6
	Pse. orientalis	KJ589450	15.8		*Bac. muralis*	KJ589461	1.85
3 003	*Pse. brenneri*	KJ589451	20.3	1 600	*Bac. mycoides*	KJ589462	23.4
	Pse. orientalis	KJ589452	13.9		*Psy. psychrodurans*	KJ589463	10.4
2 823	*Pse. brenneri*	KJ589453	13.8				
	Pse. baetica	KJ589454	11.1				

10.2.2.3　苔藓土壤中的优势细菌

从表 10-6、表 10-9 可以看出，供试苔藓土壤中的优势细菌共有 7 属 10 种，分别为 *Pseudomonas* 属、*Bacillus* 属、*Flavobacterium* 属、*Serratia* 属、*Luteibacter* 属、*Brevibacterium* 属及 *Moraxella* 属。其中，*Pseudomonas* 属种类最多，占 40%；*Serratia* 属、*Luteibacter* 属及 *Moraxella* 属在其余生境中未发现。多个海拔的苔藓土壤中分布着相同的优势种，如 *F. hercynium* 在 7 个海拔的苔藓土壤中均为优势种，相对多度为 9.7%～70.3%；*Pse. mandelii* 在 6 个海拔的苔藓土壤中均为优势种，相对多度为 16.7%～53.3%；*Bac. mycoides* 在海拔为 1 200 m 及 1 600 m 的苔藓土壤中均为优势种，相对多度分别为 14.6% 及 19.4%。

表 10-9　苔藓土壤中的优势细菌

海拔/m	优势种			海拔/m	优势种		
	名称	序列号	RAd%		名称	序列号	RAd%
3 491	*Pse. mandelii*	KJ589464	53.3	2 252	*F. hercynium*	KJ589476	70.3
	F. hercynium	KJ589465	12.1		*Pse. fragi*	KJ589477	13.4
3 331	*Pse. mandelii*	KJ589466	32.5	1 917	*Pse. mandelii*	KJ589478	48.3
	F. hercynium	KJ589467	32.1		*Pse. reinekei*	KJ589479	14.7
3 165	*M. osloensis*	KJ589468	43.8	1 600	*Bac. mycoides*	KJ589480	19.4
	F. hercynium	KJ589469	11.3		*Ser. proteamaculans*	KJ589481	10.1
3 003	*Pse. libanensis*	KJ589470	41.5		*Pse. mandelii*	KJ589482	16.7
	Lut. rhizovicinus	KJ589471	31.5	1 200	*Bac. mycoides*	KJ589483	14.6
2 765	*Pse. mandelii*	KJ589472	22.1		*F. hercynium*	KJ589484	9.7
	F. hercynium	KJ589473	13.5		*Bre. frigoritolerans*	KJ589485	5.3
2 614	*F. hercynium*	KJ589474	55.8				
	Pse. mandelii	KJ589475	35.9				

10.2.2.4　高山草甸植物根区土壤中的优势细菌

从表 10-6、表 10-10 可以看出，6 种供试高山草甸植物根区土壤中的优势细菌共有 4 属 8 种，分别为 *Pseudomonas* 属、*Bacillus* 属、*Flavobacterium* 属及 *Enterobacter* 属。其中，*Pseudomonas* 属种类最多，占 62.5%；*Enterobacter* 属在其余生态系统中未发现。多种草甸植物根区土壤中分布着相同的优势种，如 *Pse. frederiksbergensis* 在太白韭及翠雀根区土壤中均为优势种，相对多度分别为 41.5% 及 54.7%；*Pse. mandelii* 及 *Pse. psychrophila* 在马先蒿和金莲花根区土壤中均为优势种，相对多度分别为 29.0%～47.9% 及 37.9～39.0%；*F. hercynium* 在风毛菊及翠雀根区土壤中均为优势种，相对多度分别为 19.8% 及 31.6%。

表 10-10　高山草甸植物根区土壤中的优势细菌

样品	优势种 1			优势种 2		
	名称	序列号	RAd%	名称	序列号	RAd%
KG	*Bac. psychrosaccharolyticus*	KJ589486	45.4	*Pse. mohnii*	KJ589487	33.1
AP	*Pse. frederiksbergensis*	KJ589488	41.5	*Ent. mori*	KJ589489	27.8
SJ	*Pse. cedrina subsp. cedrina*	KJ589494	61.9	*F. hercynium*	KJ589495	19.8
PM	*Pse. mandelii*	KJ589496	47.9	*Pse. psychrophila*	KJ589497	39.0
DG	*Pse. frederiksbergensis*	KJ589490	54.7	*F. hercynium*	KJ589491	31.6
TC	*Pse. psychrophila*	KJ589492	37.9	*Pse. mandelii*	KJ589493	29.0

10.2.2.5　8 种乔木根域的优势细菌

从表 10-6 及表 10-11 可以看出，8 种供试树种根域的优势细菌共有 4 属 8 种，分别为 *Pseudomonas* 属、*Bacillus* 属、*Flavobacterium* 属及 *Aminobacter* 属。其中，*Pseudomonas* 属种类最多，占 37.5%；*Aminobacter* 属在其余生境中未发现。多个树种根域分布着相同的优势细菌，如 *Bac. drentensis* 在除油松外的其余 7 个树种根域均有分布，相对多度达到 9.3%～72.5%；*Bac. mycoides* 在除油松及辽东栎外的其余 6 个树种根域均有分布，相对多度达到 9.7%～37.4%；*F. hercynium* 在油松、牛皮桦、红桦、辽东栎及锐齿栎根域均有分布，相对多度达到 12.6%～49.7%；*Pse. simiae* 在红桦及辽东栎根域均有分布，相对多度达到 19.3%～24.9%；*F. pectinovorum* 在油松及红桦根域均有分布，相对多度分别为 14.5%、24.0%。供试树种根域的不同部位也分布着相同的优势种，*Bac. drentensis*、*Bac. mycoides*、*F. hercynium* 及 *Pse. simiae* 在根区土壤、根表土壤及根内均有分布；*Pse. frederiksbergensis* 在根区土壤及根内均有分布。

表 10-11　乔木根域的优势细菌

样品		优势种 1			优势种 2		
树种	部位	名称	序列号	RAd%	名称	序列号	RAd%
AFF	根区土壤	*Bac. drentensis*	KJ589504	40.0	*Bac. mycoides*	KJ589505	11.5
	根表土壤	*Bac. drentensis*	KJ589506	64.6	*Bac. mycoides*	KJ589507	15.3
	根系	*Bac. drentensis*	KJ589508	72.5			
LCB	根区土壤	*Bac. drentensis*	KJ589498	47.1	*Bac. mycoides*	KJ589499	13.2
	根表土壤	*Bac. drentensis*	KJ589500	26.3	*Bac. mycoides*	KJ589501	9.7
	根系	*A. aminovorans*	KJ589502	48.2	*Bac. drentensis*	KJ589503	9.3
PAF	根区土壤	*Bac. drentensis*	KJ589509	31.3	*Bac. mycoides*	KJ589510	11.2
	根表土壤	*Bac. drentensis*	KJ589511	24.9	*Bac. mycoides*	KJ589512	15.0
	根系	*Bac. drentensis*	KJ589513	48.4			
PTC	根区土壤	*Pse. frederiksbergensis*	KJ589514	18.8	*F. pectinovorum*	KJ589515	14.5
	根表土壤	*F. hercynium*	KJ589516	14.3	*Pse. baetica*	KJ589517	13.7
	根系	*Pse. frederiksbergensis*	KJ589518	53.6			
BA	根区土壤	*F. hercynium*	KJ589519	16.7	*Bac. drentensis*	KJ589520	14.6
	根表土壤	*Bac. drentensis*	KJ589521	19.4	*F. hercynium*	KJ589522	18.9
	根系	*F. hercynium*	KJ589523	33.6	*Bac. mycoides*	KJ589524	26.8
BAB	根区土壤	*F. pectinovorum*	KJ589525	24.0	*F. hercynium*	KJ589526	18.6
	根表土壤	*F. hercynium*	KJ589527	19.9	*Bac. drentensis*	KJ589528	14.8
	根系	*Bac. mycoides*	KJ589529	37.4	*Pse. simiae*	KJ589530	24.0
QLK	根区土壤	*Pse. simiae*	KJ589531	19.3	*F. hercynium*	KJ589532	12.6
	根表土壤	*Pse. simiae*	KJ589533	24.9	*Bac. drentensis*	KJ589534	11.4
	根系	*F. hercynium*	KJ589535	49.7			
QAA	根区土壤	*F. hercynium*	KJ589536	17.0	*Bac. drentensis*	KJ589537	10.7
	根表土壤	*F. hercynium*	KJ589538	19.7	*Bac. drentensis*	KJ589539	11.6
	根系	*Bac. mycoides*	KJ589540	22.0			

10.3　小结与讨论

我们通过研究太白山北坡 5 种生境中细菌的数量、种类及优势种，发现其中有大量细菌生存，呈现出丰富的生物多样性。优势细菌共有 18 属 44 种，分别为 *Pseudomonas* 属、*Flavobacterium* 属、*Bacillus* 属、*Brevibacterium* 属、*Plantibacter* 属、*Leifsonia* 属、*Stenotrophomonas* 属、*Erwinia* 属、*Pectobacterium* 属、*Curtobacterium* 属、*Janthinobacterium* 属、*Paenibacillus* 属、*Psychrobacillus* 属、*Serratia* 属、*Luteibacter* 属、*Moraxella* 属、*Enterobacter* 属及 *Aminobacter* 属。其中，*Pseudomonas* 属及 *Flavobacterium* 属在 5 种生

境中均有分布，*Bacillus* 属在除树皮外的其余 4 种生境中均有分布，*Brevibacterium* 属在树皮及苔藓土壤中均有分布，其余属仅分布于 1 种生境中。树皮及岩表地衣中细菌的数量最少，但是优势细菌的种类最丰富。

本研究发现，不同生境中的优势细菌不同。*Plantibacter* 属、*Leifsonia* 属及 *Stenotrophomonas* 属仅分布于 9 种针、阔叶树树皮中；*Erwinia* 属、*Pectobacterium* 属、*Curtobacterium* 属、*Janthinobacterium* 属、*Paenibacillus* 属及 *Psychrobacillus* 属仅分布于岩表地衣中；*Serratia* 属、*Luteibacter* 属及 *Moraxella* 属仅分布于苔藓土壤中；*Enterobacter* 属仅分布于高山草甸植物根区土壤中；*Aminobacter* 属仅分布于乔木根域。

本研究还发现在不同海拔高度的同一类生境中，细菌的数量和种类不同。海拔为 1 917 m 及 3 331 m 的岩表地衣中细菌的数量最多，海拔为 1 200 m 及 3 331 m 的岩表地衣中细菌的种类最丰富；海拔为 2 252 m 的苔藓土壤中细菌的数量最多，而海拔为 1 600 m 的苔藓土壤中细菌的种类最丰富。另外，不同树种的树皮、根域土壤中细菌的数量与种类也不相同，如阔叶树树皮中细菌的数量远远高于针叶树，但针叶树树皮中细菌的种类较阔叶树丰富；阔叶树根区土壤、根表土壤、根内细菌的数量及种类均高于针叶树。不同高山草甸植物根区土壤中细菌的数量也不相同，如太白韭根区土壤中细菌的数量最多。

本研究发现树皮中细菌的数量与海拔呈显著负相关关系（$P < 0.05$），这与前文中放线菌的研究结果一致，但是高山草甸植物根区土壤及乔木根区土壤、根表土壤中细菌的数量均未与土壤养分含量表现出相关性，而前文中放线菌的数量均与土壤中部分养分含量具有显著相关关系，表明细菌与放线菌对土壤养分的依赖性不同。

第 11 章

5 种生境中的真菌研究

真菌在自然界中分布广泛，是生态系统中不可缺少的一部分，对植物健康生长及土壤中的养分转化等具有重要意义。对生态系统中真菌的定量化分析有利于了解其动态变化，而研究其中各组成部分的数量及相对多度是定量分析各种复杂生态系统的基础工作（Gans et al.，2005）。秦岭地理位置特殊，是动植物及微生物资源的天然宝库。目前已有较多关于秦岭地区药用及大型真菌资源（田呈明等，1995；姚拓等，1996；申琦等，2008；祁鹏等，2013）以及各种林地土壤中真菌数量的研究（崔芳芳等，2008；付刚等，2008；任得元等，2009；任建宏等，2010），但是尚未发现对秦岭地区不同生态系统中真菌区系的研究。

本章对秦岭主峰太白山北坡不同海拔的针阔叶树树皮、岩表地衣、苔藓土壤、高山草甸植物根区土壤及乔木根域的真菌区系进行了较为系统的分析，旨在了解秦岭地区不同生态系统中真菌的生态分布，其结果对该地区真菌资源现状的了解及利用具有重要的科学价值。

11.1 材料与方法

11.1.1 材料

11.1.1.1 供试样品

树皮样品同 5.1.1.1，岩表地衣样品同 6.1.1.1，苔藓土壤样品同 7.1.1.1，高山草甸植物根区土壤样品同 8.1.1.1，乔木根域样品同 9.1.1.1。

11.1.1.2 培养基

真菌的分离采用 PDA 培养基（程丽娟等，2000）。

11.1.2 方法

11.1.2.1 真菌分离

树皮真菌的分离方法同 5.1.2.2，岩表地衣真菌的分离方法同 6.1.2.1，苔藓土壤中真菌的分离方法同 7.1.2.1，高山草甸植物根区土壤中真菌的分离方法同 8.1.2.2，乔木根域真菌的分离方法同 9.1.2.2。

11.1.2.2 优势真菌鉴定

真菌基因组总 DNA 采用 CTAB 法（孙广宇等，2004）提取，rRNA-ITS-PCR 扩增采用真菌通用引物 ITS1（5'-TCCGTAGGTGAACCTGCGG-3'）和 ITS4（5'-TCCTCCGCT TATTGATATGC-3'）（White et al.，1990），PCR 扩增产物送南京金斯瑞生物科技有限公司纯化及测序，所得测序结果利用 Blastn（http://blast.ncbi.nlm.nih.gov/）与 GenBank 数据库中的已知序列进行比对，从而获得同源性最近菌株的相关序列。用 MEGA 4.0 软件按照最大同源性原则进行排序后，用 Neighbor-joining 法构建系统发育树，用 Bootstrap 法检验，重复 1 000 次。

11.1.2.3 优势真菌相对多度

优势真菌相对多度的计算方法同 10.1.2.3。

11.1.2.4 数据处理

数据处理方法同 5.1.2.7。

11.2 结果与分析

11.2.1 5 种生境中的真菌数量及种类

11.2.1.1 针、阔叶树树皮中的真菌

从表 11-1 可以看出，不同树皮中真菌的数量不同。在针叶树中，油松树皮中真菌的数量为 21.6×10^3 CFU/g 干样，显著高于其余树种（$P < 0.05$）；巴山冷杉、华山松树皮中真菌的数量分别为 2.1×10^3 CFU/g、1.6×10^3 CFU/g 干样，显著低于其余树种（$P < 0.05$）。在阔叶树中，红桦树皮中真菌的数量为 37.2×10^3 CFU/g 干样，显著高于其余树种（$P < 0.05$）；牛皮桦、辽东栎树皮中真菌的数量分别为 0.8×10^3 CFU/g、1.6×10^3 CFU/g 干样，显著低于其余树种（$P < 0.05$）。5 种阔叶树树皮中真菌的平均数量较 5 种针叶树的平均值高 23.6%。

表 11-1　9 种针、阔叶树树皮中真菌的数量及种类

样品		数量（10^3 CFU/g 干样）Counts（10^3 CFU/g dry bark）	种类数/种	样品	数量（10^3 CFU/g 干样）Counts（10^3 CFU/g dry bark）	种类数/种
针叶树	LCBH	10.6±1.3c	6	SAP	5.2±1.4d	4
	AFF	2.1±0.3e	5	BA	0.8±0.2e	5
	LCBL	8.4±1.4c	6	BAB	37.2±1.8a	8
	PAF	1.6±0.2e	7	QLK	1.6±0.4e	6
	PTC	21.6±2.6b	5	QAA	10.3±2.5c	10
	$\bar{X}c \pm SD$	8.9±8.1	5.8	$\bar{X}b \pm SD$	11.0±15.1	6.6

注：真菌数量后所标的不同小写字母表示差异显著（$P<0.05$）；$\bar{X}c \pm SD$、$\bar{X}b \pm SD$ 分别指针叶树、阔叶树的平均值±标准差。表 11-5 中相同。

从表 11-1 还可以看出，不同树皮中真菌的种类也不同。5 种针叶树树皮中真菌的种类数为 5～7 种；在阔叶树中，锐齿栎树皮中真菌的种类最丰富，有 10 种，而高山绣线菊树皮中仅有 4 种。5 种阔叶树树皮中真菌的种类数的平均值较 5 种针叶树的平均值高 13.8%。

11.2.1.2　岩表地衣中的真菌

从表 11-2 可以看出，不同海拔的岩表地衣中真菌的数量及种类存在差异。海拔为 1 600 m、2 252 m、2 614 m 的岩表地衣中真菌的数量分别为 18.8×10^3 CFU/g、16.5×10^3 CFU/g、15.4×10^3 CFU/g 干样，显著高于其余海拔（$P<0.05$）；海拔为 3 491 m 的岩表地衣中细菌的数量最少，仅为 0.4×10^3 CFU/g 干样。海拔为 1 600 m 的岩表地衣中细菌的种类最丰富，有 10 种；而海拔为 3 491 m 的岩表地衣中仅有 2 种。5 个低海拔（<3 000 m）岩表地衣中真菌的数量及种类数的平均值分别是 5 个高海拔（>3 000 m）岩表地衣平均值的 7.4 倍、1.5 倍。

表 11-2　岩表地衣中真菌的数量及种类

海拔/m	数量（10^3 CFU/g 干样）	种类/种	海拔/m	数量（10^3 CFU/g 干样）	种类/种
3 491	0.4±0.2d	2	2 823	6.4±2.1bc	7
3 424	0.8±0.1d	3	2 614	15.4±2.2a	7
3 331	1.3±0.6d	5	2 252	16.5±2.3a	8
3 165	4.2±1.9cd	8	1 917	9.9±0.5b	7
3 003	2.2±0.4cd	8	1 600	18.8±7.3a	10
$\bar{X}a \pm SD$	1.8±1.5	5.2	$\bar{X}b \pm SD$	13.4±5.1	7.8

注：真菌数量后所标的不同小写字母表示差异显著（$P<0.05$）；$\bar{X}a \pm SD$ 表示海拔>3 000 m 的岩表地衣的平均值±标准差，$\bar{X}b \pm SD$ 表示海拔<3 000 m 的岩表地衣的平均值±标准差。

11.2.1.3　苔藓土壤中的真菌

从表 11-3 可以看出，不同海拔的苔藓土壤中真菌的数量及种类数存在差异。海拔

为 1 200 m 的苔藓土壤中真菌的数量为 156.7×10³ CFU/g 干样，显著高于其余海拔（$P<$ 0.05）；海拔为 3 165 m 的苔藓土壤中真菌的数量最少，仅为 0.9×10³ CFU/g 干样。海拔为 1 200 m 及 2 614 m 的苔藓土壤中均分离到 8 种真菌，而海拔为 3 165 m 的苔藓土壤中仅有 2 种。这表明海拔为 1 200 m 的苔藓土壤最适宜真菌生长，而海拔为 3 165 m 的苔藓土壤最不适宜。

表 11-3　苔藓土壤中真菌的数量及种类

海拔/m	数量（10³ CFU/g 干样）	种类/种	海拔/m	数量（10³ CFU/g 干样）	种类/种
3 491	13.3±1.5cde	4	2 614	17.2±2.4c	8
3 331	2.3±1.1ef	4	2 252	1.8±0.5ef	3
3 165	0.9±0.4f	2	1 917	14.1±3.9cd	7
3 003	19.3±4.0c	3	1 600	30.9±4.3b	7
2 675	6.9±1.4def	4	1 200	156.7±18.1a	8

注：真菌数量后所标的不同小写字母表示差异显著（$P<0.05$）。表 11-4 中相同。

11.2.1.4　高山草甸植物根区土壤中的真菌

从表 11-4 可以看出，不同高山草甸植物根区土壤中细菌的数量存在差异，而种类数无明显差异。金莲花根区土壤中真菌的数量为 12.8×10³ CFU/g 干样，显著高于其余草种（$P<0.05$）；太白韭根区土壤中真菌的数量最少，仅为 0.9×10³ CFU/g 干样。6 种供试高山草甸植物根区土壤中真菌的种类数为 2～3 种。

表 11-4　高山草甸植物根区土壤中真菌的数量及种类

编号	数量（10³ CFU/g 干样）	种类/种	编号	数量（10³ CFU/g 干样）	种类/种
KG	9.3±2.1b	2	PM	1.3±0.1cd	2
AP	0.9±0.4d	2	DG	3.2±1.2c	3
SJ	1.2±0.2cd	2	TC	12.8±1.4a	3

11.2.1.5　8 种乔木根域的真菌

从表 11-5 可以看出，8 种供试乔木根区土及根表土中存在大量真菌，但是根内未分离到真菌。在针叶树中，油松根区土、根表土中真菌的数量分别为 60.0×10³ CFU/g、68.1×10³ CFU/g 干样，显著高于其余树种（$P<0.05$）；巴山冷杉根区土、根表土中真菌的数量均最少，分别为 1.1×10³ CFU/g、5.1×10³ CFU/g 干样。在阔叶树中，辽东栎根区土、根表土中真菌的数量分别为 29.0×10³ CFU/g、37.8×10³ CFU/g 干样，显著高于其余树种（$P<0.05$）；红桦根区土、根表土中真菌的数量均最少，分别为 4.5×10³ CFU/g、14.2×10³ CFU/g 干样。4 种针叶树根区土、根表土中真菌的数量的平均值分别较 4 种阔叶树高 50.0%、8.3%。

表 11-5　乔木根域真菌的数量及种类数

类型	编号	数量（10³ CFU/g 干样）		种类/种	
		根区土壤	根表土壤	根区土壤	根表土壤
针叶树	AFF	1.1±0.2c	5.1±1.6d	4	7
	LCB	1.8±1.0c	5.4±1.4d	4	6
	PAF	9.0±1.1c	21.0±0.3c	6	7
	PTC	60.0±11.8a	68.1±18.5a	5	11
	$\bar{X}c \pm SD$	18.0±28.2	24.9±29.7	4.8	7.8
阔叶树	BA	5.1±0.3c	15.1±5.5cd	8	10
	BAB	4.5±0.3c	14.2±5.4cd	4	4
	QLK	29.0±2.5b	37.8±2.8b	8	6
	QAA	9.3±1.6c	24.9±1.9c	10	11
	$\bar{X}b \pm SD$	12.0±11.5	23.0±11.0	7.5	7.8

从表 11-5 还可以看出，不同树种的根区土壤、根表土壤中真菌的种类数存在差异。在针叶树中，4 个树种的根区土壤中真菌的种类数差异不大，有 4～6 种；油松根区土壤中真菌的种类最丰富，有 11 种，而太白红杉根区土壤中仅有 6 种。在阔叶树中，锐齿栎根区土壤、根表土壤中真菌的种类数分别为 10 种、11 种，均高于其余树种；而红桦根区土壤、根表土壤中均为 4 种。

从表 11-6 可以看出，8 种供试乔木根区土壤、根表土壤中真菌的数量均与土壤中的全氮、速效磷、速效钾及有机质含量呈显著正相关关系（$P<0.05$），而与土壤 pH 呈显著负相关关系（$P<0.05$）。

表 11-6　根区土、根表土中真菌的数量与土壤养分的相关系数

指标	土壤化学性质				
	全氮	速效磷	速效钾	有机质	pH
根区土壤	0.902**	0.904**	0.743*	0.973**	−0.797*
根表土壤	0.903**	0.864**	0.720*	0.957**	−0.754*

11.2.2　5 种生境中的优势真菌

从表 11-7 可以看出，太白山北坡 5 种生境中的优势真菌共有 18 属 28 种，其中 *Cladosporium* 属、*Alternaria* 属及 *Penicillium* 属种类较多，均占 10.7%；*Mucor* 属在 5 种生境中均有分布，*Cladosporium* 属及 *Cryptococcus* 属分布于除高山草甸植物根区土壤外的其余 4 种生境，*Alternaria* 属、*Penicillium* 属、*Hypocrea* 属、*Trichoderma* 属及 *Debaryomyces* 属分布于 2～3 种生境。不同生境中的优势真菌存在差异。

表 11-7　5 种生境中优势真菌的类型

科	属	种类数/种	各生境中真菌种类数/种				
			树皮	岩表地衣	苔藓	草本根区土	乔木根域
Mucoraceae	*Mucor*	2	1	1	2	1	1
Cladosporiaceae	*Cladosporium*	3	2	1	1	0	1
Mycosphaerellaceae	*Cryptococcus*	1	1	1	1	0	1
Pleosporaceae	*Alternaria*	3	1	2	1	0	0
Aspergillaceae	*Penicillium*	3	0	2	2	0	0
	Aspergillus	1	0	1	0	0	0
Hypocreaceae	*Hypocrea*	2	1	0	0	0	2
	Trichoderma	2	1	2	0	0	0
Dothioraceae	*Aureobasidium*	1	0	1	0	0	0
	Sydowia	1	0	0	1	0	0
Nectriaceae	*Fusarium*	2	0	0	0	2	0
Bionectriaceae	*Myrothecium*	1	1	0	0	0	0
Chaetomiaceae	*Trichocladium*	1	0	0	1	0	0
Coniochaetaceae	*Lecythophora*	1	0	0	0	0	1
Debaryomycetaceae	*Debaryomyces*	1	0	1	0	1	0
Dematiaceae	*Torula*	1	0	0	1	0	0
Discellaceae	*Epicoccum*	1	1	0	0	0	0
Saccharomycetaceae	*Saccharomyces*	1	0	1	0	0	0
Total: 15	18	28	9	13	10	4	6

11.2.2.1　针、阔叶树树皮中的优势真菌

从表 11-7、表 11-8 可以看出，9 种针、阔叶树树皮中的优势真菌共有 8 属 9 种，分别为 *Mucor* 属、*Cladosporium* 属、*Cryptococcus* 属、*Alternaria* 属、*Hypocrea* 属、*Trichoderma* 属、*Myrothecium* 属及 *Epicoccum* 属，其中 *Myrothecium* 属及 *Epicoccum* 属在其余生境中未发现。另外，从多种树皮中分离到相同的优势种，如 *Cla. cladosporioides* 在两个海拔的太白红杉、华山松、高山绣线菊、牛皮桦、红桦及辽东栎树皮中均为优势种，相对多度达到 20.9%～84.9%；*Cry. albidus* 在两个海拔的太白红杉、巴山冷杉、油松、辽东栎及锐齿栎树皮中均为优势种，相对多度达到 39.4%～60.3%。

表 11-8　针、阔叶树树皮中的优势真菌

树种	优势种 1			优势种 2		
	名称	序列号	RAd%	名称	序列号	RAd%
LCBH	*Cry. albidus*	KJ589541	54.3	*Cla. cladosporioides*	KJ589542	21.3
AFF	*Cry. albidus*	KJ589543	43.4	*Muc. racemosus*	KJ589544	29.0

续表

树种	优势种 1			优势种 2		
	名称	序列号	RAd%	名称	序列号	RAd%
LCBL	*Cry. albidus*	KJ589545	39.4	*Cla. cladosporioides*	KJ589546	30.0
PAF	*Cla. cladosporioides*	KJ589547	41.2	*Alt. brassicae*	KJ589548	28.6
PTC	*Cry. albidus*	KJ589549	58.0	*H. viridescens*	KJ589550	25.3
SAP	*Myr. verrucaria*	KJ589551	49.9	*Cla. cladosporioides*	KJ589552	30.0
BA	*Cla. cladosporioides*	KJ589553	52.1	*Cla. tenuissimum*	KJ589554	33.7
BAB	*Cla. cladosporioides*	KJ589555	84.9	*E. nigrum*	KJ589556	10.8
QLK	*Cry. albidus*	KJ589557	60.3	*Cla. cladosporioides*	KJ589558	20.9
QAA	*Cry. albidus*	KJ589559	47.9	*Trichoderma atroviride*	KJ589560	16.3

11.2.2.2 岩表地衣中的优势真菌

从表 11-7、表 11-9 可以看出，供试岩表地衣中的优势真菌共有 10 属 13 种，分别为 *Mucor* 属、*Cladosporium* 属、*Cryptococcus* 属、*Alternaria* 属、*Penicillium* 属、*Aspergillus* 属、*Trichoderma* 属、*Aureobasidium* 属、*Debaryomyces* 属及 *Saccharomyces* 属，其中 *Aspergillus* 属、*Aureobasidium* 属及 *Saccharomyces* 属在其余生境中未发现。从多个海拔的岩表地衣中分离到相同的优势真菌，如 *Cry. albidus* 在海拔为 3 424 m、2 823 m 及 2 614 m 的岩表地衣中均为优势种，相对多度达到 44.3%~54.5%；*D. hansenii* 在海拔为 3 491 m、3 165 m 及 3 003 m 的岩表地衣中均为优势种，相对多度达到 33.4%~76.4%；*Alt. alternata*、*P. chrysogenum* 及 *Sac. kluyveri* 在两个海拔的岩表地衣中均有分布，相对多度达到 22.1%~49.3%。

表 11-9 岩表地衣中的优势真菌

海拔/m	优势种 1			优势种 2		
	名称	序列号	RAd%	名称	序列号	RAd%
3 491	*D. hansenii*	KJ589561	76.4	*P. chrysogenum*	KJ589562	23.6
3 424	*Cry. albidus*	KJ589563	54.5	*Alt. alternata*	KJ589564	33.4
3 331	*Alt. alternata*	KJ589565	46.2	*P. glabrum*	KJ589566	29.6
3 165	*D. hansenii*	KJ589567	60.3	*P. chrysogenum*	KJ589568	22.1
3 003	*Asp. fumigatus*	KJ589569	39.8	*D. hansenii*	KJ589570	33.4
2 823	*Cry. albidus*	KJ589571	44.3	*Trichoderma atroviride*	KJ589572	24.7
2 614	*Cry. albidus*	KJ589573	50.8	*Aur. pullulans*	KJ589574	30.1
2 252	*Cla. cladosporioides*	KJ589575	33.5	*Trichoderma koningiopsis*	KJ589576	29.2
1 917	*Sac. kluyveri*	KJ589577	42.3	*Muc. hiemalis*	KJ589578	29.7
1 600	*Sac. kluyveri*	KJ589579	49.3	*Alt. porri*	KJ589580	27.0

11.2.2.3　苔藓土壤中的优势真菌

从表 11-7、表 11-10 可以看出，供试苔藓土壤中的优势真菌共有 8 属 10 种，分别为 *Mucor* 属、*Cladosporium* 属、*Cryptococcus* 属、*Alternaria* 属、*Penicillium* 属、*Torula* 属、*Sydowia* 属及 *Trichocladium* 属，其中 *Sydowia* 属、*Torula* 属及 *Trichocladium* 属在其余生境中未发现。多个海拔的苔藓土壤中分布着相同的优势种，如 *Muc. hiemalis* 在海拔为 3 491 m、3 331 m、3 003 m 及 1 917 m 的苔藓土壤中均为优势种，相对多度达到 22.5%～47.5%；*Syd. polyspora* 在海拔为 2 675 m、2 614 m 及 2 252 m 的苔藓土壤中均为优势种，相对多度达到 35.7%～47.9%；*Trichocladium asperum* 在海拔为 2 614 m、1 600 m 及 1 200 m 的苔藓土壤中均为优势种，相对多度达到 30.4%～47.3%；*Tor. herbarum* 在海拔为 3 003 m 及 2 252 m 的苔藓土壤中均为优势种，相对多度分别为 40.8% 及 43.2%；*Muc. racemosus* 在海拔为 1 600 m 及 1 200 m 的苔藓土壤中均为优势种，相对多度分别为 24.2% 及 45.9%。

表 11-10　苔藓土壤中的优势真菌

海拔/m	优势种 1			优势种 2		
	名称	序列号	RAd%	名称	序列号	RAd%
3 491	*P. chrysogenum*	KJ589581	58.4	*Muc. hiemalis*	KJ589582	30.0
3 331	*P. polonicum*	KJ589583	60.8	*Muc. hiemalis*	KJ589584	22.5
3 165	*Cry. albidus*	KJ589585	54.8	*Alt. alternata*	KJ589586	45.2
3 003	*Muc. hiemalis*	KJ589587	47.5	*Tor. herbarum*	KJ589588	40.8
2 675	*Syd. polyspora*	KJ589589	43.1	*Cla. oxysporum*	KJ589590	29.8
2 614	*Syd. polyspora*	KJ589591	35.7	*Trichocladium asperum*	KJ589592	30.4
2 252	*Syd. polyspora*	KJ589593	47.9	*Tor. herbarum*	KJ589594	43.2
1 917	*Muc. hiemalis*	KJ589595	42.7	*Cla. cladosporioides*	KJ589596	27.3
1 600	*Trichocladium asperum*	KJ589597	47.3	*Muc. racemosus*	KJ589598	24.2
1 200	*Muc. racemosus*	KJ589599	45.9	*Trichocladium asperum*	KJ589600	35.4

11.2.2.4　高山草甸植物根区土壤中的优势真菌

从表 11-7、表 11-11 可以看出，供试高山草甸植物根区土壤中的优势真菌共有 3 属 4 种，分别为 *Mucor* 属、*Fusarium* 属及 *Debaryomyces* 属，其中 *Fusarium* 属在其余生境中未发现。4 种优势真菌均分布于多个高山草甸根区土壤中，*Muc. hiemalis* 分布于禾叶蒿草、太白韭、翠雀及金莲花根区土壤，相对多度达到 25.1%～60.6%；*F. acuminatum* 分布于禾叶蒿草、太白韭及翠雀根区土壤，相对多度达到 39.4%～64.3%；*F. tricinctum* 分布于风毛菊、金莲花及马先蒿根区土壤，相对多度达到 43.3%～74.9%；*D. hansenii* 分布于风毛菊及马先蒿根区土壤，相对多度分别为 41.5% 及 49.7%。

表 11-11　高山草甸植物根区土壤中的优势真菌

样品	优势种 1			优势种 2		
	名称	序列号	RAd%	名称	序列号	RAd%
KG	*F. acuminatum*	KJ589601	64.3	*Muc. hiemalis*	KJ589602	46.7
AP	*Muc. hiemalis*	KJ589603	55.6	*F. acuminatum*	KJ589604	44.4
SJ	*F. tricinctum*	KJ589605	50.8	*D. hansenii*	KJ589606	41.5
PM	*D. hansenii*	KJ589607	49.7	*F. tricinctum*	KJ589608	43.3
DG	*Muc. hiemalis*	KJ589609	60.6	*F. acuminatum*	KJ589610	39.4
TC	*F. tricinctum*	KJ589611	74.9	*Muc. hiemalis*	KJ589612	25.1

11.2.2.5　8 种乔木根域的优势真菌

从表 11-7、表 11-12 可以看出，8 种供试乔木根域的优势真菌共有 5 属 6 种，分别为 *Mucor* 属、*Cladosporium* 属、*Cryptococcus* 属、*Hypocrea* 属及 *Lecythophora* 属，其中 *Lecythophora* 属在其余生境中未发现。多个树种根域分离到相同的优势种，如 *Cry. albidus* 在 8 个树种根域均有分布，相对多度达到 20.3%～60.9%；*L. mutabilis* 在巴山冷杉、太白红杉、牛皮桦、红桦及锐齿栎根域均有分布，相对多度达到 21.3%～40.7%；*Muc. racemosus* 在太白红杉及华山松根域均有分布，相对多度达到 40.8%～50.0%。另外，在 6 种优势真菌中，有 5 种在根区土及根表土中均有分布，分别为 *Cry. albidus*、*L. mutabilis*、*Muc. racemosus*、*H. koningii* 及 *Cla. cladosporioides*。

表 11-12　乔木根域的优势真菌

树种	根区土壤			根表土壤		
	名称	序列号	RAd%	名称	序列号	RAd%
AFF	*Cry. albidus*	KJ589617	54.9	*Cry. albidus*	KJ589619	44.7
	L. mutabilis	KJ589618	30.6	*L. mutabilis*	KJ589620	31.8
LCB	*Muc. racemosus*	KJ589613	40.8	*M. racemosus*	KJ589615	44.3
	Cry. albidus	KJ589614	38.7	*L. mutabilis*	KJ589616	38.4
PAF	*Muc. racemosus*	KJ589621	42.4	*M. racemosus*	KJ589623	50.0
	Cry. albidus	KJ589622	32.3	*Cry. albidus*	KJ589624	32.6
PTC	*H. koningii*	KJ589625	55.3	*H. koningii*	KJ589627	44.4
	Cry. albidus	KJ589626	29.5	*Cry. albidus*	KJ589628	24.7
BA	*Cry. albidus*	KJ589629	50.9	*Cry. albidus*	KJ589631	43.6
	L. mutabilis	KJ589630	37.8	*L. mutabilis*	KJ589632	40.7
BAB	*Cry. albidus*	KJ589633	48.8	*Cry. albidus*	KJ589635	46.3
	L. mutabilis	KJ589634	29.4	*L. mutabilis*	KJ589636	30.0
QLK	*H. viridescens*	KJ589637	35.0	*Cla. cladosporioides*	KJ589639	40.8
	Cla. cladosporioides	KJ589638	19.1	*Cry. albidus*	KJ589640	20.3
QAA	*Cry. albidus*	KJ589641	60.9	*Cry. albidus*	KJ589643	55.2
	L. mutabilis	KJ589642	21.3	*L. mutabilis*	KJ589644	31.5

11.3　小结与讨论

我们通过研究太白山北坡 5 种生境中真菌的数量、种类及优势种，发现除乔木根内未分离到真菌外，其余生境中均有大量真菌生存，优势真菌共有 18 属 28 种，分别为 *Mucor* 属、*Cladosporium* 属、*Cryptococcus* 属、*Alternaria* 属、*Penicillium* 属、*Hypocrea* 属、*Trichoderma* 属、*Debaryomyces* 属、*Myrothecium* 属、*Epicoccum* 属、*Aspergillus* 属、*Aureobasidium* 属、*Saccharomyces* 属、*Sydowia* 属、*Torula* 属、*Trichocladium* 属、*Fusarium* 属及 *Lecythophora* 属，其中 *Mucor* 属、*Cladosporium* 属、*Cryptococcus* 属、*Alternaria* 属、*Penicillium* 属、*Hypocrea* 属、*Trichoderma* 属及 *Debaryomyces* 属在不同生境中的分布较广泛。岩表地衣中优势真菌的种类最丰富，而高山草甸植物根区土壤中优势真菌的种类最少。

本研究发现不同生境中优势真菌的种类存在差异，5 种生境中均有各自特有的优势真菌。*Myrothecium* 属及 *Epicoccum* 属仅分布于针、阔叶树树皮中；*Aspergillus* 属、*Aureobasidium* 属及 *Saccharomyces* 属仅分布于岩表地衣中；*Sydowia* 属、*Torula* 属及 *Trichocladium* 属仅分布于苔藓土壤中；*Fusarium* 属仅分布于高山草甸植物根区土壤中；*Lecythophora* 属仅分布于乔木根域。

本研究还发现不同条件下同一类生境中真菌的数量和种类不同。阔叶树树皮中真菌的数量及种类明显高于针叶树；海拔<3 000 m 的岩表地衣中真菌的数量及种类明显高于海拔>3 000 m 的岩表地衣；海拔为 1 600 m 的苔藓土壤中真菌的数量最多，海拔为 1 200 m 及 2 614 m 的苔藓土壤中真菌的种类最丰富；金莲花根区土壤中真菌的数量高于其余高山草甸；针叶树根表土及根区土中真菌的数量均高于阔叶树，但针叶树根区土中细菌的种类明显少于阔叶树，油松根区土、根表土中真菌的数量最多，锐齿栎根区土及根表土中真菌的种类最丰富。另外，乔木根区土壤的养分含量对其根域真菌的数量有显著影响。

第 12 章

1 株细菌新种的多相分类

自 Ash 等于 1993 年首次发现 *Paenibacillus* 属以来，该属已正式发表 148 个种及 4 个亚种（http://www.bacterio.net/paenibacillus.html），其中许多种分离自不同植物的根际（Daane et al.，2002；Weid et al.，2002；Rivas et al.，2005；Ma et al.，2007；Hong et al.，2009；Jin et al.，2011a；Jin et al.，2011b；Xie et al.，2012；Zhang et al.，2013；Wang et al.，2013；Gao et al.，2013）。我们在研究秦岭主峰太白山北坡锐齿栎根表土壤的微生物多样性的过程中分离到 1 株潜在细菌新种 1-25。本研究对该菌株进行了多相分类研究，以确定其系统分类地位。

12.1 材料与方法

12.1.1 供试菌株

菌株 1-25 分离自锐齿栎根表土壤（样品同 9.1.1.1），分离培养基为腐殖酸琼脂培养基（同 5.1.1.2）。模式株 *P. harenae* B519^T 购买自 KCTC 菌种保藏中心，*P. castaneae* Ch-32^T 购买自 DSMZ 菌种保藏中心。

12.1.2 形态特征观察

12.1.2.1 菌落形态

采用稀释平板涂抹法将不同浓度的菌株 1-25 的菌悬液均匀涂布于牛肉膏蛋白胨培养基上，28 ℃培养 3 d 后观察单菌落形态，并对其进行革兰氏染色及芽孢染色（程丽娟等，2000），光学显微镜下观察染色结果。

12.1.2.2 扫描电镜观察

将菌株 1-25 均匀涂布于牛肉膏蛋白胨培养基上，将 0.5 cm × 0.5 cm 的盖玻片平铺于培养基表面，28 ℃培养 3 d 后取出，按 Magarvey et al.（2004）所描述的方法进行预处理、干燥及喷金后，用扫描电镜（Hitachi S4800）观察菌株 1-25 的形态特征。

12.1.3　生理生化特征

12.1.3.1　pH 生长范围

采用牛肉膏蛋白胨培养基作为基础培养基测定供试菌株的 pH 生长范围（4～10）。在培养基中加入以下缓冲液调节 pH 值：pH4～6：磷酸～柠檬酸缓冲液；pH6.5～8：磷酸盐缓冲液；pH8.4～9：硼酸～四硼酸钠缓冲液；pH9.5～10：四硼酸钠-氢氧化钠缓冲液。接种后 28 ℃培养，每天观察一次，至 14 d 结束。

12.1.3.2　NaCl 耐受试验

采用牛肉膏蛋白胨培养基作为基础培养基，分别加入 0%、0.5%、1.5%、2.5%、3.5%、4.5%、6.5%、9.5%的 NaCl，使 NaCl 的终浓度达到 0.5%、1%、2%、3%、4%、5%、7%、10%。接种后 28 ℃培养，每天观察一次，至 14 d 结束。

12.1.3.3　生长温度

将供试菌株接种于牛肉膏蛋白胨培养基上，分别在 4 ℃、15 ℃、20 ℃、28 ℃、30 ℃、35 ℃、37 ℃、40 ℃、45 ℃、55 ℃条件下培养，每天观察一次，至 14 d 结束。

12.1.3.4　唯一碳源、氮源生长试验

唯一碳源基础培养基：KH_2PO_4 2.0 g，NaCl 5.0 g，$MgSO_4 \cdot 7H_2O$ 0.1 g，$FeSO_4 \cdot 7H_2O$ 0.1 g，蛋白胨 1.0 g，水 1 000 mL。不同碳源按 1%加入基础培养基，接种后 28 ℃培养，每天观察一次，至 14 d 结束。

唯一氮源基础培养基：KH_2PO_4 2.0 g，NaCl 5.0 g，$MgSO_4 \cdot 7H_2O$ 0.1 g，$FeSO_4 \cdot 7H_2O$ 0.1 g，葡萄糖 1 g，水 1 000 mL。不同氮源按 0.5%加入基础培养基，接种后 28 ℃培养，每天观察一次，至 14 d 结束。

12.1.3.5　对抗生素的抗性

采用牛肉膏蛋白胨培养基作为基础培养基，分别加入 10 μg/L 氨苄青霉素、链霉素、硫酸庆大霉素及阿普霉素。接种后 28 ℃培养，每天观察一次，至 14 d 结束。

12.1.3.6　对染料的抗性

采用牛肉膏蛋白胨培养基作为基础培养基，分别加入 0.1%的溴麝香草酚蓝、甲基红、刚果红、甲基蓝及结晶紫。接种后 28 ℃培养，每天观察一次，至 14 d 结束。

12.1.3.7　抗菌活性检测

将供试菌株接种于牛肉膏蛋白胨液体培养基，28 ℃、180 rpm 条件下培养 3 d 后，

将发酵液用 0.22 μm 微孔滤膜过滤获得无菌滤液。将无菌滤液按 1∶5 比例加入灭菌牛肉膏蛋白胨培养基后倒平板，凝固后用无菌打孔器（直径为 7 mm）打成琼脂块，以 4 种代表性细菌与真菌及 11 种常见植物病原菌为靶标菌（同 5.1.1.3）检测其抗菌活性。

12.1.3.8　其余生理生化及酶学试验

过氧化氢酶测定：将供试菌株接种于牛肉膏蛋白胨斜面上，28 ℃培养 24～48 h 后，在生长丰满的菌苔上滴加 1 mL 3%的 H_2O_2，立即检查结果，5 min 内出现气泡者为阳性反应，反之为阴性反应。

氧化酶测定：在培养皿内放一张滤纸，在滤纸上加 3～4 滴 1%的二甲基对苯二胺盐酸盐，使其湿润。用玻璃棒挑取生长 24 h 的菌苔放在滤纸上。若菌苔在 10 s 内变成紫色，即为阳性；在 60 s 以后变色或一直不变色的为阴性反应。

脲酶测定用培养基：蛋白胨 1 g，KH_2PO_4 2 g，葡萄糖 1 g，酚红 0.012 g，NaCl 5 g，酵母膏 0.1 g，调 pH 为 5.8～5.9，使培养基呈黄色或微带红色为宜。灭菌后待培养基冷却至 50 ℃加入乙醚灭菌的尿素，使其终浓度为 2%（W/V），然后倒平板，划线接种，28 ℃培养，3 d 后产生粉红色者为脲酶阳性反应。以不加尿素的平板为阴性对照。

明胶液化、淀粉水解、几丁质水解及吐温 80 水解试验按程丽娟等（2000）描述的方法进行。硝酸盐还原、亚硝酸盐利用及苯丙氨酸脱氢酶试验按 Barrow 等（1993）描述的方法进行。

12.1.4　化学分类特征

将供试菌株接种于 TSB 液体培养基，28 ℃、180 rpm 条件下培养 5 d 后，离心收集菌体，用超纯水洗涤三次后冻干。醌的测定参照 Collins et al.，（1977）的方法进行。细胞脂肪酸的提取及测定参照 Sasser（1990）的方法进行。二氨基庚二酸类型的测定参照 Komagata et al.，（1987）的方法进行。提取细胞总 DNA 后（Marmur et al.，1961），用液相色谱法测定 DNA 的 G＋C 含量（Tamaoka and Komagata，1984）。

12.1.5　分子分类

16S rRNA 序列的提取、扩增及测定方法同 5.1.2.4。将所测得的序列通过 EzTaxon server（http://eztaxon-e.ezbiocloud.net/）（Kim et al.，2012）与 EMBL/GenBank/DDBJ 数据库中的已知序列进行比对，选取同源性较高的典型菌株作为参比对象，然后用 CLUSTAL X 软件（Thompson et al.，1997）进行对齐。采用 MEGA 5.0 软件（Tamura et al.，2011），用 Neighbour-joining 法及 Maximum likihood 法构建系统发育树，两两比对，用 Bootstrap 法检验，重复 1 000 次。

12.2　结果与分析

12.2.1　菌株 1–25 的形态特征

菌株 1-25 在牛肉膏蛋白胨培养基上形成光滑、粘稠、半透明、呈凸起状的圆形单菌落。菌株 1-25 为革兰氏阳性细菌，产芽孢。其温度生长范围为 20～35 ℃，最适生长温度为 28 ℃；pH 生长范围为 6.5～8.0，最适生长 pH 为 7.5；最高耐受 NaCl 浓度为 4%。从图 12-1 可以看出，菌株 1-25 细胞呈杆状，大小为（0.4～1.2）×（1.5～2.5）mm。

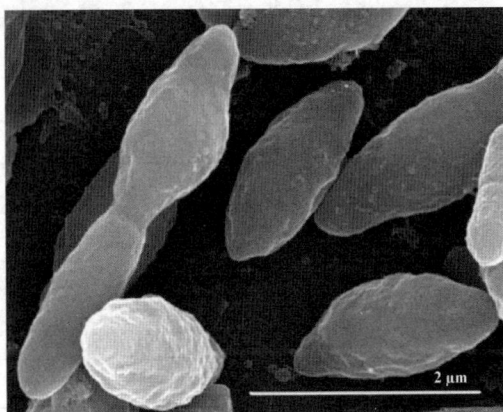

图 12-1　菌株 1-25 的扫描电镜形态

12.2.2　菌株 1–25 的生理生化特征

菌株 1-25 产氧化酶，不产过氧化氢酶、脲酶及苯丙氨酸转氨酶，可分解吐温 80，不能还原硝酸盐，不能利用亚硝酸盐，不能水解明胶、淀粉及几丁质。菌株 1-25 对氨苄青霉素、链霉素、硫酸庆大霉素、阿普霉素、溴麝香草酚蓝、甲基红、刚果红、甲基蓝及结晶紫均无抗性。菌株 1-25 对金黄色葡萄球菌（G⁺）、大肠杆菌（G⁻）、青霉（丝状真菌）、热带假丝酵母（单细胞真菌）及 11 种常见植物病原菌均无拮抗性。菌株 1-25 可利用麦芽糖、山梨糖醇、半乳糖及鼠李糖，不可利用乙酸钠作为唯一碳源物质；可利用甲硫氨酸及苯丙氨酸，不可利用脯氨酸、天门冬酰胺、甘氨酸及精氨酸作为唯一氮源物质。菌株 1-25 的其余生理生化特征见表 12-1。

表 12-1　菌株 1-25 与 2 株模式菌具有差异的生理生化特征

Characteristic	1-25	*P. harenae* B519^T	*P. castaneae* Ch-32^T
Catalase	+	+	−
Oxidase	−	−	+
Growth at:			

Characteristic	1-25	*P. harenae* B519ᵀ	*P. castaneae* Ch-32ᵀ
pH 5.7	−	−	+
40 ℃	−	−	+
4%（w/v）NaCl	+	+	−
Hydrolysis of Tween 80	+	+	−
Hydrolysis of Urea	−	−	+
Utilization of:			
L-Alanine	+		+
D-Arabinose	+	+	−
L-Cysteine	+	+	−
Dextrin	+		
D-Fructose	−	+	+
Inositol	−	−	+
D-Mannose	+	+	−
D-Mannitol		+	+
L-Ornithine	+	+	
D-Ribose	+	+	−
D-Serine	+	−	−
L-Sorbose	+	+	
Sucrose	−	−	+
L-Tyrosine	−	+	
D-Xylose	−	+	+
Sensitivity to antibiotics			
Ampicillin	−	−	+
Gentamicin sulfate	−	−	+
Streptomycin	−	+	−
DNA G＋C content（mol%）	41.6	49.9*	46.0*

注：*所标数据分别来自 Jeon et al.（2009）及 Valverde et al.（2008）。

从表 12-1 可以看出，菌株 1-25 与模式株 *P. harenae* B519ᵀ 存在差异的生理生化特征包括对不同碳氮源的利用能力及对链霉素的抗性。菌株 1-25 与模式菌 *P. castaneae* Ch-32ᵀ 存在差异的生理生化特征包括产氧化酶与过氧化氢酶、耐酸、耐高温、耐盐程度、水解吐温 80、水解尿素、不同碳氮源的利用能力及对氨苄青霉素与硫酸庆大霉素的抗性。

12.2.3　菌株 1–25 的化学分类特征

菌株 1-25 细胞壁含有 meso-DAP，优势醌为 MK-7，主要脂肪酸为 anteiso-$C_{15:0}$（39.1%）及 iso-$C_{15:0}$（18.0%），其详细脂肪酸组分见表 12-2。菌株 1-25 基因组 DNA 的 G＋C 含量为 41.6 %mol。从表 12-2 可以看出，菌株 1-25 与 2 株模式菌的脂肪酸组成及含量存在差异，如菌株 1-25 中检测到少量 $C_{20:0}$，而模式株 *P. castaneae* Ch-32^T 细胞中未检测到；菌株 1-25 中未检测到 iso-$C_{19:0}$，而模式株 *P. harenae* B519^T 细胞中 iso-$C_{19:0}$ 的含量为 1.8%；菌株 1-25 细胞中 $C_{17:1}$ iso ω10*c* 的含量为 0.5%，而 2 株模式菌中均未检测到该脂肪酸。

表 12-2　菌株 1-25 与 2 株模式菌的脂肪酸组成

Fatty acid	1-25	*P. harenae* B519^T	*P. castaneae* Ch-32^T
Saturated straight chain			
$C_{14:0}$	1.1	0.3	1.1
$C_{16:0}$	9.6	1.6	7.4
$C_{17:0}$	1.0	0.1	1.8
$C_{18:0}$	1.2	2.7	0.7
$C_{20:0}$	0.1	1.9	ND
Saturated iso-branched			
$C_{14:0}$	1.6	1.5	2.4
$C_{15:0}$	18.0	17.7	3.6
$C_{16:0}$	7.3	3.3	10.5
$C_{17:0}$	7.9	7.5	1.6
$C_{19:0}$	ND	1.8	ND
Saturated anteiso-branched			
$C_{15:0}$	39.1	46.5	62.2
$C_{17:0}$	8.6	11.5	5.4
Unsaturated			
$C_{16:1}$ ω11*c*	0.6	ND	0.3
$C_{17:1}$ iso ω10*c*	0.5	ND	ND
$C_{18:1}$ ω9*c*	0.3	0.2	0.6

注：表中数据表示某脂肪酸组分占全部脂肪酸含量的百分比，ND 表示未检测到。

12.2.4　菌株 1-25 的分子分类结果

菌株 1-25 的 16S rRNA 序列测定结果由 1 546 个碱基组成（GenBank/EMBL/DDBJ 序列号 JX409872），经序列比对发现该菌株与 *P. harenae* B519^T（96.0%）及 *P. castaneae* Ch-32^T（95.9%）的相似度最高。从图 12-2、图 12-3 均可以看出，菌株 1-25 在系统发育树上形成一个独立的分支。

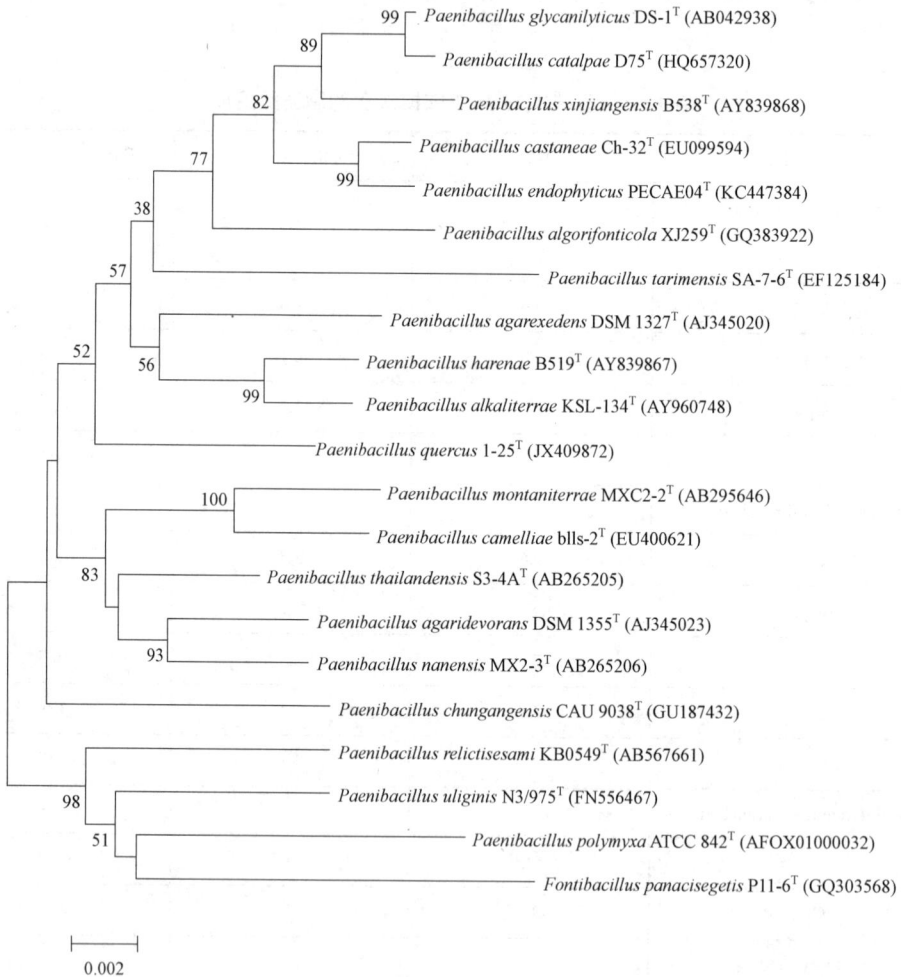

图 12-2　用 Neighbour-joining 法基于 16S rRNA 构建的菌株 1-25 及
与其亲缘关系较近菌株的系统发育树

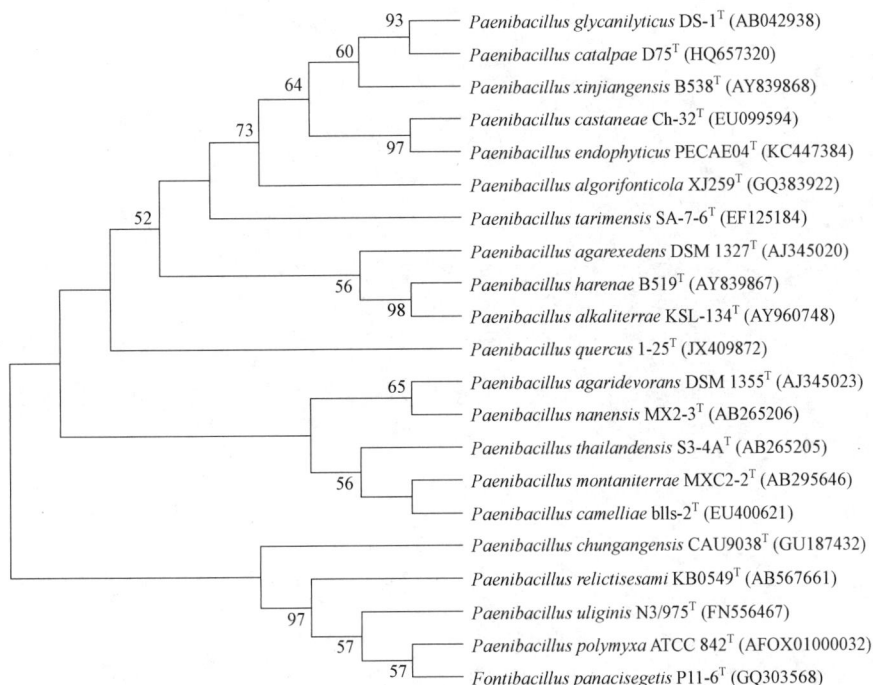

图 12-3　用 Maximum likelihood 法基于 16S rRNA 构建的菌株 1-25 及
与其亲缘关系较近菌株的系统发育树

12.3　小　结

　　本研究发现，从多相分类结果来看，菌株 1-25 与进化关系最近的 2 个已知种对应的典型菌株的相似度均低于 97%，且在生理生化及化学分类特征方面均存在较大差异。因此，综合表型及基因型的分析结果，我们认为菌株 1-25 为 *Paenibacillus* 属的一个新种，将其命名为 *Paenibacillus quercus* sp. nov.，模式株为 1-25^T（＝CTCC AB2013265^T＝KCTC 33194^T）。

第三部分
中条山两种濒危植物的根际环境

第 13 章

中条㮧根际放线菌的多样性和生物活性

放线菌是一类有重要应用价值和经济价值的微生物资源,可以代谢产生各种抗生素、维生素、酶及酶抑制剂等多种生物活性物质。据报道,在目前投入临床和农业上使用的抗生素中,3/4 以上都是由放线菌生产的。因此,新活性物质产生放线菌的发现是新医药和新农药研发的基础,而人类健康对新特药及农业对新农用抗生素的巨大需求迫切要求从自然界中不断发现新的能产生特殊代谢产物的放线菌,但是受分离技术及手段的限制,未知菌的分离难度愈来愈大。目前国内外学者逐渐把目光转向新的生态环境,包括极端环境、动物粪便、地衣、污泥、鸟巢、蜂窝及白蚁等。植物内外环境也已引起重视。

植物根系周围土壤受根系生理活动和生化代谢的影响极大,根系分泌物可能抑制或促进某些微生物的生长繁殖。不同植物的根系分泌物的种类及浓度不同,导致其周围微生物的种群结构不同。微生物的数量及种类又直接影响植物根系吸收水分、养分及抵抗恶劣环境的能力。目前国内外关于植物根系周围土壤放线菌的研究以根际土壤为主,根际土壤是植物-土壤-微生物与其环境条件相互作用的场所,一般是指根-土界面不足 1 毫米到几毫米范围的土壤。本章以山西特有的濒危植物中条㮧为研究对象,采集根区土壤、根表土壤及根系样品,分离鉴定其中可培养放线菌,进行放线菌多样性分析;从抗菌活性及水解酶活性两个方面对可培养菌株进行生物活性检测,发掘开发其中的放线菌资源,并对优良菌种进行鉴定,确定其分类地位。

13.1 材料与方法

13.1.1 土壤样品

样品于 2015 年 8 月采自山西省永济市中条山,用无菌采样铲采集中条㮧根域土壤,放入无菌塑料袋,一日内返回实验室,置于 4 ℃冰箱保藏备用。

13.1.2 培养基

选用 4 种分离培养基:高氏 1 号培养基、高氏 2 号培养基、TWYE 培养基、土壤浸液培养基,培养基配置好后均需经 121 ℃灭菌 25 min,并加入重铬酸钾作为抑菌剂。

13.1.3　供试靶标菌

供试靶标菌共有 6 株：金黄色葡萄球菌（*Staphylococcus aureus*）、大肠杆菌（*Escherichia coli*）、青霉（*Penicillium* sp.）、酿酒酵母（*Saccharomyces cerevisiae*）、水稻纹枯病菌（*Thanatephorus cucumeris*）、番茄早疫病菌（*Alternaria solani*）。以上菌株均由山西师范大学生命科学学院微生物研究室提供。

13.1.4　分离测数

采用稀释平皿涂抹法（程丽娟等，2000）。将培养皿中形态明显不同的菌落视为不同种类，对其数量及种类进行统计；将不同菌株接入高氏 1 号斜面，28 ℃培养 7 d 保存。

13.1.5　生物活性检测

抗菌活性采用琼脂块法（程丽娟等，2000）。

蛋白酶活性检测采用张永光等人的方法。往 H1-1 培养基配方中分别添加 250 mL/L 的伊利脱脂奶，在 121 ℃条件下，灭菌 25 min 之后倒平板备用。在皿盖中心用记号笔进行十字划线，将平板平均分成 4 个区域，用灭菌后的竹签从高氏 1 号培养基中挑取 4 种不同供试放线菌琼脂块，倒置在 4 个不同区域中，28 ℃培养 2～3 d，直接观察是否产生透明圈。

13.1.6　可培养放线菌分类鉴定

通过形态观察与 16S rRNA 序列测定相结合的方法鉴定菌种。用酶解法提取放线菌总 DNA，采用细菌 16S rRNA 通用引物 27F：5′-AGAGTTTGA TCCTGGCTCAG-3′和 1541R：5′-AAGGAGGTGATCCAGCCGCA-3′进行 PCR 扩增，扩增条件为：94 ℃预变性 4 min，94 ℃变性 1 min，57 ℃退火 55 s，72 ℃延长 2 min，变性到延长 30 个循环，72 ℃延长 10 min，4 ℃保存。扩增产物送上海生工生物工程有限公司测序。所得序列在 GenBank 数据库中进行比对。

13.1.7　高通量测序

委托上海美吉生物医药科技有限公司采用 Illumina 平台对 16S rDNA V3-V4 区进行测序。

13.2　结果与分析

13.2.1　中条槭根域放线菌的分离

通过对比各培养基上放线菌的出菌率、种类丰富度、生物活性放线菌的比例，筛选出最适培养基。由于土壤浸液培养基杂菌污染严重，不利于计数和挑菌，分离效果最差，因此以下讨论结果仅针对另外 3 种培养基。

从表 13-1 可以看出，在根区土壤样品中，从高氏 1 号培养基上分离到的放线菌数量、种类数及拮抗性放线菌种类数均最丰富，分别较高氏 2 号培养基高 42.5%、52.9%、16.7%，较 TWYE 培养基高 4.3%、18.2%、40%。在根表土壤样品中，从 TWYE 培养基上分离到的放线菌数量分别较高氏 1 号、高氏 2 号培养基高 28.1%、68.5%；从高氏 1 号培养基上分离到的放线菌种类数分别较高氏 2 号、TWYE 培养基高 16.7%、27.3%；从高氏 1 号和高氏 2 号培养基上分离到的拮抗放线菌种类数均为 9，较 TWYE 培养基高 80%。在根系样品中，从高氏 1 号培养基上分离到的放线菌数量最多，但 TWYE 培养基上的放线菌种类数及拮抗性放线菌种类数均高于其他两种培养基。

表 13-1　中条崴根域放线菌的数量及种类数

样品	培养基	数量（×10⁴ CFU/g）	种类数	拮抗菌	
				种类数	比例/%
根区土壤	高氏 2 号	8.7	17	6	35.3
	高氏 1 号	12.4	26	7	26.9
	TWYE	13.8	22	5	22.7
	土壤浸液	–	–	–	–
根表土壤	高氏 2 号	26	24	9	37.5
	高氏 1 号	34.2	28	9	32.1
	TWYE	43.8	22	5	22.7
	土壤浸液	–	–	–	–
根系	高氏 2 号	0.09	1	1	100.0
	高氏 1 号	0.3	6	1	16.7
	TWYE	0.2	8	3	37.5

综合放线菌数量、种类数及拮抗性放线菌株数来看，中条崴根区土及根表土在高氏 1 号培养基上放线菌的分离效果最好，根系内生放线菌在 TWYE 培养基上的分离效果最好。

13.2.2　可培养放线菌的鉴定

将所分离到的所有放线菌菌株去重复并纯化，用酶解法提取总 DNA，然后用 16S rRNA 通用引物进行扩增测序。所得序列利用 EzTaxon-e（http://www.ezbiocloud.net/eztaxon）（Kim et al.，2012）在线比对工具与有效种进行比对，获得最相近菌株的 16S rRNA 序列。采用 MEGA 6.0 软件按照最大同源性原则进行排序后，用 Neighbor-joining 法构建系统发育树，用自举法（Bootstrap）对系统发育树进行检验，重复 1 000 次。在系统发育树的基础上分析其多样性。图 13-1、图 13-2 和图 13-3 分别为基于 16S rRNA 序列的中条槭根表土、根区土和根系中优势放线菌的系统发育树。

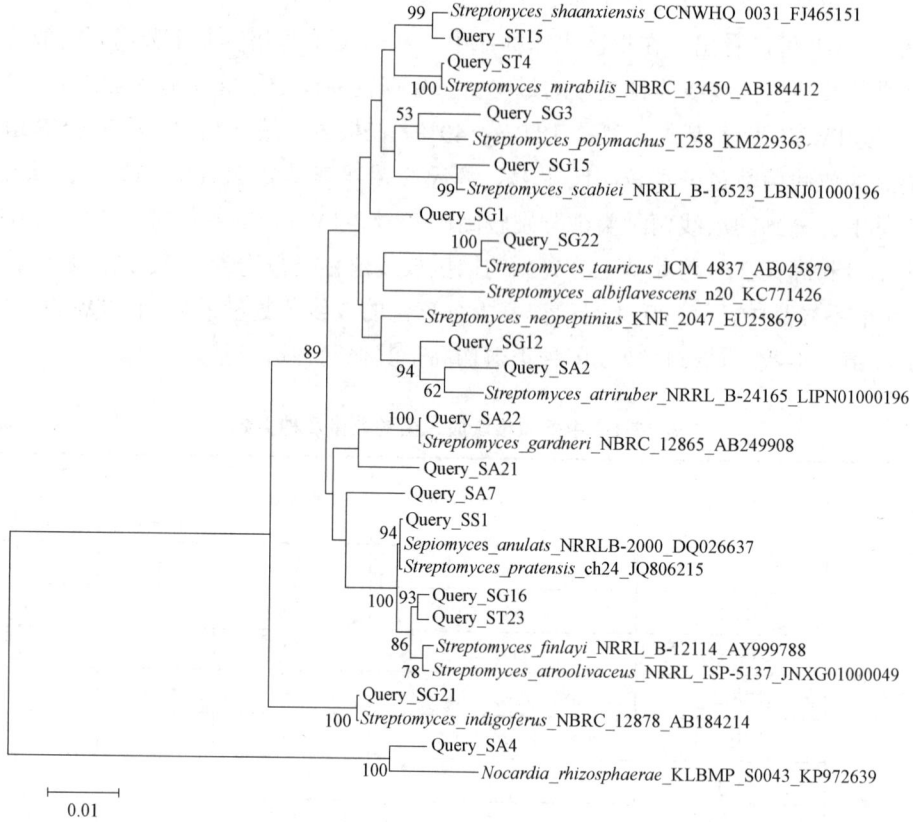

99 ┌ *Streptomyces_shaanxiensis*_CCNWHQ_0031_FJ465151
└ Query_ST15
┌ Query_ST4
100 └ *Streptomyces_mirabilis*_NBRC_13450_AB184412
53 ┌ Query_SG3
└ *Streptomyces_polymachus*_T258_KM229363
┌ Query_SG15
99 └ *Streptomyces_scabiei*_NRRL_B-16523_LBNJ01000196
Query_SG1
100 ┌ Query_SG22
└ *Streptomyces_tauricus*_JCM_4837_AB045879
*Streptomyces_albiflavescens*_n20_KC771426
*Streptomyces_neopeptinius*_KNF_2047_EU258679
┌ Query_SG12
94 ┌ Query_SA2
62 └ *Streptomyces_atriruber*_NRRL_B-24165_LIPN01000196
89
100 ┌ Query_SA22
└ *Streptomyces_gardneri*_NBRC_12865_AB249908
Query_SA21
Query_SA7
┌ Query_SS1
94 ├ *Sepiomyces_anulats*_NRRLB-2000_DQ026637
└ *Streptomyces_pratensis*_ch24_JQ806215
100 93 ┌ Query_SG16
└ Query_ST23
86 ┌ *Streptomyces_finlayi*_NRRL_B-12114_AY999788
78 └ *Streptomyces_atroolivaceus*_NRRL_ISP-5137_JNXG01000049
┌ Query_SG21
100 └ *Streptomyces_indigoferus*_NBRC_12878_AB184214
┌ Query_SA4
100 └ *Nocardia_rhizosphaerae*_KLBMP_S0043_KP972639

0.01

图 13-1　基于 16S rRNA 序列的中条槭根表土中优势放线菌的系统发育树

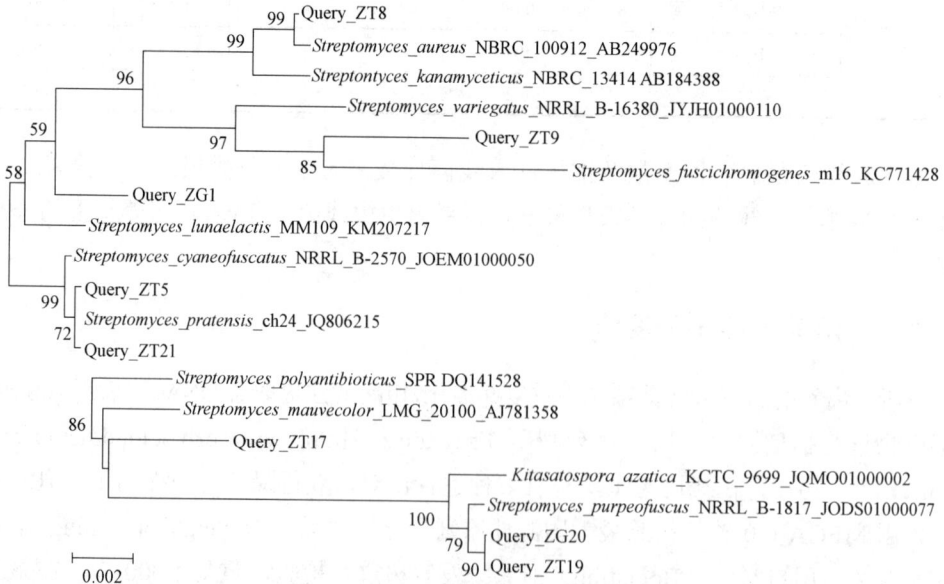

99 ┌ Query_ZT8
99 └ *Streptomyces_aureus*_NBRC_100912_AB249976
96 *Streptontyces_kanamyceticus*_NBRC_13414 AB184388
*Streptomyces_variegatus*_NRRL_B-16380_JYJH01000110
97 ┌ Query_ZT9
85 └ *Streptomyces_fuscichromogenes*_m16_KC771428
59
58 Query_ZG1
*Streptomyces_lunaelactis*_MM109_KM207217
┌ *Streptomyces_cyaneofuscatus*_NRRL_B-2570_JOEM01000050
99 ├ Query_ZT5
72 ├ *Streptomyces_pratensis*_ch24_JQ806215
└ Query_ZT21
┌ *Streptomyces_polyantibioticus*_SPR DQ141528
├ *Streptomyces_mauvecolor*_LMG_20100_AJ781358
86 ├ Query_ZT17
┌ *Kitasatospora_azatica*_KCTC_9699_JQMO01000002
├ *Streptomyces_purpeofuscus*_NRRL_B-1817_JODS01000077
100 79 ┌ Query_ZG20
90 └ Query_ZT19

0.002

图 13-2　基于 16S rRNA 序列的中条槭根区土中优势放线菌的系统发育树

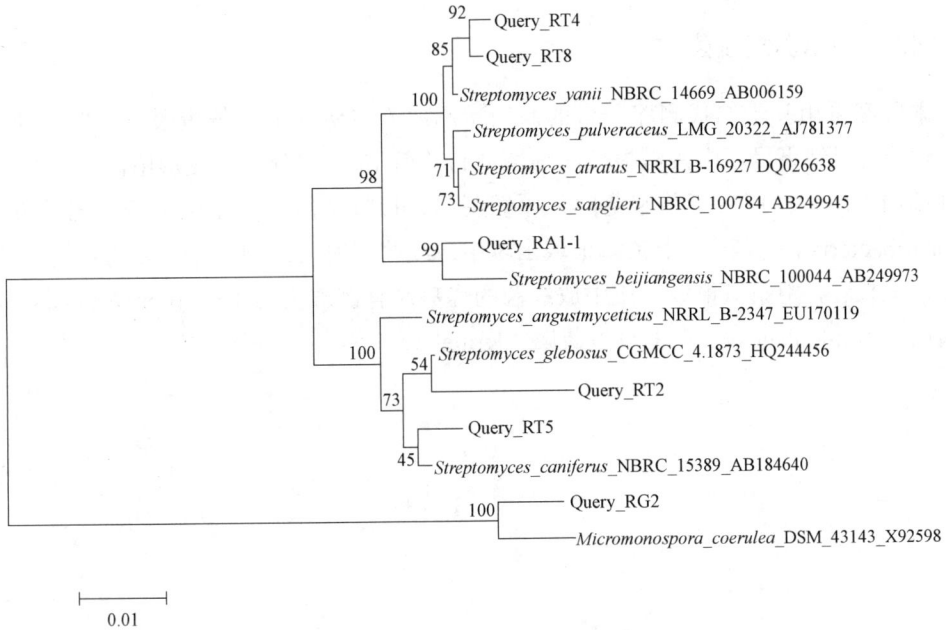

图 13-3　基于 16S rRNA 序列的中条垅根系中优势放线菌的系统发育树

13.2.3　可培养放线菌的生物活性检测

对分离到的放线菌株进行合并、去重，选出 72 株代表菌，研究其抗菌活性和蛋白酶活性。

13.2.3.1　抗菌活性研究

靶标菌 6 株：金黄色葡萄球菌（G＋）、大肠杆菌（G－）、酿酒酵母、青霉、水稻纹枯病菌、番茄早疫病菌。检测发现 28 株菌（38.9%）表现出抗菌活性。

13.2.3.2　蛋白酶活性研究

经检测，共有 16 株（22.2%）放线菌能代谢产生蛋白酶，其中根区土和根表土中各有 6 株，根系中有 4 株。

13.2.4　放线菌多样性分析

13.2.4.1　可培养放线菌

从 16S rRNA 序列比对结果可以看出，中条垅根域优势放线菌分布于 3 个属：链霉菌属（*Streptomyces* SPP.）、诺卡氏菌属（*Nocardia* SPP.）和小单孢菌属（*Micromonospora* SPP.），其中链霉菌属的比例可达 94.3%，占绝对优势，其他两个属各占 2.9%。

13.2.4.2　免培养放线菌

本研究采用基于二代测序平台的高通量测序方法研究了中条栲根域土壤中细菌的多样性，所得结果显示中条栲根域的细菌分布的前 10 个门分别是变形菌门、放线菌门、酸杆菌门、绿弯菌门、芽单胞菌门、厚壁菌门、拟杆菌门、硝化螺旋菌、疣微菌门和 Saccharibacteria 门。其中，中条栲根域土壤中放线菌门所占比例达 25%以上，种类丰富。从属水平来看，中条栲根域土壤中放线菌的优势属有链霉菌属（Streptomyces）、游动放线菌属（Actinoplanes）、克里贝拉菌属（Kribella）。

第14章

矮牡丹根际微生物的多样性和生物活性

矮牡丹（*Paeconia jishanensis*）为芍药科芍药属牡丹组的一个野生种，为多年生落叶灌木，是我国特有的三级濒危保护植物，同时也是珍贵的花卉资源和中草药资源。矮牡丹是栽培牡丹的原始种之一，具有很高的观赏价值和不可估量的经济价值，对研究牡丹属的系统发育和培育牡丹花卉新品种、改善人居环境都具有重要意义。而且，矮牡丹的根皮（丹皮）中含有牡丹酚、芍药甙、苯甲酸、挥发油及植物甾醇等多种药用活性物质，在抗菌、消炎、治疗心血管疾病、保肝、降血糖、降血脂、抗肿瘤等方面具有较好的疗效，是中医药临床常用的中草药之一。目前矮牡丹仅零散分布于山西永济、稷山，陕西铜川、延安、华山和河南济源等地，随时面临着灭绝的危险，因此加强对矮牡丹的研究和保护工作迫在眉睫。

研究矮牡丹生长状况与根际微生物群落结构及土壤因子的关系，了解矮牡丹种群的土壤微生态，分析其适宜生长的土壤环境，可以为保护矮牡丹这一珍稀濒危植物提供理论依据和科学指导。近年来，关于矮牡丹的研究主要包括种质资源调查、遗传进化、繁殖特性、濒危机制及保护措施等几个方面。矮牡丹主要分布在山西、陕西、河南三省的山区，先后在山西省吕梁山南端的稷山县西社镇马家沟、永济县水峪口，陕西省华阴县二仙桥的华山、铜川北郊的黄龙山、延安市西南的万花山（张峰，2003），河南省济源市境内太行山区的黄背角发现了矮牡丹野生种群（姚连芳等，2005）。矮牡丹分布区域内的生境条件很相似，土壤主要为山地褐土和山地淋溶褐土，土层厚度也都在 30 cm以下。

长期以来，植物与根际微生物的互作关系是国内外学者的研究热点之一，目前已有大量研究，结果均表明根际微生物对植物的生长发育具有至关重要的作用。刘琴等（2018）研究发现通过调节根际微生态可以抑制大白菜根肿病的发生。张美存等（2017）研究发现在根际施入微生物菌剂可以促进高羊茅生长，并提高土壤酶活性。吕恒等（2015）研究发现部分根在际真菌对黄瓜土传病害具有抑制作用。Lazarovits（2010）发现通过调整土壤微生物生态可以控制马铃薯土传病害。对于濒危植物，Debi and Parkash（2016）发现接种有益微生物包括细菌、真菌、丛枝菌根菌可以促进濒危植物木蝴蝶幼苗生长；Gumiere el al.（2014）发现接种根际细菌可以明显促进巴西松和湿地松幼苗生长；Shen and Wang（2011）发现丛枝菌根菌能促进濒危植物猪血木幼苗生长；李晓红

（2005）研究发现土壤微生物能显著影响濒危植物黄山梅的种子萌发率；丁琼（2004）研究发现原产地土壤中的微生物对濒危植物沙冬青幼苗生长有显著的促进作用。

目前关于矮牡丹根系-土壤-微生物互作体系的研究很少，尚未见矮牡丹根际微生物对其生长状况的影响，以及用微生物手段保护矮牡丹的研究报道。张红等（2005）测定了山西省稷山和永济两地矮牡丹生境土壤中的 10 种元素，发现并无显著差异，说明不同分布区的矮牡丹对土壤养分的需求相近。我们前期对矮牡丹根际放线菌进行了初步分离，发现成片分布与零散分布的矮牡丹根际放线菌的种类和数量均存在明显差异。基于此，我们推测根际微生物群落结构的改变可能是导致矮牡丹种群数量下降的原因之一，监控其根际微生物多样性的变化并及时调整根际微生物群落结构可以作为保护矮牡丹的一种潜在手段。

对于根际微生物的研究方法，传统的纯培养技术对于了解微生物的生理特点、遗传性状和生态学地位非常重要，而且可以获得一大批有重要应用价值的微生物资源，但占微生物种类99%以上的不可培养微生物无法分离获得。宏基因组学是指环境样品中的细菌和真菌的基因组总和，既包含了可培养的又包含了未可培养的微生物基因，避开了微生物分离培养的问题，可以更加全面、真实地反映环境中微生物的群落结构，极大地推动了环境微生物的研究，但无法得到菌种资源。

本章拟结合纯培养和免培养方法，探究矮牡丹根际微生物的多样性，同时筛选有生物活性的微生物资源。

14.1 材料与方法

14.1.1 土壤样品

样品于 2017 年 5 月采自山西省运城市稷山县马家沟村，用无菌采样铲采集矮牡丹根际 10 cm 根系（直径为 0.5～1 cm），抖落大块土壤后，放入无菌塑料袋，一日内返回实验室，置于 4 ℃冰箱保藏备用。

14.1.2 培养基

选取 5 种不同类型的培养基用于稷山矮牡丹根际放线菌的分离，各培养基成分见表 14-1。培养基配置好后均需经 121 ℃灭菌 25 min，并加入重铬酸钾作为抑菌剂。

表 14-1　稷山矮牡丹根际放线菌的分离培养基成分表

培养基	组分
高氏 1 号培养基（G）	可溶性淀粉 20 g，KNO_3 1 g，NaCl 0.5 g，$K_2HPO_4 \cdot 3H_2O$ 0.5 g，$MgSO_4 \cdot 7H_2O$ 0.5 g，$FeSO_4 \cdot 7H_2O$ 0.01 g，琼脂粉 10 g，蒸馏水 1 000 mL，pH＝7.2～7.4
TWYE 培养基（T）	酵母浸粉 0.25 g，K_2HPO_4 0.5 g，琼脂粉 10 g，蒸馏水 1 000 mL，pH＝7.2～7.4

培养基	组分
ISP2 培养基（I）	酵母膏 4 g，麦芽浸粉 10 g，葡萄糖 4 g，琼脂粉 10 g，蒸馏水 1 000 mL，pH＝7.2～7.4
腐殖质培养基（J）	将 150 g 堆腐至发黑发粘呈半腐解状态的树木叶片粉碎后，加入 1 000 mL 蒸馏水中，煮沸 30 min，过滤后加 K_2HPO_4 0.5 g、$MgSO_4 \cdot 7H_2O$ 0.5 g、琼脂粉 10 g，加水定容至 1 000 mL，自然 pH
牛肉膏蛋白胨培养基（N）	牛肉膏 3 g，蛋白胨 10 g，NaCl 5 g，琼脂粉 10 g，自来水 1 000 mL，pH＝7.2～7.4

14.1.3　供试靶标菌

供试靶标菌共有 4 株：金黄色葡萄球菌（*Staphylococcus aureus*）、大肠杆菌（*Escherichia coli*）、青霉（*Penicillium* sp.）、酿酒酵母（*Saccharomyces cerevisiae*）。以上菌株均由山西师范大学生命科学学院微生物研究室提供。

14.1.4　分离测数

分离测数方法同 13.1.4。

14.1.5　生物活性检测

抗菌活性测定方法同 13.1.5。

酶活性检测方法：往 H1-1 培养基配方中分别添加 10 g/L 可溶性淀粉、250 mL/L 伊利脱脂奶，在 121 ℃条件下，灭菌 25 min 之后倒平板备用。在皿盖中心用记号笔进行十字划线，将平板平均分成 4 个区域，用灭菌后的竹签从高氏 1 号培养基中挑取 4 种不同供试放线菌琼脂块，倒置在 4 个不同区域中，28 ℃培养 2～3 d。检测蛋白酶活性时，直接观察是否产生透明圈；检测淀粉酶活性时，加入 5 mL 碘液覆盖平板，直到清晰的透明圈出现，若出现透明圈，则记录直径。

14.1.6　可培养微生物分类鉴定

通过形态观察与 16S rRNA 序列测定相结合的方法鉴定菌种。用酶解法提取放线菌总 DNA，采用细菌 16S rRNA 通用引物 27F：5′-AGAGTTTGA TCCTGGCTCAG-3′ 和 1541R：5′-AAGGAGGTGATCCAGCCGCA-3′ 进行 PCR 扩增，扩增条件为：94 ℃预变性 4 min，94 ℃变性 1 min，57 ℃退火 55 s，72 ℃延长 2 min，变性到延长 30 个循环，72 ℃延长 10 min，4 ℃保存。扩增产物送上海生工生物工程有限公司测序。所得序列在 GenBank 数据库中进行比对。

真菌基因组总 DNA 采用 CTAB 法（孙广宇等，2004）提取，rRNA-ITS-PCR 扩增采用真菌通用引物 ITS1（5′-TCCGTAGGTGAACCTGCGG-3′）和 ITS4（5′-TCCTCCGCT TATTGATATGC-3′）（White et al.，1990），PCR 扩增产物送南京金斯瑞生物科技有限公司纯化及测序，所得测序结果利用 Blastn（http://blast.ncbi.nlm.nih.gov/）与 GenBank 数

据库中的已知序列进行比对，从而获得同源性最近菌株的相关序列。用 MEGA 4.0 软件按照最大同源性原则进行排序后，用 Neighbor-joining 法构建系统发育树，用 Bootstrap 法检验，重复 1 000 次。

14.1.7 高通量测序

采用土壤基因组 DNA 提取试剂盒（天根 DP336）从 0.5 g 土壤中提取基因组 DNA，用 NanoDrop 检测 DNA 浓度。16S rRNA 序列用引物 27f（5′-AGAGTTTGA TCCTGGC TCAG-3′）和 1541r（5′-AAGGAGGTGATCCAGCCGCA-3′）扩增。扩增产物纯化后送上海派森诺生物工程有限公司采用 Pacbio Sequel 平台对群落全长 16S rDNA 进行单分子（Single molecules）测序。

14.1.8 数据分析

分析流程：对高通量测序的原始下机数据根据序列质量进行初步筛查；通过质量初筛的序列按照引物和 Barcode 信息，识别分配入对应样本，并去除嵌合体等疑问序列；对获得的序列进行 OTU 归并划分，每个 OTU 的代表序列用于分类地位鉴定以及系统发育学分析；根据 OTU 在不同样本中的丰度分布，评估每个样本的多样性水平，并通过稀疏曲线反映测序深度是否达标；对各样本（组）在不同分类水平的具体组成进行分析（并检验组间是否具有统计学差异）；通过多种多变量统计学分析工具，进一步衡量不同样本（组）间的菌群结构差异及与差异相关的物种；根据物种在各样本中的组成分布，构建互作关联网络；根据 16S rRNA 基因测序结果，还可预测各样本的菌群代谢功能。

14.1.9 数据筛查与质控

将下机数据在 PacBio 官方的工作流程（SMRT link https://github.com/PacificBiosciences/smrtflow）中进行 Circular Consensus Sequencing（CCS）并进行矫正，使预测正确率不小于 90%，full passes 不小于 3，得到对应的 fastx 的数据。最后，根据每个样本所对应的 Index 信息（即 Barcode 序列，为序列起始处用于识别样本的一小段碱基序列），将连接后的序列识别分配入对应样本（要求 Index 序列完全匹配），从而获得每个样本的有效序列。

运用 QIIME 软件（Quantitative Insights Into Microbial Ecology，v1.8.0，http://qiime.org/）（Caporaso et al.，2010）识别疑问序列。除了要求序列长度≥500 bp，且不允许存在模糊碱基 N，我们还将剔除：① 5′ 端引物错配碱基数>5 的序列；② 含有连续相同碱基数>8 的序列。随后，通过 QIIME 软件（v1.8.0，http://qiime.org/）调用 USEARCH（v5.2.236，http://www.drive5.com/usearch/）检查并剔除嵌合体序列。经过修剪和质量过滤，9 个样本获得 54 582 个可分类的序列 reads。每个样本的平均可分类序列数为 6 065 条（显性长度为 1 416～1 602 bp）。

14.2　结果与分析

14.2.1　根际细菌群落的结构组成

14.2.1.1　OUT 划分

使用 QIIME 软件，调用 UCLUST 这一序列比对工具，对前述获得的序列按 97%的序列相似度进行归并和 OTU 划分，并选取每个 OTU 中丰度最高的序列作为该 OTU 的代表序列。对于每个 OTU 的代表序列，在 QIIME 软件中使用默认参数，通过将 OTU 的代表序列与对应数据库的模板序列相比对，获取每个 OTU 所对应的分类学信息。

根据获得的 OTU 丰度矩阵，使用 R 软件计算各样本（组）共有 OTU 的数量，并通过 Venn 图直观地呈现各样本（组）所共有和独有 OTU 所占的比例。这些序列以 3%的异化阈值聚为 2 512 个 OTU。所有组共有 145 个 OTU，而在生长良好的植物组、生长不良的植物组和死亡的植物组分别检测到 586 个、662 个和 679 个 OTU。在生长良好、生长不良和死亡的植物类群中检测到的 OTU 总数分别为 1 073、1 134 和 1 035，如图 14-1 所示。

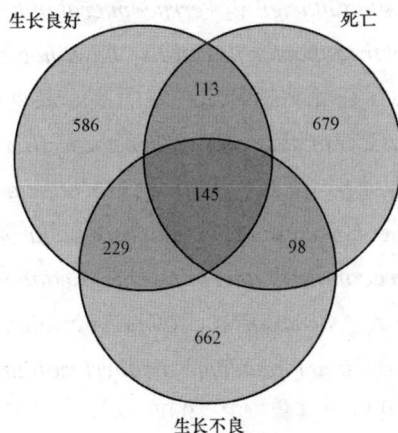

图 14-1　不同生长状况的矮牡丹根际微生物的 OUT 数

14.2.1.2　群落组成及差异

在生长良好的植物根际，梭杆菌门的数量最少（0.03%）；产铁细菌 Deferribacteres 和 Chlorobi 在生长较差的植物中数量最少，分别占 0.03% 和 0.04%；而在死亡植物根际数量最少的微生物群落随植物生长状况的变化而变化。三个样本组共检测到 23 个门，其中变形菌门的数量最多，其次是酸菌门、普朗克菌门、拟杆菌门和放线菌。这 5 个门在生长良好的植物根际和生长不良的植物根际的相对丰度分别为 85.35% 和 86.19%，均显著高于死亡植物根际（79.39%，$P<0.05$）的是 Cyanobacteres 和 Deinococcus-Thermus。在科水平上，Planctomycetaceae、Pseudomonadaceae、Acidobacteriaceae 和未知科 1 的相对丰度均大于 5%。死亡植物根际未知科 1 的相对丰度为 16.6%，显著高于活着的植物（$P<0.05$）。假单胞菌属和 Pyrinomonas 属的数量最多。Pyrinomonas methylaliphatogenes 在所有样本中最为丰富，在生长良好、弱生长和死亡的植物组中分别占 5.1%、5.5% 和 14.2%。极端假单胞菌（Pseudomonas extremaustralis）、Pseudomonas veronii、Candidatus Koribacter muclis Ellin345、Pirellula staleyi 和 Algisphaera agarilytica 的相对丰度均大于 2%。生长良好的植物根际的丰度高于 1% 的物种为 25 种，生长不良的植物根际的丰度高于 1% 的物种为 18 种，死亡的植物根际的丰度高于 1% 的物种为 16 种。3 个类群共鉴定出 617 种，未鉴定出 3 种。这 3 种未鉴定的物种仅在生长良好和生长不良的植物群中被发现。

采用 LEfSe 分析不同类群在样本间的统计差异。通过 LEfSe 分析，在死亡植物的根际，Physphaerae 显著富集（$P<0.05$），而 Cytophagia 在生长不良植物组显著富集（$P<0.05$）。在属水平上，在死亡植物组内，Sphingobium、Levilinea、thermoanaeracter、Solirubrobacter、Desulfomicrobium 和 Prothecobacter 显著富集（$P<0.05$）；而在生长良好的植物组显著富集 Lysobacter、Gimesia、Magnetococcus 和 Arcobacter（$P<0.05$）；生长不良植物组显著富集 Phyllobacterium、Roseospira、Ohtaekwangia、Thermacetogenium、Pelomonas、Cerasicoccus、Luteolibacter 和 Verrucomicrobium（$P<0.05$）。在物种水平上，Desulfomicrobium orale、Prosthecobacter fluviatilis、Levilinea saccharolytica、Sphingobium boeckii 和 Solitalea canadensis 在死亡植物组内显著高于其他组（$P<0.05$）；而 Hirschia baltica、Arcobacter aquimarinus、Gimesia maris、Magnetococcus marinus 和 Pseudoxanthobactor soli 在生长良好的植物组根际最丰富（$P<0.05$）；Flavobacterium piscis、Oceanibaculum pacificum、Sphingomonas asaccharolytica、Pelomonas saccharophila、Cerasicoccus frondis、Luteolibacter luojiensis、Verrucomicrobium spinosum、Pedobacter nutrimenti、Pedobacter ginsenosidimutans、Pedobacter nyackensis、Ohtaekwangia koreensis、Pelotomaculum terephthalicicum、Thermacetogenium phaeum、Bradyrhizobium valentinum 和 Roseospira thiosulfatophila 在生长不良组显著富集（$P<0.05$）。

14.2.2 多样性分析

14.2.2.1 Alpha 多样性

Alpha 多样性分析可以反映单个样本内物种的丰富度和均匀度。使用 QIIME 软件，对 OTU 丰度矩阵中每个样本的序列总数在不同深度下随机抽样，以每个深度下抽取到的序列数及其对应的 OTU 数绘制稀疏曲线。根据稀疏曲线，达到物种饱和，使采样量足够估计细菌多样性。将每个样本的 OTU 按其丰度从大到小沿横坐标依次排列后，将丰度值经 Log2 对数转换作为纵坐标,在 R 软件中编写脚本绘制各样本的丰度等级曲线。丰度曲线显示,各样本 OTU 的丰度差异较大,均匀性较低。

我们计算了 4 个 Alpha 多样性指数:ACE、Chao1、Shannon 指数和 Simpson's 多样性指数。结果表明,各样本的细菌群落丰富,多样性均匀。从表 14-2 可以看出,3 组植物类群之间的物种丰富度和均匀度无显著差异($P>0.05$),这说明生长状况对矮牡丹根际的细菌丰富度和均匀度没有影响。

表 14-2　矮牡丹根际的细菌 Alpha 多样性指数

Samples	chao1	ACE	simpson	shannon
Well-growing plants	611.5±505.2[*]	660.3±589.8	1.0±0	8.4±0.5
Poor-growing plants	811.6±191.3	872.9±224.0	1.0±0	8.4±0.1
Dead plants	697.0±350.5	774.1±417.4	1.0±0	8.4±0.4

注:*表示所有样品各指数间均无显著性差异($P>0.05$)。

14.2.2.2　Beta 多样性

PCA、MDS 主成分分析和聚类分析表明,3 个类群的微生物群落结构不同,生长良好的植株与生长较差的植株之间的差异相对较小。为了验证差异的显著性,我们对组间和组内的加权 UniFrac 距离进行了测定,结果表明活植物和死植物的差异显著,而生长良好的植物和生长不良的植物的差异不显著。这些结果表明,活着的矮牡丹根际的细菌群落具有相似性;随着植物的死亡,细菌群落发生了很大的变化。

14.2.3　矮牡丹根际放线菌的分离与纯化

采用稀释涂布平板法,选取 5 种不同类型的培养基用于放线菌的分离,各培养基成分见表 14-3。培养基配置好后均需经 121 ℃灭菌 25 min,并加入重铬酸钾作为抑菌剂。分别设定 3 个稀释梯度,共分离得到 82 株放线菌,经去重复后得到 52 株。从表 14-3 可以看出,不同分离培养基中分离的菌株数不同。高氏 1 号培养基分离效率最高,占分离放线菌总数的 63.5%;TWYE 培养基也具有较高的分离效率,占分离总数的 51.9%;5 种培养基的分离效果依次为 G>T>J>I>N。根据分离培养基的不同,对分离的菌株进行编号。将分离得到的菌株接种到纯化培养基上培养后,得到形态清晰的菌株。

表 14-3　不同培养基分离的放线菌数目统计表

培养基	G	T	I	J	N
菌株数	33	27	7	10	5
占分离总数的比例	63.5%	51.9%	13.5%	19.2%	9.6%

14.2.4 矮牡丹根际放线菌的生物活性检测

14.2.4.1 抗菌活性

采用琼脂块法，把大肠杆菌和金黄色葡萄球菌接种于牛肉膏蛋白胨培养基中，将酵母菌和青霉菌接种于 PDA 培养基中。接种时均要用灭菌过的涂布器均匀涂满整个培养基，供试靶标菌接种好后，在皿盖中心用记号笔进行十字划线，将平板平均分成 4 个区域，用灭菌后的竹签从高氏 1 号培养基中挑取 4 种不同供试放线菌琼脂块，正立放置在 4 个不同区域中，于 28 ℃培养 1～2 d，直接观察是否产生透明圈，若产生透明圈，则记录透明圈直径。

本研究选用 4 种靶标菌对矮牡丹根际分离出的具有代表性的 37 株放线菌进行抗菌活性检测。从表 14-4 可以看出，37 株供试菌对 4 种靶标菌表现出了不同的抗菌活性。

表 14-4 抗菌活性检测结果表

菌株	酵母菌	青霉	大肠杆菌	金黄色葡萄球菌
G7	$-^1$	-	-	$+^2$
G10	-	+	-	-
G16	-	-	-	+
G20-2	-	+	-	-
G26-3	+	-	-	-
G28	-	-	-	+
G33	-	-	-	-
T4	-	+	-	-
N4	-	+	-	-
J3	-	+	-	-
J7	+	-	-	-

注：－表示抗菌活性检测为阴性；＋表示抗菌活性检测为阳性。

从表 14-5 可以看出，有 2 株放线菌具有拮抗酵母菌的活性；6 株具有拮抗青霉的活性；无菌株能够拮抗大肠杆菌；3 株能够拮抗金黄色葡萄球菌。透明圈直径（D）/琼脂块直径（d）的比值大小能够说明其抗菌活性的强弱，比值越大，表示抗菌活性越强。试验结果表明，G26-3 菌株对酵母菌的拮抗能力最强；G20-2 菌株对青霉的拮抗能力最强；G7 菌株对金黄色葡萄球菌的拮抗能力最强；并未发现某种供试菌能够同时拮抗两种及两种以上靶标菌。

表 14-5 抗菌活性能力检测表

靶标菌	供试菌株	琼脂块直径 d/cm	透明圈直径 D/cm	比值/（D/d)
酵母菌	G26-3	0.6	1.4	2.3
	J7	0.6	1.2	2.0

靶标菌	供试菌株	琼脂块直径 d/cm	透明圈直径 D/cm	比值/（D/d）
青霉	G10	0.6	1.1	1.8
	G20-2	0.6	1.3	2.2
	G33	0.6	1.1	1.8
	T4	0.6	0.8	1.3
	N4	0.6	1.0	1.7
	J3	0.6	1.2	2.0
金黄色葡萄球菌	G7	0.6	2.1	3.5
	G16	0.6	1.1	1.8
	G28	0.6	1.2	2.0

14.2.4.2 产酶活性

本试验对矮牡丹根际分离出的具有代表性的 37 株放线菌进行产蛋白酶和淀粉酶活性检测。从表 14-6 可以看出，在供试的 37 株菌株中，2 株具有蛋白酶活性，19 株具有淀粉酶活性，具有蛋白酶和淀粉酶活性的菌株比例分别为 5.4% 和 51.4%，其中 G25 同时产生两种酶。对于酶活性检测而言，透明圈直径（D）/琼脂块直径（d）的比值大小能够说明其产酶活性的强弱，比值越大，表示酶活性越强。试验结果表明，菌株 G25 产蛋白酶活力较强；菌株 I3 产淀粉酶活力最强。具体结果见表 14-7。

表 14-6　产酶活性检测结果表

菌株	蛋白酶	淀粉酶
G2–1	+ 1	−2
G2–2	−	+
G4	−	+
G8	−	+
G10	−	+
G11	−	+
G20–2	−	+
G25	+	+
G26–3	−	+
G28	−	+
G31	−	+
G33	−	+
T4	−	+
T6	−	+
T27	−	+
N2	−	+

续表

菌株	蛋白酶	淀粉酶
N3	−	+
N4	−	+
J7	−	+
I3	−	+

注：+表示酶活性检测为阳性；−表示酶活性检测为阴性。

表 14-7 产酶活性能力检测表

产酶活性	供试菌株	琼脂块直径 d/cm	透明圈直径 D/cm	比值/ (D/d)
蛋白酶	G2-1	0.3	0.9	3.0
	G25	0.3	2.2	7.3
淀粉酶	G2-2	0.3	1.2	4.0
	G4	0.3	1.8	6.0
	G8	0.3	1.6	5.3
	G10	0.3	1.4	4.7
	G11	0.3	1.5	5.0
	G20-2	0.3	1.0	3.3
	G25	0.3	1.7	5.7
	G26-3	0.3	1.5	5.0
	G28	0.3	1.4	4.7
	G31	0.3	2.1	7.0
	G33	0.3	1.8	6.0
	T4	0.3	1.6	5.3
	T6	0.3	1.5	5.0
	T27	0.3	0.5	1.7
	N2	0.3	2.0	6.7
	N3	0.3	1.2	4.0
	N4	0.3	1.0	3.3
	J7	0.3	2.3	7.6
	I3	0.3	2.8	9.3

14.3 小结与讨论

土壤条件对当地植物的分布具有重要影响（Michaelis and Diekmann，2018），植物、土壤和微生物之间的相互作用已经得到了广泛的研究。已有研究证明，根际微生物群落随植物物种的变化而变化（Finkel et al.，2017），微生物群落对环境条件的响应比植物更快（Yan et al.，2015；Verbon and Liberman，2016）。前期研究表明，不同地区的矮牡丹根际土壤中 10 种矿质元素的含量无显著差异。本研究通过 PacBio 测序对不同生长状态的矮牡丹的细菌群落进行了研究。结果表明，矮牡丹根际的优势菌门为变形菌门（Proteobacteria）、酸菌门（Acidobacteria）、普朗克菌门（Planctomycetes）、拟杆菌门（Bacteroidetes）和放线菌门（Actinobacteria）。这与栽培牡丹根际的微生物结构类似（Xue and Huang，2014）。

生长良好和生长不良的植物之间的细菌群落差异小于活着的和死亡的植物之间的差异。LEfSe 分析表明，在生长良好的植物根际显著富集 *Lysobacter*、*Gimesia*、*Magnetococcus* 和 *Arcobacter*，以及 *baltica Hirschia*、*Arcobacter aquimarinus*、*Gimesia maris*、*Magnetococcus marinus* 和 *Pseudoxanthobacter soli*，其中 *Lysobacter* 属细菌可用于抑制植物的萎蔫病（Islam et al.，2005）。*Magnetococcus marinus* 以硫代硫酸盐或硫化物为电子供体，以化学有机异养方式在醋酸盐上生长（Bazylinski et al.，2013）。*Gimesia maris* 通过积累α-谷氨酸、蔗糖、胞外素和羟胞外素来调节渗透压（Ferreira et al.，2016）。因此，这些细菌可能会促进植物的生长和对环境威胁的耐受性。

总体而言，随着矮牡丹的死亡，许多有益根际微生物的丰度下降。我们推测，将这些有益微生物接种于土壤中对该濒危植物的保护有一定的帮助。这些有益类群的功能及该假说尚待进一步证实。

植物根际土壤放线菌是生物活性物质的重要来源。研究表明，能够从中分离出多种具有抑菌活性和抗肿瘤活性的放线菌。矮牡丹是一种非常重要的药用植物资源，但是对其根际土壤放线菌的多样性和生物活性的系统研究还相对较少，因而对其开展研究显得尤为重要。为了尽可能地满足不同放线菌的生长要求，本研究选用 5 种分离培养基，从矮牡丹根际土壤中分离得到了 82 株放线菌，经去重复后剩余 52 株。这为后续的生物活性研究积累了一定的菌种资源，有利于较为全面地评估它们的生物活性。

药用植物根际土壤放线菌具有显著的抑菌活性。本研究的 37 株供试菌株中有 29.7% 的放线菌具有抑菌活性，可能仍存在某些抑菌潜力有待于研究。通过进行本项研究，可以知道矮牡丹根际土壤中蕴藏着丰富的放线菌资源，而且这些放线菌对多种细菌、真菌具有良好的拮抗活性，同时具有很高的产酶活性，是生物活性物质的重要来源，因而进一步了解其生物活性功能也将是我们今后要解决的一个问题，从而为矮牡丹发挥其药用价值和生物保护奠定基础。

参考文献

中文文献

[1] 安德荣，幕小倩. 瑞拉菌素产生菌的鉴定 [J]. 微生物学杂志，2002，22（2）：5-6.

[2] 鲍士旦. 土壤农化分析（第三版）[M]. 北京：中国农业出版社，2000.

[3] 蔡艳，薛泉宏，陈占全，等. 青海省保护地辣椒根际土壤和根表放线菌研究 [J]. 应用与环境生物学报，2003，9（1）：92-96.

[4] 蔡艳，薛泉宏，侯琳，等. 黄土高原几种乔灌木根区土壤微生物区系研究 [J]. 陕西林业科技，2002（1）：4-9＋15.

[5] 曹桂阳，殷海兴，褚以文. 新型噻唑肽类抗生素产生菌 SⅡA-A6351 的鉴定 [J]. 中国抗生素杂志，2013，38（4）：248-250＋254.

[6] 曹支敏，杨俊秀，李振岐. 秦岭森林锈菌区系 [J]. 菌物系统，1997，16（1）：17-23.

[7] 陈义光，姜怡，李文均，等. 青海盐碱环境中具抗肿瘤活性放线菌的筛选和多样性研究 [J]. 微生物学报，2007，47（5）：757-762.

[8] 程丽娟，薛泉宏. 微生物学实验技术 [M]. 西安：世界图书出版社，2000.

[9] 崔芳芳，刘增文，付刚，等. 秦岭山区几种典型森林的土壤微生物特征及其对人为干扰的响应 [J]. 西北林学院学报，2008，23（2）：129-134.

[10] 段春梅，薛泉宏，呼世斌，等. 连作黄瓜枯萎病株、健株根域土壤微生物生态研究 [J]. 西北农林科技大学学报（自然科学版），2010，38（4）：143-150.

[11] 付刚，刘增文，崔芳芳. 秦岭山区典型人工林土壤酶活性、微生物及其与土壤养分的关系 [J]. 西北农林科技大学学报（自然科学版），2008，36（10）：88-94.

[12] 傅志军，张行勇，刘顺义，等. 秦岭植物区系和植被研究概述 [J]. 西北植物学报，1996，16（5）：93-106.

[13] 关统伟，赵珂，夏占峰，等. 新疆高盐环境土壤放线菌分离培养基比较 [J]. 应用与环境生物学报，2010，16（3）：429-431.

[14] 郭志英，薛泉宏，张晓鹿，等. 生防菌苗床接种对辣椒根域微生态及产量的影响 [J]. 西北农林科技大学学报（自然科学版），2008，36（4）：159-170.

[15] 何娜，曾会才，吴庆菊. 五指山放线菌分离菌株拮抗活性初步筛选及其分布 [J]. 广东农业科学，2008（8）：83-84.

[16] 侯宽昭. 中国种子植物科属词典（第二版）[M]. 北京：科学出版社，1982.

[17] 吉雪花，吴楠，张丙昌，等. 苔藓密度对生物结皮土壤微生物的影响 [J]. 石河子大学学报（自然科学版），2013，31（4）：408-413.

[18] 姜成林. 滇东南地区土壤放线菌区系及资源考察 [J]. 微生物学通报，1985，13：213-215.

[19] 姜怡，曹艳茹，赵立兴，等. 超声波处理土样分离放线菌 [J]. 微生物学报，2010，50（8）：1094-1097.

[20] 金静，段方猛，纪绍兰. 毛白杨树皮真菌群落的研究 [J]. 莱阳农学院学报，1999，16（2）：131-133.

[21] 李东平，龙建友，胡兆农，等. 放线菌 LDP-18 发酵液杀菌活性研究 [J]. 西北农业学报，2005，14（1）：102-105.

[22] 李慧芬，林雁冰，王娜娜，等. 一株 Zn 抗性菌株的筛选鉴定及吸附条件优化 [J]. 环境科学学报，2010，30（11）：2189-2196.

[23] 李晶. 烟草赤星病菌拮抗放线菌的筛选、发酵及活性物质研究 [D]. 咸阳：西北农林科技大学，2008.

[24] 李蓉，张京良，江晓路，等. 红树林放线菌的筛选与抗真菌和抗肿瘤活性的测定 [J]. 食品与生物技术学报，2010，29（1）：94-97.

[25] 李先敏，余玲江. 太白山自然保护区的生物多样性及其威胁因素研究 [J]. 林业调查规划，2005，30（6）：6-9.

[26] 梁亚萍，宗兆锋，马强. 6 株野生植物内生放线菌防病促生作用的初步研究 [J]. 西北农林科技大学学报（自然科学版），2007，35（7）：131-136.

[27] 刘建军，余仲东，李华. 油松与锐齿栎林地土壤微生物生物量初步研究 [J]. 陕西林业科技，2001（2）：7-10.

[28] 刘琴，吴毅歆，张学传，等. 生物诱抗剂防治大白菜根肿病效果及对根际微生物群落影响 [J]. 华中农业大学学报，2018，37（1）：32-37.

[29] 刘增文，段而军，付刚，等. 秦岭北山几种典型人工纯林土壤性质极化问题研究 [J]. 土壤，2008，40（6）：997-1001.

[30] 刘增文，段而军，付刚，等. 陕西秦岭山区典型人工林地腐殖质层土壤客土混合效应研究 [J]. 水土保持学报，2008，22（3）：101-105.

[31] 刘增文，段而军，高文俊，等. 秦岭山区人工林地枯落叶客置对土壤生物、化学性质的影响 [J]. 应用生态学报，2008，19（4）：704-710.

[32] 刘芷宇. 土壤-根系徽区养分环境的研究概况 [J]. 土壤学进展，1980，8（3）：1-11.

[33] 陆惠中，王启明，贾建华，等. 秦岭地区子囊菌酵母物种多样性研究 [J]. 菌物学报，2004，23（2）：183-187.

[34] 吕恒，牛永春，邓晖，等. 根际真菌对黄瓜土传病害的抑制作用 [J]. 应用生态学报，2015，26（12）：3759-3765.

[35] 母连军，胡永松，王忠彦. 放线菌分离方法的进展 [J]. 四川食品工业科技，1996（3）：4-6.

[36] 彭云霞，姜怡，段淑蓉，等. 稀有放线菌的选择性分离方法 [J]. 云南大学学报（自然科学版），2007，29（1）：86-89.

[37] 祁鹏，李峻志，李安利，等. 秦岭中段地区大型真菌种质资源调查初报 [J]. 中国食用菌，2013，32（1）：8-13.

[38] 任得元，李建康，李莉. 秦岭山区人工纯林土壤微生物群落特征研究 [J]. 陕西林业科技，2009（2）：26-36.

[39] 任建宏，燕辉，朱铭强，等. 秦岭北坡4种植被类型的土壤养分状况和微生物特征比较研究 [J]. 水土保持研究，2010，17（4）：228-232.

[40] 任晓慧，王胜兰，文莹，等. 细菌中钙信号的作用 [J]. 微生物学报，2009，49（12）：1564-1570.

[41] 陕西省土壤普查办公室. 陕西土壤 [M]. 北京：科学出版社，1992.

[42] 申琦，陈炜，解振锋，等. 秦岭药用真菌区系研究 [J]. 微生物学杂志，2008，28（6）：48-51.

[43] 史学群，宋海超，刘柱. 海南省土壤拮抗放线菌分离方法初探 [J]. 中国农学通报，2006，22（10）：431-435.

[44] 疏秀林，安德荣，张勤福，等. 土壤拮抗放线菌S-5210-6的筛选及其初步分类鉴定 [J]. 西北农林科技大学学报（自然科学版），2004，32（12）：57-60＋64.

[45] 司美茹，薛泉宏，陈占全，等. 青海高原土壤拮抗性放线菌的生态分布 [J]. 应用与环境生物学报，2005，11（1）：104-111.

[46] 司美茹，薛泉宏，来航线. 放线菌分离培养基筛选及杂菌抑制方法研究 [J]. 微生物学通报，2004，31（2）：61-65.

[47] 孙广宇，张雅梅，张荣. 突脐孢属Brn1基因核苷酸序列比较及系统发育研究 [J]. 菌物学报，2004，23（4）：480-486.

[48] 孙现超. 土壤拮抗放线菌的筛选、鉴定及其活性产物的研究 [D]. 咸阳：西北农林科技大学，2003.

[49] 唐依莉，谢修超，洪葵. 红树植物根内生放线菌的分离鉴定及其生理活性的评价 [J]. 热带生物学报，2012，3（1）：32-37＋41.

[50] 田呈明，刘建军，梁英梅，等. 秦岭火地塘林区森林根际微生物及其土壤生化特性研究 [J]. 水土保持通报，1999，19（2）：19-22.

[51] 田呈明，杨俊秀，梁英梅，等. 秦岭药用真菌资源与生态分布 [J]. 西北林学院学报，1995，10（4）：36-41.

[52] 田小卫，龙建友，白红进，等. 一株放线菌次生代谢产物抗菌活性的初步研究 [J]. 植物保护，2004，30（2）：51-54.

[53] 王玲娜，薛泉宏，唐明，等. 内蒙古芹菜根腐病病株和健株根域土壤的微生物生态研究 [J]. 西北农林科技大学学报（自然科学版），2010，38（8）：167-172＋181.

[54] 王启兰，曹广民，姜文波，等. 青海高寒草甸土壤放线菌区系研究 [J]. 微生物

学报，2004，44（6）：733-736.

[55] 王启兰，曹广民，王长庭.高寒草甸不同植被土壤微生物数量及微生物生物量的特征［J］.生态学杂志，2007，26（7）：1002-1008.

[56] 王岳坤，洪葵.红树林土壤因子对土壤微生物数量的影响［J］.热带作物学报，2005，26（3）：109-114.

[57] 文都日乐，李刚，张静妮，等.呼伦贝尔不同草地类型土壤微生物量及土壤酶活性研究［J］.草业学报，2010，19（5）：94-102.

[58] 肖静，许静，谢庶洁，等.红树林放线菌的分离及其抗菌和抗肿瘤细胞活性［J］.应用与环境生物学报，2008，14（2）：244-248.

[59] 徐路明，郝明亮，王金果，等.土壤放线菌 X1 的筛选及其抑菌活性初探［J］.中国农学通报，2011，27（9）：195-200.

[60] 徐涛，胡同乐，王亚南，等.苹果树皮内生真菌的分离及其对腐烂病的生物防治潜力［J］.植物保护学报，2012，39（4）：327-333.

[61] 薛清，段春梅，王玲娜，等.微波处理对钙质土壤放线菌分离效果的影响［J］.微生物学杂志，2010，30（3）：19-24.

[62] 薛清，王玲娜，段春梅，等.$CaCl_2$ 对钙质土壤放线菌分离效果的影响［J］.干旱地区农业研究，2010，28（5）：104-107＋114.

[63] 薛泉宏，蔡艳，陈占全，等.青海高原东部土壤中拮抗性放线菌的生态分布特征［J］.中国抗生素杂志，2004，29（4）：203-205.

[64] 闫建芳，刘秋，刘志恒，等.瓜类枯萎病菌拮抗放线菌分离方法的研究［J］.河南农业科学，2006（4）：81-83.

[65] 杨斌，薛泉宏，陈占全，等.青海沙珠玉人工植被系统土壤放线菌生态分布及拮抗性［J］.应用生态学报，2008，19（8）：1694-1701.

[66] 杨斌，薛泉宏，陈占全，等.微波处理对土壤放线菌分离效果的影响［J］.应用生态学报，2008，19（5）：1091-1098.

[67] 姚连芳，赵一鹏.矮牡丹濒危机制分析与保护对策［J］.中国农学通报，2005，21（5）：156-158.

[68] 姚拓，杨俊秀.宁陕火地塘落叶松林大型真菌资源调查［J］.西北林学院学报，1996，11（4）：41-44.

[69] 于翠，吕德国，秦嗣军，等.本溪山樱根际微生物区系［J］.应用生态学报，2007，18（10）：2277-2281.

[70] 原犇犇.几种林木病原菌拮抗放线菌的筛选及其活性物质研究［D］.咸阳：西北农林科技大学，2007.

[71] 岳海梅，张新军，巩文峰，等.林芝地区不同草地土壤微生物区系分析［J］.草业科学，2012，29（7）：1019-1022.

[72] 张保刚，曹支敏.秦岭火地塘伞菌区系组成特征［J］.西北林学院学报，2007，

22（2）：15-19.

［73］ 张波，吴文君，宗兆锋. 放线菌 Z139 菌株的分离、鉴定及其生物活性［J］. 西北农林科技大学学报（自然科学版），2005，33（8）：69-72.

［74］ 张峰. 濒危植物矮牡丹致濒原因分析［J］. 生态学报，2003，23（7）：1436-1441.

［75］ 张美存，程田，多立安，等. 微生物菌剂对草坪植物高羊茅生长与土壤酶活性的影响［J］. 生态学报，2017，37（14）：4763-4769.

［76］ 张少军. 秦岭火地塘主要林分土壤放线菌区系研究［D］. 咸阳：西北农林科技大学，2003.

［77］ 张晓琳，朱铭莪，薛泉宏. 西藏草毡土中放线菌资源与分类研究［J］. 西北农林科技大学学报（自然科学版），1997，12（6）：47-50.

［78］ 赵卉琳，来航线，冯昌增，等. 新疆部分地区盐碱荒漠化土壤养分及放线菌区系组成［J］. 西北农业学报，2008，17（1）：161-166.

［79］ 郑雅楠，杨宇，吕国忠，等. 土壤放线菌分离方法研究［J］. 安徽农业科学，2006，34（6）：1167-1168＋1170.

［80］ 周永强，薛泉宏，杨斌，等. 生防放线菌对西瓜根域微生态的调整效应［J］. 西北农林科技大学学报（自然科学版），2008，36（4）：143-150.

［81］ 朱文杰，薛泉宏，曹艳茹，等. 秦岭太白山北坡土壤拮抗性放线菌分布及特性［J］. 应用生态学报，2011，22（11）：3003-3010.

［82］ 朱文勇，李洁，赵国振，等. 喜树内生放线菌多样性及抗菌活性评价［J］. 微生物学通报，2010，37（2）：211-216.

英文文献

［1］ Adinaryan G, Venkateshan M R, Sujatha P, et al. Cytotoxic compounds from the marine actinobacterium［J］. Bioorganicheskaya Khimiya, 2006, 32(3): 328-334.

［2］ Al-Askar A A, Abdul K W M, Rashad Y M S. In vitro antifungal activity of Streptomyces spororaveus RDS28 against some phytopathogenic fungi［J］. African Journal of Agricultural Research, 2011, 6(12): 2835-2842.

［3］ Allen A S, Schlesinger W H. Nutrient limitations to soil microbial biomass and activity in loblolly pine forests［J］. Soil Biology and Biochemistry, 2004, 36(4): 581-589.

［4］ Almabruk K H, Lu W L, Li Y X, et al. Mutasynthesis of fluorinated pactamycin analogues and their antimalarial activity［J］. Organic Letters, 2013, 15(7): 1678-1681.

［5］ Alonso-Saez L, Gasol J M. Seasonal variations in the contributions of different bacterial groups to the uptake of low-molecular-weight compounds in northwestern mediterranean coastal waters［J］. Applied and Environment Microbiology, 2007, 73(11): 3528-3535.

［6］ Araújo W L, Marcon J, Van Elsas J D, et al. Diversity of endophytic bacterial populations and their interaction with Xylella fastidiosa in citrus plants［J］. Applied and

Environment Microbiology, 2002, 68(10): 4906-4914.

［7］ Uzel A, Hames Kocabas E E, Bedir E. Prevalence of Thermoactinomyces thalpophilus and T. sacchari strains with biotechnological potential at hot springs and soils from West Anatolia in Turkey ［J］. Turkish Journal of Biology, 2011, 35(2): 195-202.

［8］ Athalye M, Lacey J, Goodfellow M. Selective isolation and enumeration of actinomycetes using rifampicin ［J］. Journal of Applied Bacteriology, 1981, 51(2): 289-297.

［9］ Meklat A, Sabaou N, Zitouni A, et al. Isolation, taxonomy, and antagonistic properties of halophilic actinomycetes in saharan soils of Algeria ［J］. Applied and Environment Microbiology, 2011, 77(18): 6710-6714.

［10］ Atlas R M, Bartha R. Microbial ecology: fundamentals and applications［M］. Redwood City: The Benjamin/Cummings Publishing Company, Inc, 1993.

［11］ Bågstam G. Population changes in microorganisms during composting of spruce-bark ［J］. European Journal of Applied Microbiology and Biotechnology, 1978, 5: 315-330.

［12］ Bais H P, Park S W, Weir T L, et al. How plants communicate using the underground information superhighway ［J］. Trends in Plant Science, 2004, 9(1): 26-32.

［13］ Barea J M, Azcón R, Azcón-Aguilar C. Mycorrhizal fungi and plant growth promoting rhizobacteria ［A］. Varma A, Abbott L, Werner D, et al. Plant surface microbiology ［C］. Heidelberg: Springer-Verlag, 2004. 351-371.

［14］ Barea J M. Rhizosphere and mycorrhiza of field crops［A］. Balázs E, Galante E, Lynch J M, et al. Biological resource management: connecting science and policy［C］. Berlin, Heidelberg, New York: INRA Editions, Springer-Verlag, 2000. 110-125.

［15］ Barns S M, Cain E C, Sommerville L, et al. Acidobacteria phylum sequences in uranium-contaminated subsurface sediments greatly expand the known diversity within the phylum ［J］. Applied and Environment Microbiology, 2007, 73(9): 3113-3116.

［16］ Barrow G I, Feltham R K A. Cowan and Steel's manual for the identification of medical bacteria (3rd edition) ［M］. Cambridge: Cambridge University Press, 1993.

［17］ Behrendt U, Ulrich A, Schumann P, et al. Diversity of grass-associated Microbacteriaceae isolated from the phyllosphere and litter layer after mulching the sward; polyphasic characterization of Subtercola pratensis sp. nov., Curtobacterium herbarum sp. nov. and Plantibacter flavus gen. nov., sp. nov ［J］. International Journal of Systematic and Evolutionary Microbiology, 2002, 52(5): 1441-1454.

［18］ Bensultana A, Ouhdouch Y, Hassani L, et al. Isolation and characterization of wastewater sand filter actinomycetes ［J］. World Journal of Microbiology and Biotechnology, 2010, 26(3): 481-487.

［19］ Bérdy J. Bioactive microbial metabolites-a personal view ［J］. Journal of Antibiotic, 2005, 58(1): 1-26.

［20］ Bisht G S, Bharti A, Kumar V, et al. Isolation, purification and partial characterization of an antifungal agent produced by salt-tolerant alkaliphilic Streptomyces violascens IN2-10 ［J］. Proceedings of the National Academy of Sciences India Section B-Biologicalsciences, 2013, 83(1): 109-117.

［21］ Blanco G, Patallo E P, Braña A F, et al. Identification of a sugar flexible glycosyltransferase from Streptomyces olivaceus, the producer of the antitumor polyketide elloramycin ［J］. Chemistry & biology, 2001, 8(3): 253-263.

［22］ Boeck L D, Christy K L, Shah R. Production of Anticapsin by Streptomyces griseoplanus ［J］. Journal of Applied Microbiology, 1971, 21(6): 1075-1079.

［23］ Bredholdt H, Galatenko O A, Engelhardt K, et al. Rare actinomycete bacteria from the shallow water sediments of the Trondheim fjord, Norway: isolation, diversity and biological activity ［J］. Environmental Microbiology, 2007, 9(11): 2756-2764.

［24］ Brockmann H, Musso H. Geomycin, a new antibiotic effective against gram-negative bacteria ［J］. Naturwissenschaften, 1954, 41(19): 451-452.

［25］ Brodie E L, DeSantis T Z, Zubietta I X, et al. Urban aerosols harbor diverse and dynamic bacterial populations ［J］. Proceedings of the National Academy of Sciences, 2007, 104(1): 299-304.

［26］ Brodo I M, Sharnoff S D, Sharnoff S, et al. Lichens of North America ［M］. New Haven: Yale University Press, 2001.

［27］ Bromfield E S P, Wheatcroft R, Barran L R. Medium for direct isolation of Rhizobium meliloti from soils ［J］. Soil Biology and Biochemistry, 1994, 26(4): 423-428.

［28］ Brooks R R, Robinson B H. The potential use of hyperaccumulators and other plants for phytomining ［A］. Brooks R R. Plants that hyperaccumulate heavy metals: their role in phytoremediation, microbiology, archeology, mineral exploration, and phytomining ［C］. Cambridge: CAB International, 1998. 327-356.

［29］ Buchan A, Newell S Y, Butler M, et al. Dynamics of bacterial and fungal communities on decaying salt marsh grass ［J］. Applied and Environmental Microbiology, 2003, 69(11): 6676-6687.

［30］ Bulina T I, Alferova I V, Terekhova L P. A novel approach to isolation of actinomycetes involving irradiation of soil samples with microwaves ［J］. Microbiology, 1997, 66(2): 231-234.

［31］ Cao L X, Qiu Z Q, Dai X, et al. Isolation of endophytic actinomycetes from roots and leaves of banana(musa acuminata)plants and their activities against fusarium oxysporum f. sp. cubense ［J］. World Journal of Microbiology and Biotechnology,

2004, 20(5): 501-504.

［32］ Carter G T, Nietsche J A, Williams D R, et al. Citreamicins, novel antibiotics from Micromonospora citrea: isolation, characterization, and structure determination ［J］. Journal of Antibiotic(Tokyo), 1990, 43(5): 504-512.

［33］ Castillo U F, Harper J K, Strobel G A, et al. Kakadumycins, novel antibiotics from Streptomyces sp. NRRL 30566, an endophyte of Grevillea pteridifolia ［J］. FEMS Microbiology Letters, 2003, 224(2): 183-190.

［34］ Castillo U F, Strobel G A, Ford E J, et al. Munumbicins, wide-spectrum antibiotics produced by Streptomyces NRRL 30562, endophytic on Kennedia nigriscans ［J］. Microbiology, 2002, 148(9): 2675-2685.

［35］ Castillo U, Strobel G A, Mullenberg K, et al. Munumbicins E-4 and E-5: novel broad-spectrumantibiotics from Streptomyces NRRL3052 ［J］. FEMS Microbiology Letters, 2006, 255(2): 296-300.

［36］ Chen S H, Geng P, Xiao Y, et al. Bioremediation of β-cypermethrin and 3-phenoxybenzaldehyde contaminated soils using Streptomyces aureus HP-S-01 ［J］. Applied Microbiology and Biotechnology, 2012, 94(2): 505-515.

［37］ Chen X L, Xu Y H, Zheng Y G, et al. Improvement of tautomycin production in Streptomyces spiroverticillatus by feeding glucose and maleic anhydride ［J］. Biotechnology and Bioprocess Engineering, 2010, 15(6): 969-974.

［38］ Cheng Y Q, Tang G L, Shen B. Identification and localization of the gene cluster encoding biosynthesis of the antitumor macrolactam leinamycin in Streptomyces atroolivaceus S-140 ［J］. Journal of Bacteriology, 2002, 184(24): 7013-7024.

［39］ Cho J Y, Kim M S. Antibacterial benzaldehydes produced by seaweed-derived Streptomyces atrovirens PK288-21 ［J］. Fisheries Science, 2012, 78(5): 1065-1073.

［40］ Cho S T, Tsai S H, Ravindran A, et al. Seasonal variation of microbial populations and biomass in Tatachia grassland soils of Taiwan ［J］. Environmental Geochemistry and Health, 2008, 30(3): 255-272.

［41］ Choi C W, Choi J S, Yon G H, et al. Nucleoside antibiotic components from Streptomyces scopuliridis RB72 ［J］. Planta Medica, 2012, 78(11): PI73.

［42］ Collins M D, Pirouz T, Goodfellow M, et al. Distribution of menaquinones in actinomycetes and corynebacteria ［J］. Journal of General Microbiology, 1977, 100(2): 221-230.

［43］ Coombs J T, Franco C M M. Isolation and identification of actinobacteria isolated from surface-sterilized wheat roots ［J］. Applied and Environment Microbiology, 2003, 69(9): 5603-5608.

［44］ Craveri R, Giolitti G. Antibiotic, flavensomtcin, and process for preparing it ［J］. US

Patent, 1963, 3093543.

［45］ Crawford D L, Lynch J M, Whipps J M, et al. Isolation and characterization of actinomycete antagonists of a fungal root pathogen ［J］. Applied and Environmental Microbiology, 1993, 59(11): 3899-3905.

［46］ Cunha-Queda A C, Ribeiro H M, Ramos A, et al. Study of biochemical and microbiological parameters during composting of pine and eucalyptus bark ［J］. Bioresource Technology, 2007, 98(17): 3213-3220.

［47］ Daane L L, Harjono I, Barns S M, et al. PAH-degradation by Paenibacillus spp. and description of Paenibacillus naphthalenovorans sp. nov., a naphthalene-degrading bacterium from the rhizosphere of salt marsh plants ［J］. International Journal of Systematic and Evolutionary Microbiology, 2002, 52: 131-139.

［48］ Davis C L, Hinch S A, Donkin C J, et al. Changes in microbial population numbers during the composting of pine bark ［J］. Bioresource Technology, 1992, 39(1): 85-92.

［49］ Debi C, Vipin P. Rhizospheric inoculation influence on seedling growth, development and biomass yield in Oroxylum indicum (L.) Benth. ex Kurz ［J］. Int. J. Sc. Res, 2016, 5(9): 424-429.

［50］ Dhanasekaran D, Thajuddin N, Panneerselvam A. Distribution and ecobiology of antagonistic streptomycetes from agriculture and coastal soil in Tamil Nadu, India ［J］. Journal of Culture Collections, 2008, 6(1): 10-20.

［51］ Dietera A, Hamm A, Fiedler H P, et al. Pyrocoll, an antibiotic, antiparasitic and antitumor compound produced by a novel alkaliphilic Streptomyces strain ［J］. Journal of Antibiotics, 2003, 56(7): 639-646.

［52］ Doran J W, Sarrantonio M, Liebig M A. Soil health and sustainability ［J］. Advances in Agronomy, 1996, 56: 2-54.

［53］ Duggar B M. Aureomycin: a product of the continuing search for new antibiotics ［J］. Annals of the New York Academy of Sciences, 1948, 51(2): 177-181.

［54］ Eguchi T, Takada N, Nakamura S, et al. Streptomyces bungoensis sp. nov ［J］. International Journal of Systematic Bacteriology, 1993, 43(4): 794-798.

［55］ Ehrlich J, Bartz Q R, Smith R M, et al. Chloromycetin, a new antibiotic from a soil actinomycete ［J］. Science, 1947, 106(2757): 417.

［56］ El-Gendy M M A, EL-Bondkly A M A. Production and genetic improvement of a novel antimycotic agent, saadamycin, against dermatophytes and other clinical fungi from endophytic Streptomyces sp. Hedaya48［J］. Journal of Industrial Microbiology & Biotechnology, 2010, 37(8): 831-841.

［57］ Hazen E L, Brown R. Fungicidin, an antibiotic produced by a soil actinomycete ［J］. Experimental Biology and Medicine(Maywood), 1951, 76(1): 93-97.

［58］ Elliott L F, Lynch J M. Biodiversity and soil resilience［A］. Greenland D J, Szabolcs I. Soil resilience and sustainable land use ［C］. Wallingford: CAB International, 1994. 353-364.

［59］ Fang M, Kremer R J, Motavalli P P, et al. Bacterial diversity in rhizospheres of nontransgenic and transgenic corn ［J］. Applied and Environment Microbiology, 2005, 71(7): 4132-4136.

［60］ Faulds C B, Williamson G. The purification and characterization of 4-hydroxy-3-methoxycinnamic (ferulic) acid esterase from Streptomyces olivochromogenes ［J］. Journal of General Microbiology, 1991, 137(10): 2339-2345.

［61］ Feling R H, Buchanan G O, Mincer T, et al. Salinosporamide A: a highly cytotoxic proteasome inhibitor from a novel microbial source, a marine bacterium of the new genus Salinispora ［J］. Angewandte Chemie, 2003, 42(3): 355-357.

［62］ Fenical W, Jensen P R. Developing a new resource for drug discovery: marine actinomycete bacteria ［J］. Nature Chemical Biology, 2006, 2(12): 666-673.

［63］ Ferreira C, Soares A R, Lamosa P, et al. Comparison of the compatible solute pool of two slightly halophilic Planctomycetes species, Gimesia maris and Rubinisphaera brasiliensis ［J］. Extremophiles, 2016, 20: 811-820.

［64］ Ferriss R S. Effects of microwave oven treatment on microorganisms in soil ［J］. Phytopathology, 1984, 74(1): 121-126.

［65］ Fierer N, Breitbart M, Nulton J, et al. Metagenomic and small-subunit rRNA analyses reveal the genetic diversity of bacteria, archaea, fungi, and viruses in soil ［J］. Applied and Environment Microbiology, 2007, 73(21): 7059-7066.

［66］ Finkel O M, Castrillo G, Paredes S H, et al. Understanding and exploiting plant beneficial microbes ［J］. Curr Opin Plant Biol, 2017, 38(8): 155-163.

［67］ Berg G, Smalla K. Plant species and soil type cooperatively shape the structure and function of microbial communities in the rhizosphere ［J］. FEMS Microbiology Ecology, 2009, 68(1): 1-13.

［68］ Gammal A A E, Keera A A. Production, purification and characterization of the antifungal agent of Streptomyces finlayi ［J］. Journal of Applied Sciences Research, 2011, 5(9): 549-558.

［69］ Gans J, Wolinsky M, Dunbar J. Computational improvements reveal great bacterial diversity and high metal toxicity in soil ［J］. Science, 2005, 309(5739): 1387-1390.

［70］ Gao M, Yang H, Zhao J, Liu J, et al. Paenibacillus brassicae sp. nov., isolated from cabbage rhizosphere in Beijing, China ［J］. Antonie van Leeuwenhoek, 2013, 103: 647-653.

［71］ Geng P, Sun T, Zhong Q P, et al. Two Novel Potent α-Amylase Inhibitors from the family of acarviostatins isolated from the culture of Streptomyces coelicoflavus ZG0656 [J]. Chemistry & Biodiversity, 2013, 10(3): 452-459.

[72] George M, Anjumol A, George G, et al. Distribution and bioactive potential of soil actinomycetes from different ecological habitats [J]. African Journal of Microbiology Research, 2012, 6(10): 2265-2271.

[73] Gesheva V. Rhizoshere microflora of some citrus as a source of antagonistic actinomycetes [J]. European Journal of Soil Biology, 2002, 38(1): 85-88.

[74] Giri B, Giang P H, Kumari R, et al. Microbial diversity in soils [A]. Buscot F, Varma A. Micro-organisms in soils: roles in genesis and functions [C]. Heidelberg: Springer-Verlag, 2005. 195-212.

[75] González I, Ayuso-Sacido A, Anderson A, et al. Actinomycetes isolated from lichens: evaluation of their diversity and detection of biosynthetic gene sequences [J]. FEMS Microbiology Ecology, 2005, 54(3): 401-415.

[76] Graner G, Persson P, Meijer J, et al. A study on microbial diversity in different cultivars of Brassica napus in relation to its wilt pathogen, Verticillium longisporum [J]. FEMS Microbiology Letters, 2003, 224(2): 269-276.

[77] Grayston S J, Vaughan D, Jones D. Rhizosphere carbon flow in trees, in comparison with annual plants: the importance of root exudation and its impact on microbial activity and nutrient availability [J]. Applied Soil Ecology, 1997, 5(1): 29-56.

[78] Gremida J J, Walley F L. Plant growth promoting rhizobacteria after rooting patterns and arbuscular mycorrizhal fungi colonization of field grown spring wheat [J]. Biology and Fertility of Soils, 1996, 23(2): 113-120.

[79] Gryndler M. Interactions of arbuscular mycorrhizal fungi with other soil organisms [A]. Kapulnik Y, Douds Jr D D. Arbuscular mycorrhizas: physiology and function [C]. Dordrecht: Kluwer Academic Publishers, 2000. 239-262.

[80] Gumiere T, Ribeiro C M, Vasconcellos R L F, et al. Indole-3-acetic acid producing root-associated bacteria on growth of Brazil Pine(Araucaria angustifolia)and Slash Pine(Pinus elliottii) [J]. Antonie van Leeuwenhoek, 2014, 105(4): 663-669.

[81] Hamada N, Miyagawa H, Miyawaki H, et al. Lichen substances in mycobionts of crustose lichens cultured on media with extra sucrose [J]. Bryologist, 1996, 99: 71-74.

[82] Hardy G E S J, Sivasithamparam K. Antagonism of fungi and actinomycetes isolated from composted eucalyptus bark to Phytophthora drechsleri in a steamed and non-steamed composted eucalyptus bark-amended container medium [J]. Soil Biology and Biochemistry, 1995, 27(2): 243-246.

[83] Hardy G E S J, Sivasithamparam K. Microbial, chemical and physical changes during composting of a eucalyptus(Eucalyptus calophylla and Eucalyptus diversicolor)bark

mix［J］. Biology and Fertility of Soils, 1989, 8(3): 260-270.

［84］ Hardy G E S J, Sivasithamparam K. Sporangial responses do not reflect microbial suppression of Phytophthora drechsleri in composted eucalyptus bark mix［J］. Soil Biology and Biochemistry, 1991b, 23(8): 757-765.

［85］ Hardy G E S J, Sivasithamparam K. Suppression of Phytophthora root rot by a composted Eucalyptus bark mix［J］. Australian Journal of Botany, 1991a, 39(2): 153-159.

［86］ Hashimoto M, Katsura H, Kato R, et al. Effect of pamamycin-607 on secondary metabolite production by Streptomyces spp［J］. Bioscience Biotechnology and Biochemistry, 2011, 75(9): 1722-1726.

［87］ Hawksworth D L, Barron G L. The biodiversity of microorganisms and invertebrates: its role in sustainable agriculture［M］. Melksham: Redwood Press, 1991.

［88］ Hayakawa M, Nonomura H. Humic acid-vitamin agar, a new medium for the selective isolation of soil actinomycetes［J］. Journal of Fermentation Technology, 1987, 65(5): 501-509.

［89］ Hedlund K. Soil microbial community structure in relation to vegetation management on former agricultural land［J］. Soil Biology and Biochemistry, 2002, 34(9): 1299-1307.

［90］ Hoeksema H, Smith C G. Novobiocin［J］. Prog Ind Microbiol, 1961, 3: 91-139.

［91］ Hoitink H A J, Schmitthener A F, Herr L J. Composted bark for control of root rot in ornamentals［J］. Ohio reports, 1975, 60: 25-26.

［92］ Hoitink H A J, Stone A G, Han D Y. Suppression of plant diseases by composts［J］. Hort Science, 1997, 32(2): 184-187.

［93］ Hong Y Y, Ma Y C, Zhou Y G, et al. Paenibacillus sonchi sp. nov., a nitrogen-fixing species isolated from the rhizosphere of Sonchus oleraceus［J］. International Journal of Systematic and Evolutionary Microbiology, 2009, 59: 2656-2661.

［94］ Huber J A, Mark Welch D B, Morrison H G, et al. Microbial population structures in the deep marine biosphere［J］. Science, 2007, 318(5847): 97-100.

［95］ Hughes J B, Hellmann J J, Ricketts T H, et al. Counting the uncountable: statistical approaches to estimating microbial diversity［J］. Applied and Environment Microbiology, 2001, 67(10): 4399-4406.

［96］ Huk J, Blumauerova M. Streptomycetes producing daunomycin and related compounds: do we know enough about them after 25 years?［J］. Folia Microbiologica, 1989, 34(4): 324-349.

［97］ Huneck S. The significance of lichens and their metabolites［J］. Naturwissenschaften, 1999, 86: 559-570.

［98］ Hwang B K, Lim S W, Kim B S, et al. Isolation and in Vivo and in Vitro antifungal activity of phenylacetic acid and sodium phenylacetate from Streptomyces humidus ［J］. Applied and Environmental Microbiology, 2001, 67(8): 3739-3745.

［99］ Igarashi Y, Trujillo M E, Martínez-Molina E, et al. Antitumor anthraquinones from an endophytic actinomycete Micromonospora lupini sp. nov ［J］. Bioorganic & Medicinal Chemistry Letters, 2007, 17(13): 3702-3705.

［100］ Igarashi Y, Yanase S, Sugimoto K, et al. Lupinacidin C, an inhibitor of tumor cell invasion from Micromonospora lupine ［J］. Journal of Natural Products, 2011, 74(4): 862-865.

［101］ Igarashi Y. Screening of novel bioactive compounds from plant-associated actinomycetes ［J］. Actinomycetologica, 2004, 18(2): 63-66.

［102］ Inahashi Y, Matsumoto A, Ōmura S, et al. Streptosporangium oxazolinicum sp. nov., a novel endophytic actinomycete producing new antitrypanosomal antibiotics, spoxazomicins ［J］. The Journal of Antibiotics, 2011, 64(4): 297-302.

［103］ Islam M T, Hashidoko Y, Deora A, et al. Suppression of damping-off disease in host plants by the rhizoplane bacterium Lysobacter sp. strain SB-K88 is linked to plant colonization and antibiosis against soilborne Peronosporomycetes ［J］. Appl Environ Microb, 2005, 71(7): 3786-3796.

［104］ Iwasaki A, Itoh H, Mori T. Streptomyces sannanensis sp. nov ［J］. International Journal of Systematic Bacteriology, 1981, 31(3): 280-284.

［105］ Jain S, Pathania A S, Parshad R, et al. Chrysomycins A-C, antileukemic naphthocoumarins from Streptomyces sporoverrucosus ［J］. RSC Advances, 2013, 3(43): 21046-21053.

［106］ Janso J E, Carter G T. Biosynthetic potential of phylogenetically unique endophytic actinomycetes from tropical plants［J］. Applied and Environment Microbiology, 2010, 76(13): 4377-4386.

［107］ Jensen H L. Actinomycetes in Danish soils ［J］. Soil Science, 1930, 30(1): 59-77.

［108］ Jensen P R, Gontang E, Mafnas C, et al. Culturable marine actinomycetes diversity from tropical Pacific Ocean sediments ［J］. Environmental Microbiology, 2005, 7(7): 1039-1048.

［109］ Jensen P R, Williams P G, Oh D C, et al. Species-specific secondary metabolite production in marine actinomycetes of the genus Salinispora ［J］. Applied and Environment Microbiology, 2007, 73(4): 1146-1152.

［110］ Jeong S Y, Shin H J, Kim T S, et al. Streptokordin a new cytotoxic compound of the methylpyridine class from a marine derived Streptomyces sp. KORDI-3238 ［J］. Journal of Antibiot(Tokyo), 2006, 59(4): 234-240.

［111］ Jiang Y, Han L, Chen X, et al. Diversity and bioactivity of cultivable animal fecal actinobacteria ［J］. Advances in Microbiology, 2013, 3(1): 1-13.

［112］ Jin H J, Lv J, Chen S F. Paenibacillus sophorae sp. nov., a nitrogen-fixing species isolated from the rhizosphere of Sophora japonica ［J］. International Journal of Systematic and Evolutionary Microbiology, 2011a, 61: 767-771.

［113］ Jin H J, Zhou Y G, Liu H C, et al. Paenibacillus jilunlii sp. nov., a nitrogen-fixing species isolated from the rhizosphere of Begonia semperflorens ［J］. International Journal of Systematic and Evolutionary Microbiology, 2011b, 61: 1350-1355.

［114］ Joseph S J, Hugenholtz P, Sangwan P, et al. Laboratory cultivation of widespread and previously uncultured soil bacteria［J］. Applied and Environment Microbiology, 2003, 69(12): 7210-7215.

［115］ Juguet M, Lautru S, Francou F X, et al. An iterative nonribosomal peptide synthetase assembles the pyrrole-amide antibiotic congocidine in Streptomyces ambofaciens ［J］. Chemistry & Biology, 2009, 16(4): 421-431.

［116］ Kanoh K, Matsuo Y, Adachi K, et al. Mechercharmycins A and B cytotoxic substances from marine derived Thermoactinomyces sp. YM 3-251 ［J］. Journal of Antibiot(Tokyo), 2005, 58(4): 289-292.

［117］ Kennedy A C. Bacterial diversity in agroecosystems ［J］. Agriculture Ecosystems and Environment, 1999, 74(1): 65-76.

［118］ El-Tarabily K A, Sivasithamparam K. Non-streptomycete actinomycetes as biocontrol agents of soil-borne fungal plant pathogens and as plant growth promoters ［J］. Soil Biology & Biochemistry, 2006, 38(7): 1505-1520.

［119］ Khamna S, Yokota A, Lumyong S. Actinomycetes isolated from medicinal plant rhizosphere soils: diversity and screening of antifungal compounds, indole-3-acetic acid and siderophore production ［J］. World Journal of Microbiology and Biotechnology, 2009, 25(4): 649-655.

［120］ Kim O S, Cho Y J, Lee K, et al. Introducing EzTaxon-e: a prokaryotic 16S rRNA gene sequence database with phylotypes that represent uncultured species ［J］. International Journal of Systematic and Evolutionary Microbiology, 2012, 62: 716-721.

［121］ Kitouni M, Boudemagh A, Oulmi L, et al. Isolation of actinomycetes producing bioactive substances from water, soil and tree bark samples of the north-east of Algeria ［J］. Journal de Mycologie Médicale/Journal of Medical Mycology, 2005, 15(1): 45-51.

［122］ Klein E, Ofek M, Katan J, et al. Soil suppressiveness to Fusarium disease: shifts in root microbiome associated with reduction of pathogen root colonization ［J］.

Phytopathology, 2013, 103(1): 23-33.

[123] Kock I, Maskey R P, Biabani M A F, et al. 1-hydroxy-1-norresistomycin and resistoflavine methyl ether new antibiotics from marine derived Streptomycetes [J]. Journal of Antibiot(Tokyo), 2005, 58(8): 530-534.

[124] Komagata K, Suzuki K. Lipids and cell-wall analysis in bacterial systematics [J]. Methods in Microbiology, 1987, 19: 161-207.

[125] Kuhstoss S A, Rao R N. Method of using bacteriophage lambda P.Sub.l promoter to produce a functional polypeptide in streptomyces [J]. US Patent, 1988, 4766066.

[126] Kumar V, Bharti A, Gupta V K, et al. Actinomycetes from solitary wasp mud nest and swallow bird mud nest: isolation and screening for their antibacterial activity [J]. World Journal of Microbiology and Biotechnology, 2012, 28(3): 871-880.

[127] Kumar V, Bharti A, Gusain O, et al. An improved method for isolation of genomic DNA from filamentous actinomycetes [J]. Journal of Engineering and Technology Management, 2010, 2: 10-13.

[128] Kwon H C, Kauffman C A, Jensen P R, et al. Marinomycins A-D, antitumor-antibiotics of a new structure class from a marine actinomycete of the recently discovered genus "Marinispora"[J]. Journal of the American Chemical Society, 2006, 128(5): 1622-1632.

[129] Lam K S. Discovery of novel metabolites from marine actinomycetes [J]. Current Opinion in Microbiology, 2006, 9(3): 245-251.

[130] Laurence J A, French P W, Lindner R A, et al. Biological effects of electromagnetic fields-mechanisms for the effects of pulsed microwave radiation on protein conformation [J]. Journal of Theoretical Biology, 2000, 206(2): 291-298.

[131] Lazarovits G. Managing soilborne disease of potatoes using ecologically based approaches [J]. American Journal of Potato Research, 2010, 87(5): 401-411.

[132] Lee J G, Yoo I D, Kim W G. Differential antiviral activity of benzastatinc and its dechlorinated derivative from Streptomyces nitrosporeus [J]. Biological & Pharmaceutical Bulletin, 2007, 30(4): 795-797.

[133] Lee J Y, Hwang B K. Diversity of antifungal actinomycetes in various vegetative soils of Korea [J]. Canadian Journal of Microbiology, 2002, 48(5): 407-417.

[134] Li D H, Zhu T J, Liu H B, et al. Four butenolides are novel cytotoxic compounds isolated from the marine derived bacterium, Streptoverticillium luteoverticillatum 11014 [J]. Archives of Pharmacal Research, 2006, 29(8): 624-626.

[135] Li R, Xie Z J, Tian Y Q, et al. PolR, a pathway-specific transcriptional regulatory gene, positively controls polyoxin biosynthesis in Streptomyces cacaoi subsp. asoensis [J]. Microbiology, 2009, 155(6): 1819-1831.

［136］ Li W L, Ju J H, Osada H, et al. Utilization of the methoxymalonyl-acyl carrier protein biosynthesis locus for cloning of the tautomycin biosynthetic gene cluster from Streptomyces spiroverticillatus ［J］. Journal of Bacteriology, 2006, 188(11): 4148-4152.

［137］ Liu R, Zhu T J, Li D H, et al. Two indolocarbazole alkaloids with apoptosis activity from a marine derived actinomycete Z_2 039-2 ［J］. Archives of Pharmacal Research, 2007, 30(3): 270-274.

［138］ Long S R. Genes and signals in rhizobium-legume symbiosis ［J］. Plant Physiology, 2001, 125(1): 69-72.

［139］ Loqman S, Barka E A, Clément C, et al. Antagonistic actinomycetes from Moroccan soil to control the grapevine gray mold ［J］. World Journal of Microbiology & Biotechnology, 2009, 25(1): 81-91.

［140］ Love S F, Maiese W M, Rothstein D M. Conditions for protoplasting, regenerating, and transforming the calicheamicin producer, Micromonospora echinospora ［J］. Applied and Environmental Microbiology, 1992, 58(4): 1376-1378.

［141］ Lynch J M. Soil biotechnology, microbiological factors in crop productivity ［M］. Oxford: Blackwell Scientific Publications, 1983.

［142］ Ma Y C, Xia Z Q, Liu X M, et al. Paenibacillus sabinae sp. nov., a nitrogen-fixing species isolated from the rhizosphere soils of shrubs ［J］. International Journal of Systematic and Evolutionary Microbiology, 2007, 57: 6-11.

［143］ Magarvey N A, Keller J M, Bernan V, et al. Isolation and characterization of novel marine-derived actinomycete taxa rich in bioactive metabolites ［J］. Applied and Environmental Microbiology, 2004, 70: 7520-7529.

［144］ Malet Cascon L, Romero F, Espliego Vazquez F, et al. IB00208, a new cytotoxic polycyclic xanthone produced by a marine derived Actinomadura. Isolation of the strain, taxonomy and biological activities ［J］. Journal of Antibiot(Tokyo), 2003, 56(3): 219-225.

［145］ Mansour S R. The occurrence and distribution of soil actinomycetes in Saint Catherine area, South Sinai, Egypt ［J］. Pakistan Journal of Biological Sciences, 2003, 6(7): 721-728.

［146］ Debono M, Molloy R M, Occolowitz J L, et al. The structures of A10255 B, -G and-J: new thiopeptide antibiotics produced by Streptomyces gardneri ［J］. Journal of Organic Chemistry, 1992, 57(19): 5200-5208.

［147］ Marmur J. A procedure for the isolation of deoxyribonucleic acid from microorganisms ［J］. Journal of Molecular Biology, 1961, 3(2): 208-218.

［148］ Matsumoto N, Tsuchida T, Maruyama M, et al. Lactonamycin, a new antimicrobial antibiotic produced by Streptomyces rishiriensis MJ773-88K4 I. Taxonomy, fermentation, isolation, physico-chemical properties and biological activities [J]. Journal of Antibiotics, 1999, 52(3): 269-275.

[149] Matsumoto N, Tsuchida T, Nakamura H, et al. Lactonamycin, a new antimicrobial antibiotic produced by Streptomyces rishiriensis MJ773-88K4. II. Structure determination [J]. Journal of Antibiotic(Tokyo), 1999, 52(3): 276-280.

[150] Matsuo Y, Kanoh K, Jang J H, et al. Streptobactin, a tricatechol-type siderophore from marine-derived Streptomyces sp. YM5-799 [J]. Journal of Natural Products, 2011, 74(11): 2371-2376.

[151] Max B, Carballo J, Cortés S, et al. Decarboxylation of Ferulic Acid to 4-Vinyl Guaiacol by Streptomyces setonii [J]. Applied Biochemistry and Biotechnology, 2012, 166(2): 289-299.

[152] Michaelis J, Diekmann M. Effects of soil types and bacteria inoculum on the cultivation and reintroduction success of rare plant species [J]. Plant Ecol, 2018, 219(4): 441-453.

[153] Michalke K, Schmidt A, Huber B, et al. Role of intestinal microbiota in transformation of bismuth and other metals and metalloids into volatile methyl and hydride derivatives in humans and mice [J]. Applied and Environment Microbiology, 2008, 74(10): 3069-3075.

[154] Miller E D, Kauffman C A, Jensen P R, et al. Piperazimycins cytotoxic hexadep-sipeptides from a marine derived bacterium of the genus Streptomyces [J]. Journal of Organic Chemistry, 2007, 72(2): 323-330.

[155] Mizutani S, Odai H, Masuda T, et al. Biological activities of IC201((3S, 8E)-1, 3-dihydroxy-8-decen-5-one), a low molecular weight immunomodulator produced by Streptomyces [J]. Journal of Antibiotic(Tokyo), 1989, 42(6): 952-959.

[156] Motoo S, Koiti N, Michitaka I, et al. Glumamycin and production thereof: US Patent, 3160561 [P]. 1964-12-08.

[157] Müller J M, Risse J M, Jussen D, et al. Development of fed-batch strategies for the production of streptavidin by Streptomyces avidinii based on power input and oxygen supply studies [J]. Journal of Biotechnology, 2013, 163(3): 325-332.

[158] Müller K. Pharmaceutically relevant metabolites from lichens [J]. Applied Microbiology and Biotechnology, 2001, 56(12): 9-16.

[159] Muscholl-Silberhorn A, Thiel V, Imhoff J F. Abundance and bioactivity of cultured sponge-associated bacteria from the mediterranean sea [J]. Microbial Ecology, 2008, 55(1): 94-106.

[160] Muthiah B, Stanley S, Namasivayam S K R. Screening of Endophytic actinomycetes

residing in Eucalyptus globus for antimicrobial activity against human pathogenic bacteria [J]. Journal of Chemical and Pharmaceutical Sciences, 2009, 2(2): 154-157.

[161] Nawata Y, Adno K, Iitaka Y. Crystal data of macrotetrolide antibiotics tetranactin and its homologues [J]. Acta Crystallographica, 1971, 27(8): 1680-1682.

[162] Nejad P, Johnson P A. Endophytic bacteria induce growth promotion and wilt disease suppression in oilseed rape and tomato [J]. Biological Control, 2000, 18(3): 208-215.

[163] Nimnoi P, Pongsilp N, Lumyong S. Endophytic actinomycetes isolated from Aquilaria crassna Pierre ex Lec and screening of plant growth promoters production [J]. World Journal of Microbiology and Biotechnology, 2010, 26(2): 193-203.

[164] Okamoto M, Yoshida K, Nishikawa M, et al. FR-900452, a specific antagonist of platelet activating factor(PAF)produced by Streptomyces phaeofaciens I. Taxonomy, fermentation, isolation, and physico-chemical and biological characteristics [J]. The Journal of Antibiotics, 1986, 39(2): 198-204.

[165] Okoro C K, Brown R, Jones A L, et al. Diversity of culturable actinomycetes in hyper-arid soils of the Atacama Desert, Chile [J]. Antonie van Leeuwenhoek, 2009, 95(2): 121-133.

[166] Oskay M, Tamer A Ü, Azeri C. Antibacterial activity of some actinomycetes isolated from farming soils of Turkey [J]. African Journal of Biotechnology, 2004, 3(9): 441-446.

[167] Otoguro M, Hayakawa M, Yamazaki T, et al. An integrated method for the enrichment and selective isolation of Actinokineospora spp. in soil and plant litter[J]. Journal of Applied Microbiology, 2001, 91(1): 118-130.

[168] Pachter L. Interpreting the unculturable majority [J]. Nature Methods, 2007, 4(6): 479-480.

[169] Pelletier S, Tremblay G F, Bertrand A, et al. Drying procedures affect non-structural carbohydrates and other nutritive value attributes in forage samples [J]. Animal Feed Science and Technology, 2010, 157(3): 139-150.

[170] Pera J, Calvet C. Suppression of Fusarium wilt of carnation in a composted pine bark and a composted olive pumice [J]. Plant Disease, 1989, 73(8): 699-700.

[171] Persello-Cartieaux F, Nussaume L, Robaglia C. Tales from the underground: molecular plant-rhizobacteria interactions [J]. Plant Cell and Environment, 2003, 26(2): 189-199.

[172] Promnuan Y, Kudo T, Chantawannakul P. Actinomycetes isolated from beehives in Thailand [J]. World Journal of Microbiology and Biotechnology, 2009, 25(9): 1685-1689.

[173] Pudjiraharti S, Takesue N, Katayama T, et al. Actinomycete Nonomuraea sp. isolated

from Indonesian soil is a new producer of inulin fructotransferase [J]. Journal of Bioscience and Bioengineering, 2011, 111(6): 671-674.

[174] Pudjiraharti S, Takesue N, Katayama T, et al. Actinomycete Nonomuraea sp. isolated from Indonesian soil is a new producer of inulin fructotransferase [J]. Journal of Bioscience and Bioengineering, 2011, 111(6): 671-674.

[175] Pullen C, Schmitz P, Meurer K, et al. New and bioactive compounds from Streptomyces strains residing in the wood of Celastraceae [J]. Planta, 2002, 216(1): 162-167.

[176] Raaijmakers J M, Paulitz T C, Steinberg C, et al. The rhizosphere: a playground and battlefield for soilborne pathogens and beneficial microorganisms [J]. Plant and Soil, 2009, 321(1-2): 341-361.

[177] Rivas R, Gutiérrez C, Abril A, et al. Paenibacillus rhizosphaerae sp. nov., isolated from the rhizosphere of Cicer arietinum [J]. International Journal of Systematic and Evolutionary Microbiology, 2005, 55: 1305-1309.

[178] Roesch L F W, Fulthorpe R R, Riva A, et al. Pyrosequencing enumerates and contrasts soil microbial diversity [J]. International Journal of Systematic and Evolutionary Microbiology, 2007, 1(4): 283-290.

[179] Roy R N, Laskar S, Sen S K. Dibutyl phthalate, the bioactive compound produced by Streptomyces albidoflavus 321. 2 [J]. Microbiological Research, 2006, 161(2): 121-126.

[180] Saadoun I, Al-Momani F. Bacterial and Streptomyces flora of some Jordan valley soils [J]. Actinomycetes, 1996, 7: 95-99.

[181] Saeed M A, Gilbert P. Influence of low intensity 2 450 MHz microwave radiation upon the growth of various microorganisms and their sensitivity towards chemical inactivation [J]. Microbios, 1981, 32(129-130): 135-142.

[182] Saito H, Miura K I. Preparation of transforming deoxyribonucleic acid by phenol treatment [J]. Biochimica et Biophysica Acta(BBA)-Specialized Section on Nucleic Acids and Related Subjects, 1963, 72: 619-629.

[183] Sajid I, Yao C B F F, Shaaban K A, et al. Antifungal and antibacterial activities of indigenous Streptomyces isolates from saline farmlands: prescreening, ribotyping and metabolic diversity [J]. World Journal of Microbiology and Biotechnology, 2009, 25(4): 601-610.

[184] Samarketu S P, Singh S P, Jha R K. Effect of direct modulated microwave modulation frequencies exposure on physiology of cyanobacterium anabena dolilum [J]. Asia Pacific Microwave Conference, 1996, 2(1): 155-158.

[185] Sankaran L, Pogell B. Biosynthesis of Puromycin in Streptomyces alboniger:

regulation and properties of O-Demethylpuromycin O-Methyltransferase ［J］. Antimicrobial Agents and Chemotherapy, 1975, 8(6): 721-732.

［186］Sasser M. Identification of bacteria by gas chromatography of cellular fatty acids, MIDI technical note 101 ［J］. US Fed Cult Coolection Newsletter, 1990, 20: 1-6.

［187］Schippers B, Bakker A W, Bakker P A H M. Interactions of deleterious and beneficial rhizosphere microorganisms and the effect of cropping practices ［J］. Annual Review of Phytopathology, 1987, 25(1): 339-358.

［188］Schloss P D, Handelsman J. Toward a census of bacteria in soil ［J］. Plos Computational Biology, 2006, 2(7): 786-793.

［189］Schulman M D, Valentino D, Hensens O. Biosynthesis of the avermectins by Streptomyces avermitilis. Incorporation of labeled precursors ［J］. The Journal of Antibiotics, 1986, 39(4): 541-549.

［190］Schumacher R W, Talmage S C, Miller S A, et al. Isolation and structure determination of an antimicrobial ester from a marine sediment derived bacterium ［J］. Journal of Natural Products, 2003, 66(9): 1291-1293.

［191］Selbmann L, Zucconi L, Ruisi S, et al. Culturable bacteria associated with Antarctic lichens: affiliation and psychrotolerance ［J］. Polar Biology, 2010, 33(1): 71-83.

［192］Selvameenal L, Radhakrishnan M, Balagurunathan R. Antibiotic pigment from desert soil actinomycetes; biological activity, purification and chemical screening［J］. Indian Journal of Pharmaceutical Sciences, 2009, 71(5): 499-504.

［193］Semêdo L T A S, Gomes R C, Linhares A A, et al. Streptomyces drozdowiczii sp. nov., a novel cellulolytic streptomycete from soil in Brazil ［J］. International Journal of Systematic and Evolutionary Microbiology, 2004, 54(4): 1323-1328.

［194］Sessitsch A, Reiter B, Berg G. Endophytic bacterial communities of field-grown potato plants and their plant-growth promoting and antagonistic abilities ［J］. Canadian Journal of Microbiology, 2004, 50(4): 239-249.

［195］Shen M, Zheng Y G, Shen Y C. Isolation and characterization of a novel Arthrobacter nitroguajacolicus ZJUTB06-99, capable of converting acrylonitrile to acrylic acid［J］. Process Biochemistry, 2009, 44(7): 781-785.

［196］Shen S K, Wang Y H. Arbuscular mycorrhizal(AM)status and seedling growth response to indigenous AM colonisation of Euryodendron excelsum in China: implications for restoring an endemic and critically endangered tree ［J］. Australian Journal of Botany, 2011, 59(5): 460-467.

［197］Shin-ya K, Hayakawa Y, Seto H. Structure of benthophoenin, a new free radical scavenger produced by Streptomyces prunicolor ［J］. Journal of Natural Products, 1993, 56(8): 1255-1258.

［198］ Simkhada J R, Cho S S, Park S J, et al. An oxidant-and organic solvent-resistant alkaline metalloprotease from Streptomyces olivochromogenes ［J］. Applied Biochemistry and Biotechnology, 2010, 162(5): 1457-1470.

［199］ Simkhada J R, Lee H J, Jang S Y, et al. A novel alkalo-and thermostable phospholipase D from Streptomyces olivochromogenes ［J］. Biotechnology Letters, 2009, 31(3): 429-435.

［200］ Singh M P, Petersen P J, Jacobus N V, et al. Mechanistic studies and biological activity of bioxalomycin alpha 2, a novel antibiotic produced by Streptomyces viridodiastaticus subsp. "litoralis" LL-31F508 ［J］. Antimicrobial Agents and Chemotherapy, 1994, 38(8): 1808-1812.

［201］ Sinsabaugh R L, Linkins A E. Enzymatic and chemical analysis of particulate organic matter from a boreal river ［J］. Freshwater Biology, 1990, 23(2): 301-309.

［202］ Sipkema D, Schippers K, Maalcke W J, et al. Multiple approaches to enhance the cultivability of bacteria associated with the marine sponge Haliclona(gellius)sp ［J］. Applied and Environment Microbiology, 2011, 77(6): 2130-2140.

［203］ Sivasithamparam K, El-Tarabily K A. Non-streptomycete actinomycetes as biocontrol agents of soil-borne fungal plant pathogens and as plant growth promoters ［J］. Soil Biology & Biochemistry, 2006, 38(7): 1505-1520.

［204］ Sivasithamparam K, Smith L D J, Goss O M. Effect of potting media containing fresh sawdust and composted tree-barks on Phytopthora cinnamomi rands ［J］. Australasian Plant Pathology, 1981, 10(2): 20-21.

［205］ Solanki R, Khanna M, Lal R. Bioactive compounds from marine actinomycetes ［J］. Indian Journal of Microbiology, 2008, 48(4): 410-431.

［206］ Spiess L D, Lippincott B B, Lippincott J A. Bacteria isolated from moss and their effect on moss development[Agrobacterium spp., causal agents in higher plants] ［J］. Botanical Gazette, 1981, 142(4): 512-518.

［207］ Spitzer NC. Calcium: first messenger[J]. Nature Neuroscience, 2008, 11(3): 243-244.

［208］ Spring D E, Ellis M A, Spotts R A, et al. Suppression of the apple collar rot pathogen in composted hardwood bark ［J］. Phytopathology, 1980, 70(12): 1209-1212.

［209］ Stach E M, Bull A T. Estimating and comparing the diversity of marine actinobacteria ［J］. Antonie van Leeuwenhoek, 2005, 87(1): 3-9.

［210］ Stapley E O, Jackson M, Hernandez S, et al. Cephamycins, a new family of β-lactam antibiotics i. production by actinomycetes, including Streptomyces lactamdurans sp. n ［J］. Antimicrobial Agents Chemother, 1972, 2(3): 122-131.

［211］ Stapley E O, Mata J M, Miller I M. Antibiotic MSD-235. I. Production by Streptomyces avidinii and Streptomyces lavendulae ［J］. Antimicrobial Agents and

Chemotherapy, 1963, 161(1): 20-27.

[212] Stern N J, Svetoch E A, Eruslanov B V, et al. Isolation of a Lactobacillus salivarius strain and purification of its bacteriocin, which is inhibitory to Campylobacter jejuni in the chicken gastrointestinal system [J]. Antimicrobial Agents and Chemotherapy, 2006, 50(9): 3111-3116.

[213] Stevens H, Ulloa O. Bacterial diversity in the oxygen minimum zone of the eastern tropical South Pacific [J]. Environmental Microbiology, 2008, 10(5): 1244-1259.

[214] Stritzke K, Schulz S, Laatsch H, et al. Novel caprolactones from a marine Streptomycete [J]. Journal of Natural Products, 2004, 67(3): 395-401.

[215] Strzelczyk E, Leniarska U. Production of B-group vitamins by mycorrhizal fungi and actinomycetes isolated from the root zone of pine(Pinus sylvestris L.) [J]. Plant and Soil, 1985, 86(3): 387-394.

[216] Surette M A, Sturz A V, Lada R R, et al. Bacterial endophytes in processing carrots (Daucus carota L. var. sativus): their localization, population density, biodiversity and their effects on plant growth [J]. Plant and Soil, 2003, 253(2): 381-390.

[217] Suzuki S, Takahashi K, Okuda T, et al. Selective isolation of Actinobispora on gellan gum plate [J]. Canadian Journal of Microbiology, 1998, 44(1): 1-5.

[218] Tabacchioni S, Chiarini L, Bevivino A, et al. Bias caused by using different isolation media for assessing the genetic diversity of a natural microbial population [J]. Microbial Ecology, 2000, 40(3): 169-176.

[219] Taechowisan T, Peberdy J F, Lumyong S. Isolation of endophytic actinomycetes from selected plants and their antifungal activity [J]. World Journal of Microbiology and Biotechnology, 2003, 19(4): 381-385.

[220] Taechowisan T, Wanbanjob A, Tuntiwachwuttikul P, et al. Identification of Streptomyces sp. Tc022, an endophyte in Alpinia galanga, and the isolation of actinomycin D [J]. Annals of Microbiology, 2006, 56(2): 113-117.

[221] Takahashi Y. Exploitation of new microbial resources for bioactive compounds and discovery of new actinomycetes [J]. Actinomycetologica, 2004, 18(2): 54-61.

[222] Tamaoka J, Komagata K. Determination of DNA base composition by reverse-phase high-performance liquid chromatography [J]. FEMS Microbiology Letter, 1984, 25: 125-128.

[223] Tambo-ong A, Chopra S, Glaser B T, et al. Mannich reaction derivatives of novobiocin with modulated physiochemical properties and their antibacterial activities [J]. Bioorganic & Medicinal Chemistry Letters, 2011, 21(19): 5697-5700.

[224] Tamura K, Peterson D, Peterson N, et al. MEGA5: molecular evolutionary genetics analysis using maximum likelihood, evolutionary distance, and maximum parsimony

methods［J］. Molecular Biology and Evolution, 2011, 28(10): 2731-2739.

［225］ Tani A, Akita M, Murase H, et al. Culturable bacteria in hydroponic cultures of moss Racomitrium japonicum and their potential as biofertilizers for moss production［J］. Journal of Bioscience and Bioengineering, 2011, 112(1): 32-39.

［226］ Tatsuta K, Tokishita S, Fukuda T, et al. The first total synthesis and structural determination of antibiotics K1115 B1s(alnumycins)［J］. Tetrahedron Letters, 2011, 52(9): 983-986.

［227］ Telesnina G N, Krakhmaleva I N, Anisova L N, et al. Valinomycin biosynthesis and the dynamics of the content of macroergic phosphorus compounds in Streptomyces cyaneofuscatus［J］. Antibiotiki i Meditsinskaia Biotekhnologiia = Antibiotics and Medical Biotechnology/Ministerstvo Meditsinskoi Promyshlennosti, 1986, 31(1): 3-7.

［228］ Thakur D, Yadav A, Gogoi B K, et al. Isolation and screening of Streptomyces in soil of protected forest areas from the states of Assam and Tripura, India, for antimicrobial metabolites［J］. Journal of Medical Mycology, 2007, 17(4): 242-249.

［229］ Thompson J D, Gibson T J, Plewniak F, et al. The CLUSTAL_X windows interface: flexible strategies for multiple sequence alignment aided by quality analysis tools［J］. Nucleic Acids Research, 1997, 25(24): 4876-4882.

［230］ Tian X L, Cao L X, Tan H M, et al. Diversity of cultivated and uncultivated actinobacterial endophytes in the stems and roots of rice［J］. Microbial Ecology, 2007, 53(4): 700-707.

［231］ Tian X L, Cao L X, Tan H M, et al. Study on the communities of endophytic fungi and endophytic actinomycetes from rice and their antipathogenic activities in vitro ［J］. World Journal of Microbiology and Biotechnology, 2004, 20(3): 303-309.

［232］ Řezanka T, Sobotka M, Spizek J, et al. Pharmacologically active sulfur-containing compounds［J］. Anti-Infective Agents in Medicinal Chemistry, 2006, 5(2): 187-224.

［233］ Tremblay G F, Pelletier S, Bertrand A, et al. Drying procedures affect non-structural carbohydrates and other nutritive value attributes in forage samples［J］. Animal Feed Science and Technology, 2010, 157(3): 139-150.

［234］ Uzel A, Hameşkocabas E E, Bedir E. Prevalence of Thermoactinomyces thalpophilus and T. sacchari strains with biotechnological potential at hot springs and soils from West Anatolia in Turkey［J］. Turkish Journal of Biology, 2011, 35(2): 195-202.

［235］ Velázquez E, Rojas M, Lorite M J, et al. Genetic diversity of endophytic bacteria which could be find in the apoplastic sap of medullary parenchym of the stem of healthy sugarcane plants［J］. Journal of Basic Microbiology, 2008, 48(2): 118-124.

［236］ Verbon E H, Liberman L M. Beneficial microbes affect endogenous mechanisms controlling root development [J]. Trends Plant Sci, 2016, 21(3): 218-229.

[237] Verma V C, Gond S K, Kumar A, et al. Endophytic actinomycetes from Azadirachta indica A. Juss.: isolation, diversity, and anti-microbial activity[J]. Microbial Ecology, 2009, 57(4): 749-756.

[238] Hozzein W N, Ali M I A, Rabie W. A new preferential medium for enumeration and isolation of desert actinomycetes [J]. World Journal of Microbiology and Biotechnology, 2008, 24(8): 1547-1552.

[239] Wang D S, Xue Q H, Zhu W J, et al. Microwave irradiation is a useful tool for improving isolation of actinomycetes from soil [J]. Microbiology, 2013, 82(1): 102-110.

[240] Wang L Y, Li J, Li Q X, et al. Paenibacillus beijingensis sp. nov., a nitrogen-fixing species isolated from wheat rhizosphere soil [J]. Antonie van Leeuwenhoek, 2013, 104: 675-683.

[241] Watanabe Y, Shinzato N, Fukatsu T. Isolation of actinomycetes from termites' guts [J]. Bioscience, Biotechnology, and Biochemistry, 2003, 67(8): 1797-1801.

[242] Weid I V, Duarte G F, Elsas J D V, et al. Paenibacillus brasilensis sp. nov., a novel nitrogen-fixing species isolated from the maize rhizosphere in Brazil[J]. International Journal of Systematic and Evolutionary Microbiology, 2002, 52(6): 2147-2153.

[243] Wendt K U, Schulz G E. Isoprenoid biosynthesis: manifold chemistry catalyzed by similar enzymes [J]. Structure, 1998, 6(2): 127-133.

[244] White T J, Bruns T, Lee S, et al. Amplification and direct sequencing of fungal ribosomal RNA genes for phylogenetics[J]. PCR Protocols: A Guide to Methods and Applications, 1990, 18: 315-322.

[245] William P G, Asolkar R N, Kondratyuk T, et al. Saliniketals A and B, bicyclic polyketides from the marine actinomycete Salinispora arenicola [J]. Journal of Natural Products, 2007a, 70(1): 83-88.

[246] Williams P G, Miller E D, Asolkar R N, et al. Arenicolides A-C, 26 membered ring macrolides from the marine actinomycete Salinispora arenicola [J]. Journal of Organic Chemistry, 2007b, 72(14): 5025-5034.

[247] Williams S T, Davies F L. Use of antibiotics for selective isolation and enumeration of actinomycetes in soil [J]. Journal of General Microbiology, 1965, 38(2): 251-261.

[248] Wilsey B J. An empirical comparison of beta diversity indices in establishing prairies [J]. Ecology, 2010, 91(7): 1984-1988.

[249] Wood M. Biological aspects of soil protection [J]. Soil Use Manage, 2010, 7(3): 130-135.

[250] Wu Y Y, Lu C H, Qian X M, et al. Diversities within genotypes, bioactivity and

biosynthetic genes of endophytic actinomycetes isolated from three pharmaceutical plants [J]. Current Microbiology, 2009, 59(4): 475-482.

[251] Xi L J, Ruan J S, Huang Y. Diversity and biosynthetic potential of culturable actinomycetes associated with marine sponges in the China Seas [J]. International Journal of Molecular Sciences, 2012, 13(5): 5917-5932.

[252] Xie J B, Zhang L H, Zhou Y G, et al. Paenibacillus taohuashanense sp. nov., a nitrogen-fixing species isolated from rhizosphere soil of the root of Caragana kansuensis Pojark [J]. Antonie van Leeuwenhoek, 2012, 102(4): 735-741.

[253] Xu J L, He J, Wang Z C, et al. Rhodococcus qingshengii sp. nov., a carbendazim-degrading bacterium [J]. International Journal of Systematic and Evolutionary Microbiology, 2007, 57(12): 2754-2757.

[254] Xue D, Huang X D. Changes in soil microbial community structure with planting years and cultivars of tree peony(Paeonia suffruticosa) [J]. World J Microb Biot, 2014, 30(2): 389-397.

[255] Yan N, Marschner P, Cao W H, et al. Influence of salinity and water content on soil microorganisms [J]. J Soil Water Conserv, 2015, 3(4): 316-323.

[256] Yang J, Xie B, Bai J, et al. Purification and characterization of a nitroreductase from the soil bacterium Streptomyces mirabilis [J]. Process Biochemistry, 2012, 47(5): 720-724.

[257] Yin X, O'Hare T, Gould S J, et al. Identification and cloning of genes encoding viomycin biosynthesis from Streptomyces vinaceus and evidence for involvement of a rare oxygenase [J]. Gene, 2003, 312(30): 215-224.

[258] Ylihonko K, Hakala J, Niemi J, et al. Isolation and characterization of aclacinomycin A-non-producing Streptomyces galilaeus(ATCC 31615)mutants [J]. Microbiology, 1994, 140(6): 1359-1365.

[259] Yuan H M, Zhang X P, Zhao K, et al. Genetic characterisation of endophytic actinobacteria isolated from the medicinal plants in Sichuan [J]. Annals of Microbiology, 2008, 58(4): 597-604.

[260] Zahir Z A, Arshad M, Frankenberger W T. Plant growth promoting rhizobacteria: applications and perspectives in agriculture [J]. Advances in Agronomy, 2003, 81(3): 97-168.

[261] Zengler K, Toledo G, Rappe M, et al. Cultivating the uncultured [J]. Proceedings of the National Academy of Sciences, 2002, 99(24): 15681-15686.

[262] Zhang C W, Ondeyka J G, Zink D L, et al. Discovery of okilactomycin and congeners from Streptomyces scabrisporus by antisense differential sensitivity assay targeting ribosomal protein S4 [J]. Journal of Antibiotics, 2009, 62(2): 55-61.

［263］ Zhang G Y, Zhang H B, Li S, et al. Characterization of the amicetin biosynthesis gene cluster from Streptomyces vinaceusdrappus NRRL 2363 implicates two alternative strategies for amide bond formation ［J］. Applied and Environment Microbiology, 2012, 78(7): 2393-2401.

［264］ Zhang J, Ma Y C, Yu H M. Arthrobacter cupressi sp. nov., an actinomycete isolated from the rhizosphere soil of Cupressus sempervirens ［J］. International Journal of Systematic and Evolutionary Microbiology, 2012, 62(Pt 11): 2731-2736.

［265］ Zhang J, Wang Z T, Yu H M, et al. Paenibacillus catalpae sp. nov., isolated from the rhizosphere soil of Catalpa speciosa ［J］. International Journal of Systematic and Evolutionary Microbiology, 2013, 63: 1776-1781.

［266］ Zhang J, Wu D, Liu Z. Saccharopolyspora jiangxiensis sp. nov., isolated from grass-field soil ［ J ］. International Journal of Systematic and Evolutionary Microbiology, 2009, 59(5): 1076-1081.

［267］ Zhao G Z, Li J, Qin S, et al. Streptomyces artemisiae sp. nov., a novel actinomycete isolated from surface-sterilized Artemisia annua L. tissue ［J］. International Journal of Systematic and Evolutionary Microbiology, 2010, 60(1): 27-32.

［268］ Zin N M, Sarmin N I M, Ghadin N, et al. Bioactive endophytic streptomycetes from the Malay Peninsula ［J］. FEMS Microbiology Letters, 2007, 274(1): 83-88.